机电装备光电液及射频旋转传输技术

胡长明　主编
姜　洋　魏忠良　张幼安　陈　诚　副主编

電子工業出版社
Publishing House of Electronics Industry
北京·BEIJING

内 容 简 介

本书以机电装备光电液及射频旋转传输技术的设计方法、性能分析和试验验证为出发点，从各类交连的工作原理、分类、典型结构、制造与装配等方面，以机电装备用光纤滑环、汇流环、流体交连、射频交连及多种交连组合设计为主线展开论述。在此基础上，阐述各类交连的仿真技术、测试验证技术及典型故障分析方法，最后针对机电装备光、电、液、射频及多种交连组合分别给出典型案例。

本书适合科研院所、企事业单位科技人员作为技术参考使用，还可供高等院校的本科生、研究生作为教材使用。

未经许可，不得以任何方式复制或抄袭本书之部分或全部内容。
版权所有，侵权必究。

图书在版编目（CIP）数据

机电装备光电液及射频旋转传输技术 / 胡长明主编.
北京 : 电子工业出版社, 2025. 4. -- ISBN 978-7-121-49948-7
Ⅰ. TN818
中国国家版本馆 CIP 数据核字第 2025RP7180 号

责任编辑：雷洪勤
印　　刷：天津千鹤文化传播有限公司
装　　订：天津千鹤文化传播有限公司
出版发行：电子工业出版社
　　　　　北京市海淀区万寿路 173 信箱　邮编：100036
开　　本：787×1 092　1/16　印张：14.75　字数：377.6 千字
版　　次：2025 年 4 月第 1 版
印　　次：2025 年 4 月第 1 次印刷
定　　价：98.00 元

凡所购买电子工业出版社图书有缺损问题，请向购买书店调换。若书店售缺，请与本社发行部联系，联系及邮购电话：（010）88254888，88258888。
质量投诉请发邮件至 zlts@phei.com.cn，盗版侵权举报请发邮件至 dbqq@phei.com.cn。
本书咨询联系方式：leihq@phei.com.cn。

序言

现代制造业是国民经济的基础,而机械电子制造业则是现代制造业中关键的一环。随着全球新一轮科技革命和产业变革深入演进,机电装备新技术、新产品不断涌现,促进了制造业向高端化、智能化、绿色化发展。当然,在机电装备发展过程中,各细分领域技术也在不断地深化、细化,模块化、功能化的专项产品得到了进一步发展,甚至取得了重大突破。

本书所述的旋转传输技术是雷达、风力发电机、盾构机、挖掘机、机器人等机电装备技术中的重要部分,其主要特征是实现从静态到动态,或者是具有相对运动关系的构件间介质传导和信息传导。目前,光、电、液、电磁波(射频信号)传输的旋转传输装置应用领域较广,技术发展较快。

光电液及射频旋转传输技术涉及光、电、流体、材料、结构、工艺等交叉学科,动静部件之间各种信号和流体介质的旋转连接也日益复杂,并不断向多功能、高性能、高可靠方向发展。国外相关技术研究起步较早,形成了一些专业化生产厂商,如美国穆格(MOOG)、德国史莱福灵(SCHLEIFRING)等公司是交连行业的领军企业,美国凯夫林(KEVLIN)、德国斯必能(SPINNER)等公司是射频交连国际知名厂商。经过多年发展,国内相关行业技术不断更新换代,设计工艺技术进步很快,已研制出各类型成熟产品,并在多个领域应用,有力地促进了国产机电装备的发展。

南京电子技术研究所是我国最早从事雷达等复杂电子装备研制的单位,专业齐全、技术实力雄厚,一直重视光电液及射频旋转传输技术的探索和实践,在一些重大装备的研制过程中积累了较为丰富的研制经验。作为国内较早开展汇流环研制的单位之一,南京电子技术研究所早期研制出的多路传输差动汇流环系列产品,已成功应用于海、陆、空、天各领域雷达中;为了打破国外技术封锁,该所研制的光纤滑环,逐步形成型谱产品,多通道光纤滑环已得到了广泛应用。在流体交连研制方面,从最初的柔性密封到后来的机械密封,其整体性能得到了大幅提升。新开发的复合密封技术,即陶瓷机械材料配氟醚辅助密封技术,实现了大流量、长寿命性能指标,处于国际先进水平。在射频交连研制方面,该所也积累了丰富的经验,产品基本实现了相关频段及通道的全覆盖。

本书作者团队来自科研一线,理论基础扎实,对光电液及射频旋转传输装置设计、制造具有深刻的认识,积累了丰富的工程经验。本书繁简得当,有理有据,实用性较强。我在阅读了本书的书稿之后,深感这是一本针对性强、理论与实践结合度高的专业性图书,具有鲜明的特色。本书的出版,对国内光电液及射频旋转传输技术的发展也是十分有意义的。

最后，希望本书对从事相关专业技术研究和产品开发的技术人员有所帮助，共同促进机电装备技术和制造业的发展。

中国工程院院士　王玉明

2025 年 2 月

前言

Foreword

旋转传输装置是保证很多复杂机电装备健康、稳定、可靠运行的关键部件，承担着机电装备动静部件之间各种信号和流体介质的连接工作，是保障装备连续运行、实现功能的重要一环。其中，光纤滑环用于光信号的旋转传输，汇流环用于电信号和电能的旋转传输，流体交连用于冷却液、气液两相混合、润滑油、泥浆、液压油等流体介质的旋转传输，射频交连主要用于高频微波的旋转传输。

随着机电装备的功能需求不断提升，光电液及射频旋转传输技术获得了蓬勃发展。光纤滑环的专利最早出现在 1967 年，美国穆格是第一家将光纤滑环成功工程化应用的研制厂商，德国史莱福灵、德国斯必能、美国普林光电是目前光纤滑环主要的国际供应商。汇流环最早出现在第二次工业革命期间，国际上比较著名的汇流环研制厂商有美国穆格、德国史莱福灵等公司。国际上流体交连的典型代表公司有英国约翰克兰、德国伊格尔·博格曼、美国福斯等。美国凯夫林是全球最大的射频交连厂商，其产品达三千多种型号。

南京电子技术研究所是国内从事旋转传输装置的主要厂商之一，其自主研制的多通道光纤滑环已实现工程应用，并开发出系列化产品；其早期研制出的系列差动汇流环，具备效率高、轻量化、寿命长等优点；其射频交连覆盖频率范围从 P 波段到毫米波，能够满足高功率、多通道、小型化等多种类别性能需求；各型旋转传输技术处于国内领先地位，部分品种达到国际先进水平。

随着科学技术的不断发展，工程应用需求不断提升，单一信号的旋转传输装置已无法满足日益发展的现代机电装备需求。以雷达这一典型电子装备为例，由于其不断向多功能、高性能、高可靠方向发展，亟须突破同时具有光电液和射频信号的复合旋转传输技术，研制出高效、高集成化的旋转传输装置。

创新永无止境，发展需要传承。南京电子技术研究所旋转传输技术团队薪火相传，在百忙中将工程经验和技术成果凝结蕴化出此书，进行知识分享，寄望于促进行业内人员互学互鉴，共同提高。

本书由南京电子技术研究所胡长明研究员担任主编，姜洋、魏忠良、张幼安、陈诚担任副主编，部分技术骨干成员及宁波伏尔肯科技股份有限公司的技术人员参与了编写。全书共 7 章，其中第 1 章由胡长明、陈诚、魏忠良编写，第 2 章由徐明、魏忠良编写，第 3 章由汤锋、陈涛、吕辉编写，第 4 章由张幼安、姜洋、邬妍佼编写，第 5 章由钟剑锋、李省编写，第 6 章由刘进、张正兵编写，第 7 章由张幼安、汤锋、徐明、钟剑锋编写，插图由袁新江完善。全书由张幼安整理成稿，胡长明、陈诚对全书进行了审定。

在本书的编写过程中，作者团队学习、借鉴了国内外权威学者和行业专家的学术成果及观点，在此向他们表示诚挚的谢意！在此期间，宁波伏尔肯科技股份有限公司邬国平正高级工程师提供了大量资料，详细地阅读了本书初稿并提出了宝贵建议，在此一并表示衷心的感谢！

由于受作者所在领域的局限，本书难免存在不足之处，恳请各位专家、行业人士及读者朋友提出批评和建议，以利于我们对本书进行修订和完善，共同推动光电液及射频旋转传输技术的发展。

胡长明
江苏·南京
2025 年 2 月

目录

第1章 绪论 ... 1
1.1 典型机电装备简介 ... 1
1.2 光电液及射频旋转传输装置简介 ... 4
1.3 光电液及射频旋转传输装置应用场景 ... 6
1.4 光电液及射频旋转传输装置发展历程 ... 7
1.4.1 光纤滑环 ... 8
1.4.2 汇流环 ... 9
1.4.3 流体交连 ... 10
1.4.4 射频交连 ... 11
1.5 光电液及射频旋转传输技术展望 ... 13
1.5.1 光电液及射频旋转传输技术面临的挑战 ... 13
1.5.2 光电液及射频旋转传输技术的发展 ... 14
参考文献 ... 16

第2章 光纤滑环 ... 17
2.1 概述 ... 17
2.1.1 分类 ... 17
2.1.2 技术指标 ... 19
2.2 单通道光纤滑环 ... 20
2.2.1 工作原理 ... 20
2.2.2 光纤准直器 ... 22
2.2.3 支撑结构 ... 24
2.2.4 制造与装配 ... 26
2.3 多通道光纤滑环 ... 28
2.3.1 工作原理 ... 28
2.3.2 典型结构 ... 30
2.3.3 道威棱镜 ... 31
2.3.4 传动机构 ... 33
2.3.5 制造与装配 ... 36
2.4 环境适应性设计 ... 38
2.4.1 高低温 ... 38
2.4.2 湿热 ... 39

2.5　性能测试························39
　　　　2.5.1　插损测试····················40
　　　　2.5.2　回损测试····················40
　　　　2.5.3　隔离度测试···················42
　　2.6　典型失效形式及预防措施·················43
　　参考文献····························45

第3章　汇流环·························47
　　3.1　概述·························47
　　　　3.1.1　分类······················47
　　　　3.1.2　技术指标····················48
　　3.2　柱式汇流环······················50
　　　　3.2.1　工作原理····················50
　　　　3.2.2　典型结构····················50
　　　　3.2.3　支撑结构····················52
　　　　3.2.4　电刷设计····················53
　　　　3.2.5　导电环·····················56
　　　　3.2.6　绝缘环·····················59
　　　　3.2.7　制造与装配···················61
　　3.3　盘式汇流环······················63
　　　　3.3.1　工作原理····················63
　　　　3.3.2　典型结构····················64
　　　　3.3.3　支撑结构····················64
　　　　3.3.4　电刷······················65
　　　　3.3.5　汇流盘·····················65
　　　　3.3.6　制造与装配···················67
　　3.4　差动汇流环······················68
　　　　3.4.1　工作原理····················68
　　　　3.4.2　典型结构····················69
　　　　3.4.3　支撑结构····················70
　　　　3.4.4　传动机构····················70
　　　　3.4.5　电刷组与汇流盘·················72
　　　　3.4.6　制造与装配···················74
　　3.5　接口设计·······················75
　　　　3.5.1　结构接口····················75
　　　　3.5.2　电讯接口····················76
　　3.6　环境适应性设计····················76
　　3.7　性能测试·······················78
　　　　3.7.1　测试指标····················78
　　　　3.7.2　测试方法····················78

3.8　典型失效形式及防护措施 80
　　　　3.8.1　失效原因 81
　　　　3.8.2　防护措施 82
　　3.9　使用维护 83
　　3.10　新型结构汇流环 84
　　　　3.10.1　工作原理 84
　　　　3.10.2　典型结构 85
　　　　3.10.3　结构设计 86
　　　　3.10.4　制造与装配 90
　　参考文献 91

第4章　流体交连 93
　　4.1　概述 93
　　　　4.1.1　分类 94
　　　　4.1.2　技术指标 94
　　4.2　机械密封流体交连 98
　　　　4.2.1　柱式流体交连 98
　　　　4.2.2　盘式流体交连 120
　　4.3　柔性密封流体交连 121
　　　　4.3.1　工作原理 121
　　　　4.3.2　典型结构 122
　　　　4.3.3　主体结构 123
　　　　4.3.4　动密封副 124
　　　　4.3.5　仿真计算分析 126
　　　　4.3.6　制造与装配 127
　　4.4　环境适应性设计 128
　　4.5　性能测试 130
　　　　4.5.1　测试指标 130
　　　　4.5.2　测试方法 130
　　4.6　漏液检测与回收 133
　　　　4.6.1　漏液检测技术 133
　　　　4.6.2　漏液回收技术 135
　　4.7　典型失效形式及故障分析 137
　　　　4.7.1　失效外部表现 137
　　　　4.7.2　机械密封故障原因分析 137
　　　　4.7.3　柔性密封故障原因分析 141
　　　　4.7.4　预防性维护及维修 143
　　参考文献 144

第5章　射频交连 148
　　5.1　概述 148

		5.1.1 分类	149
		5.1.2 技术指标	149
	5.2	单通道射频交连	151
		5.2.1 工作原理	151
		5.2.2 典型结构	151
		5.2.3 设计方法	152
		5.2.4 轴承设计	155
		5.2.5 密封设计	156
	5.3	双通道射频交连	157
		5.3.1 工作原理	157
		5.3.2 典型结构	157
		5.3.3 设计方法	158
	5.4	多通道射频交连	159
		5.4.1 工作原理	159
		5.4.2 典型结构	159
		5.4.3 设计方法	160
	5.5	接口设计	162
		5.5.1 安装布局	162
		5.5.2 结构排布	163
		5.5.3 驱动设计	165
		5.5.4 传动设计	166
	5.6	环境适应性设计	167
	5.7	典型故障分析	169
		5.7.1 结构卡死	169
		5.7.2 转动稳定性差	169
		5.7.3 密封性能下降	170
	参考文献		170
第6章	多种交连组合设计		171
	6.1	概述	171
	6.2	两种交连的组合设计	173
		6.2.1 光纤滑环与汇流环组合	173
		6.2.2 汇流环与流体交连组合	176
		6.2.3 汇流环与射频交连组合	179
		6.2.4 光-射频、光-流体、流体-射频交连组合	182
	6.3	三种交连的组合设计	183
		6.3.1 光纤滑环、汇流环和流体交连组合	184
		6.3.2 其余三种交连组合	185
	6.4	四种交连的组合设计	186
		6.4.1 柱式汇流环、盘式流体交连、中空射频交连、光纤滑环组合	187

  6.4.2 盘式汇流环、柱式流体交连、中空射频交连、光纤滑环组合 ……………… 188
  6.4.3 柱式汇流环、柱式流体交连、中空射频交连、光纤滑环组合 ……………… 190
  6.4.4 盘式汇流环、盘式流体交连、中空射频交连、光纤滑环组合 ……………… 191
 参考文献 ……………………………………………………………………………………… 192

第7章 典型交连设计案例 ……………………………………………………………… 193
 7.1 光纤滑环设计 ………………………………………………………………………… 193
  7.1.1 应用场景 ……………………………………………………………………… 193
  7.1.2 指标要求 ……………………………………………………………………… 193
  7.1.3 环境条件 ……………………………………………………………………… 193
  7.1.4 组成与布局 …………………………………………………………………… 194
  7.1.5 详细设计 ……………………………………………………………………… 194
 7.2 汇流环设计 …………………………………………………………………………… 197
  7.2.1 应用场景 ……………………………………………………………………… 197
  7.2.2 指标要求 ……………………………………………………………………… 197
  7.2.3 环境条件 ……………………………………………………………………… 197
  7.2.4 组成与布局 …………………………………………………………………… 197
  7.2.5 详细设计 ……………………………………………………………………… 198
 7.3 流体交连设计 ………………………………………………………………………… 201
  7.3.1 盘式流体交连 ………………………………………………………………… 201
  7.3.2 柱式流体交连 ………………………………………………………………… 208
  7.3.3 直线流体交连 ………………………………………………………………… 212
 7.4 射频交连设计 ………………………………………………………………………… 214
  7.4.1 应用场景 ……………………………………………………………………… 214
  7.4.2 指标要求 ……………………………………………………………………… 214
  7.4.3 环境条件 ……………………………………………………………………… 214
  7.4.4 组成与布局 …………………………………………………………………… 214
  7.4.5 详细设计 ……………………………………………………………………… 215
 7.5 组合交连 ……………………………………………………………………………… 217
  7.5.1 应用场景 ……………………………………………………………………… 217
  7.5.2 指标要求 ……………………………………………………………………… 217
  7.5.3 组成与布局 …………………………………………………………………… 218
  7.5.4 详细设计 ……………………………………………………………………… 219
 参考文献 ……………………………………………………………………………………… 220

第 1 章
绪　　论

【概要】
本章首先介绍了典型的机电装备，然后对旋转传输装置中的光纤滑环、汇流环、流体交连和射频交连的基本概念及其在典型机电装备中的应用场景进行了详细阐述，并从技术发展维度对国内外旋转传输技术的发展历程进行了回顾，对未来发展趋势进行了展望。

1.1 典型机电装备简介

机电装备是机电一体化装备的简称，作为国家工业基础之一，对整个国民经济的发展、科技和国防实力的提高有重要的影响，是衡量一个国家科技水平和综合国力的重要指标。随着需求提升和技术进步，机电装备向着自动化、柔性化和智能化发展。机电装备按主要特征分为两类：一类是以电性能为主，机械性能服务于电性能的电子装备，如雷达、导航、射电望远镜、通信、电子对抗等典型装备；另一类是以机械性能为主，电性能服务于机械性能的机械装备，如风力发电机、盾构机、页岩气和海洋油气勘探开发装备等行业重大装备。这些机电装备结构复杂、功能强大、使用寿命长、可靠性高、工作环境恶劣，都属于机电结合的复杂装备，是机电一体化技术的工程应用成果，以下简要介绍雷达、风力发电机、盾构机和海洋油气勘探开发装备等应用旋转传输技术的典型装备。

雷达（见图 1-1）是利用电磁波探测目标的电子设备，通过天线发射电磁波对目标进行照射并接收其回波，对接收的回波信号进行处理后，获得目标至电磁波发射点的距离及其变化率、方位、高度等信息。雷达是现代工业和武器系统中的重要装备，主要由天线、发射、接收、信息处理、伺服传动、旋转传输等设备组成。随着技术的进步，雷达的性能和功能不断得到提升，其承担的任务也呈现出多样性，不仅应用于国土防空、预警机、反导预警、指挥通信等军事领域，还广泛应用于航天发射、安防、航管、港管、气象监测、灾难搜救等民用领域。雷达系统结构复杂，涉及的专业技术种类多，使用环境恶劣、功能复杂、可靠性要求高，是典型的复杂机电装备。

（a）机载雷达

（b）船载雷达

（c）车载雷达

（d）气象雷达

图 1-1　雷达

风力发电机（见图 1-2）是把风能转换为机械能，进而带动转子旋转，最终输出交流电的电力设备。风力发电机一般由风轮、发电机、调向器（尾翼）塔架、限速安全机构、控制系统、自动润滑系统、液压系统、储能装置、电液旋转传输装置等组成。风力发电机通常安装在风能资源丰富的开阔地区或海边，长期处于日照辐射、盐雾环境之中，工作条件恶劣，设备长时间无人值守，是集电气、控制、测量、远程监测、润滑等功能的典型机电一体化装备。我国的风力资源丰富，陆上实际可开发风能资源储量约 2.5 亿千瓦，近海风场可开发风能资源是陆上的 3 倍，可开发风能资源近 8 亿千瓦。风电装机正在快速增长，至 2023 年风电累计装机突破 3.8 亿千瓦，预计 2025 年我国风电累计装机达到 5 亿千瓦。风力发电机的广泛应用将有效缓解现有的环境危机，是实现有效利用绿色新能源的重要装备。

盾构机（见图 1-3）是一种使用盾构法的隧道掘进机，在掘进的同时铺设隧道的支撑管片。盾构机结构复杂，主要由刀盘、盾体、螺旋输送机、管片拼装机等部分组成。现代盾构机集光、机、电、液、传感、信息于一体，具有开挖切削土体、输送土渣、拼装隧道衬砌、测量导向纠偏等功能，涉及地质、土木、机械、力学、液压、电气、控制、测量等多学科技术，对可靠性要求极高，是地铁、铁路、公路、市政、水电等隧道工程高效施工必备的重要装备。

第 1 章 绪论

图 1-2 风力发电机

图 1-3 盾构机

海洋油气勘探开发装备（见图 1-4）主要用于在海洋中对油气资源进行勘探和开发，主要包括钻井平台、水下钻采设备、生产平台、油气外输系统和海工辅助船等。21 世纪被称为海洋的世纪，国际竞争从陆地转向海洋，使得海洋油气勘探开发装备的研发成为热点。开发和利用海洋资源离不开海洋工程装备，由于其使用工况极端恶劣且自动化程度高、功能复杂，因此也属于典型复杂机电一体化装备。石油平台上的工程装备绝大多数被国外公司垄断，近年来，我国机械密封材料与密封结构技术的突破，有力促进了我国海洋油气勘探开发装备的快速发展。

图 1-4 海洋油气勘探开发装备

除上述复杂装备外，机电装备在多功能、高性能、高可靠、高集成、长寿命、小型化方面取得了长足的发展，能够承担的工作越来越多，如危险性高、人力无法触及、需要长时间连续工作的场合，广泛应用于智能工厂、航天器、卫星等军事、工业、生活、服务各个领域，范围极为广泛，与我们的生活密不可分。智能工厂装备和卫星转动传输系统如图 1-5 所示。

3

（a）智能工厂装备

（b）卫星转动传输系统

图 1-5 智能工厂装备和卫星转动传输系统

1.2 光电液及射频旋转传输装置简介

现代机电装备具有自动化和多功能化特征，集结构与信息传输、处理为一体，需要传输各种光信号、电信号、电能、射频，以及用于冷却、润滑的液体介质。如果机电装备自身组成部件间存在相对运动，则需要旋转传输装置承担动静部件之间各种信号和液体介质的传输工作。

光纤滑环是一种在相对旋转设备间正常传输光信号的装置，也称为光滑环、光交连、光纤汇流环、光纤旋转连接器，是一种特殊的光无源器件。典型的光纤滑环如图 1-6 所示，主要功能是通过光学传输原理，完成旋转端与固定端光信号的连续传输，一般分为单通道光纤滑环和多通道光纤滑环，主要指标包括通道数、工作波长、寿命等。光纤滑环是光纤连接器的一种高端器件，具有传输速率高、稳定性高、损耗小、使用寿命长、免维护、结构尺寸小等优点。

汇流环是一种在机电装备旋转与固定部分之间正常传输电信号和电能的装置，也称为电滑环，主要功能是实现电信号和电能的连续传输，一般分为信号汇流环、功率汇流环和中频汇流环，典型的汇流环如图 1-7 所示，汇流环通常被安装在装备的旋转中心，主要指标包括接触电阻、绝缘电阻、电介质强度、串扰、电噪声和驻波比等，具有导电性能好、传输功率高、稳定性高、损耗小、使用寿命长和易维护等优点。

图 1-6 典型的光纤滑环

图 1-7 典型的汇流环

流体交连是一种在机电装备旋转与固定部分之间传输流体介质的装置，也称为液体关节，主要功能是实现冷却、润滑、泥浆输送或液压驱动等，一般分为机械密封流体交连和柔性密封流体交连，典型的流体交连如图 1-8 所示，主要指标包括通流直径、流阻、流量、泄漏量和寿命等。

机械密封流体交连具有使用寿命长、环境适应性好、可实现全寿命周期内免维护等突出的优势和特点，但结构复杂、制造成本较高，一般应用于环境恶劣、可靠性要求高、不易更换维修、密封介质具有一定的腐蚀性等场合。柔性密封流体交连具有结构简单、制造和维护成本低、应用灵活广泛的优点，但寿命较短，一般应用于一些使用频率不高、便于更换和维修的场合。

射频交连是一种在机电装备旋转与固定部分之间正常传输高频微波的装置，也称为馈线交连或馈线关节，主要功能是实现高频微波的连续旋转传输，一般分为单路射频交连、多路射频交连，主要指标包括通道数、单路损耗、寿命、质量等。射频交连在雷达、卫星通信、天文望远镜等装备中应用广泛。典型的射频交连如图 1-9 所示。

图 1-8 典型的流体交连

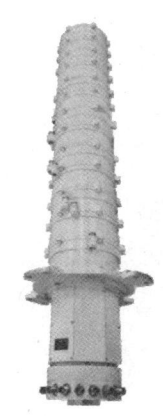
图 1-9 典型的射频交连

组合交连由光纤滑环、汇流环、流体交连和射频交连组成，各部分功能独立，不存在从属关系，但存在相互驱动连接关系。组合交连外形图和组成图如图 1-10 所示，一般的组合交连并不一定囊括光、电、液和射频所有的传输功能，需根据装备实际需求，由多个独立交连进行组合。

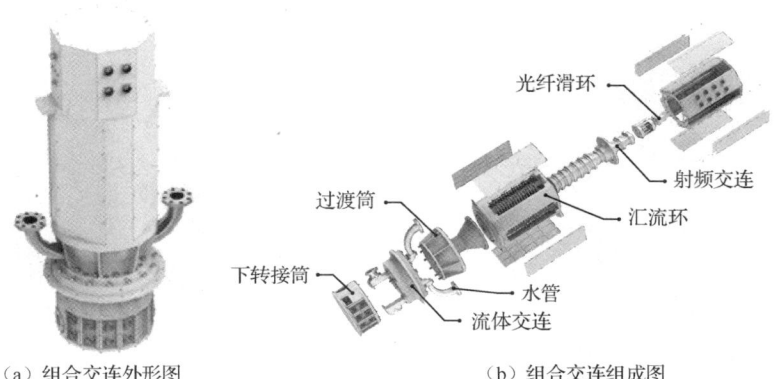

（a）组合交连外形图　　　　　　　（b）组合交连组成图

图 1-10 组合交连外形图和组成图

1.3 光电液及射频旋转传输装置应用场景

随着科学技术的不断发展、工程应用需求的不断提升，现代机电装备具有自动化、柔性化和智能化等多功能一体化的特点，单一品种的旋转传输装置已无法满足需求，需要将光电液和射频多种交连组合起来使用，因此组合交连在雷达、深海钻井平台、核电站、风电设备、盾构机、海洋油气勘探开发装备等复杂机电装备中得到了广泛应用。

雷达是典型的复杂机电装备，目前多数雷达采用机相扫结构模式，工作中需要实现光电液及射频旋转传输，基本囊括了所有品种的交连，雷达用组合交连布局图如图 1-11 所示。雷达通过光纤滑环传输光信号，汇流环实现电信号和电能传输，射频交连实现电磁波在动静部件间传输，雷达冷却系统利用流体交连实现冷却液的连续旋转传输，并对阵面进行冷却。

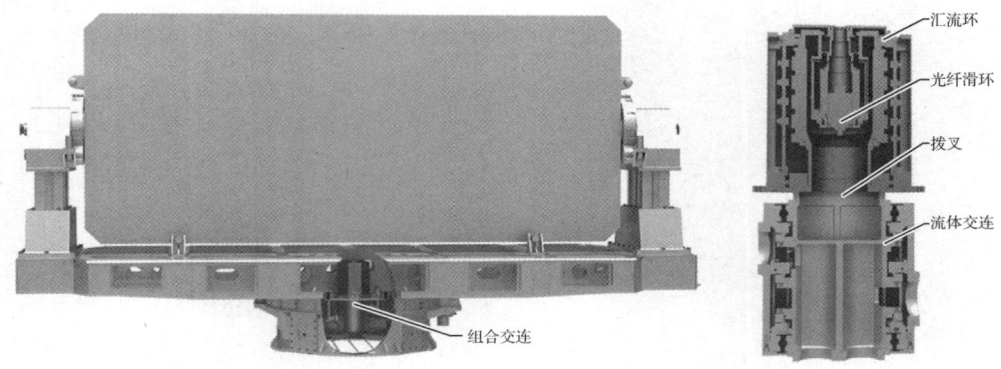

图 1-11　雷达用组合交连布局图

风电设备利用风力带动叶片旋转，通过增速机将旋转的速度提升，带动发电机发电。风电设备中安装有汇流环和流体交连，汇流环的主要功能是从机舱内传输电能、信号等至轮毂变桨系统并控制其姿态变化；流体交连的主要功能是将润滑油传输至减速箱、轴承、叶片等部位并对其进行润滑和冷却，因此风电设备是组合交连的典型应用之一，风电设备用组合交连布局图如图 1-12 所示。

（a）

（b）

图 1-12　风电设备用组合交连布局图

盾构机旋转部分存在数据采集系统、隧道激光导向系统，其信号需要通过汇流环传输至后端控制系统；挖掘过程中通过泡沫装置改良挖掘土层，作为支撑介质的土在加入泡沫后，其塑形、流动性、防渗性和弹性都得到了改善，流体交连的作用就是将泡沫传输到旋转的刀具上。盾构机存在光、电、液的旋转传输需求，是组合交连的典型应用场景之一。但其工况极为恶劣，对组合交连的可靠性和寿命提出了苛刻的要求。因此，高可靠、长寿命组合交连具有广阔的应用前景。盾构机用组合交连布局图如图1-13所示。

(a)

(b)

图1-13　盾构机用组合交连布局图

海洋油气勘探开发装备，特别是深海油气钻井平台，流体交连作为高压泥浆的旋转密封通道，对保障海上作业安全意义重大，是防止井喷、卡钻等井下事故发生的关键保障。由于其工作在高压、高温、高腐蚀等极端恶劣环境，因此一般采用机械密封流体交连。海洋油气勘探开发装备用组合交连布局图如图1-14所示。

(a)

(b)

图1-14　海洋油气勘探开发装备用组合交连布局图

1.4　光电液及射频旋转传输装置发展历程

光电液及射频旋转传输装置涉及光、电、流体、材料、结构、工艺等多个技术领域，经过多年发展，相关行业技术的不断更新换代，目前已在多个领域上成熟应用，有力促进了机电装备的发展。

1.4.1 光纤滑环

随着机电装备对数据旋转传输量的需求增大，传统的电信号传输方式已无法满足应用需求，光纤滑环应运而生。光纤滑环相比电滑环具有使用寿命长、传输数据量大、损耗小、抗干扰能力强、安全性高等优点，由于这些突出优点，推动了光纤滑环技术在国内外的快速发展。

国外光纤滑环研制起步比较早，20世纪80年代美国国防部最早开展光纤旋转连接技术研究，于1989年公布了舰船用光纤旋转连接头规范，美国穆格（MOOG）于20世纪90年代初，最先推出旁轴入射的多通道光纤滑环，并形成系列化的成熟产品。随着技术的不断突破，德国史莱福灵（SCHLEIFRING）、德国斯必能（SPINNER）、美国普林光电（PTINCETEL）等厂商也研制出了相关产品，相关产品如图1-15所示。

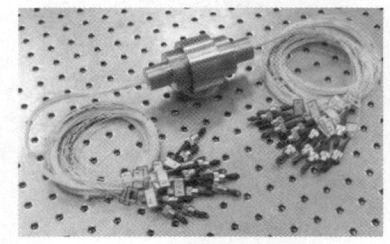   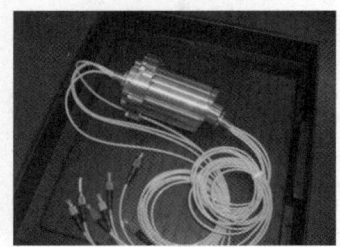

（a）德国史莱福灵光纤滑环　　　　　　（b）美国普林光电光纤滑环

图1-15　国外光纤滑环产品

与国外相比，我国光纤滑环的研究起步稍晚，20世纪90年代初开始研究，最早发表的文献是1991年机电部三十四所季伯言在《光通信技术》中发表的论文《光纤旋转连接器》，直至20世纪90年代末期，国内一些实验室相继研制出单通道和多通道光纤滑环原理样机。中航光电股份有限公司、南京电子技术研究所率先实现单通道、多通道光纤滑环的工程化，目前国内光纤滑环技术有了较大的发展，开始代替进口产品，国内光纤滑环产品如图1-16所示。

   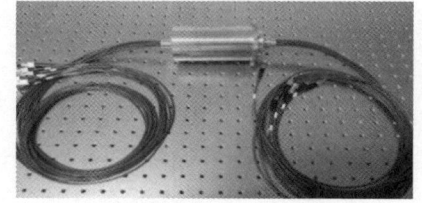

（a）中航光电股份有限公司光纤滑环　　　　　　（b）南京电子技术研究所光纤滑环

图1-16　国内光纤滑环产品

南京电子技术研究所为实现自主可控，于2008年开始研制光纤滑环，2011年实现多通道光纤滑环的工程应用，形成2～8通道普通型和小型化系列化产品，并在军用及民用产品上得到了广泛应用，已装机应用近千套，技术指标与国外产品相当，耐恶劣环境的能力更强。近年来随着光纤滑环的市场需求不断增长，国内陆续涌现出了一些研制厂商，中电科第二十三所、合肥正阳光电科技有限公司、深圳思锐达科技有限公司等国内厂商都已具备一定的生产能力，其光纤滑环性能与进口产品相当，并占据了一部分市场份额。

1.4.2 汇流环

随着机电技术的不断进步和发展，对电信号、功率的旋转传输的技术需求不断增加，汇流环技术最早出现在第二次工业革命期间。20世纪初，世界上掀起了电气化技术的高潮，电动机技术得到了大量应用，而从电动机的换向技术衍生而来的汇流环技术逐步应用于各类旋转电气设备中。IEC Corporation 的创始人于 1955 年将汇流环技术应用到石油开采设备中，到了 20 世纪 80 年代，汇流环技术又被应用到 CT 医疗领域。国际上比较著名的汇流环研制公司主要有美国穆格、德国史莱福灵等，相关产品如图 1-17 所示。

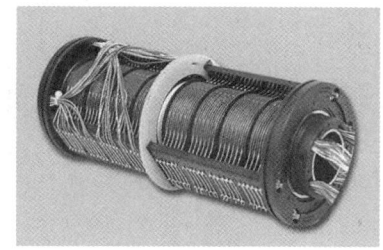

（a）美国穆格汇流环　　　　　　（b）德国史莱福灵 CT 汇流环部件

图 1-17　国外汇流环产品

此外，20 世纪 70 年代，美国相关技术人员开始了滚动滑环的研究，将传统的电刷与导电环之间的滑动摩擦转变为滚动摩擦，大幅减少了摩擦副的磨损。1983 年，Terry Allen、Peter Jacobson 等人发明了滚动滑环。随后，美国航空航天局（NASA）在自由号国际空间站上首次成功应用了滚动滑环，其传输功率达到了数百千瓦。

国内从事汇流环研制的公司较多，早期主要集中在研究所，如南京电子技术研究所、扬州船用电子仪器研究所、中国航空工业集团公司北京航空精密机械研究所等。其中南京电子技术研究所是国内较早开展汇流环研制的单位，20 世纪 70 年代研制出可同时传输 225 路信号的差动汇流环，并成功应用于某型雷达装备中，历经 50 多年的技术积累，目前已成功研制了超大功率汇流环、微型汇流环、长寿命汇流环等各类产品，成功应用于地面、船舶、航空、航天等各个领域的雷达装备中。

进入 21 世纪后，国内涌现出一批从事汇流环研制的公司，如杭州全盛机电科技有限公司、深圳晶沛电子科技有限公司、西安仕贤科技有限公司等，相关产品如图 1-18 所示。

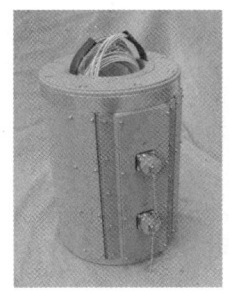

图 1-18　国内汇流环产品

1.4.3 流体交连

随着石油化工、能源、航空、航天等技术的发展，人们对流体旋转传输需求不断增加。19世纪，弹性材料已广泛作为密封件，极大促进了柔性流体交连技术的发展。伴随着高转速、长寿命、辐射、超高温等特殊应用场合不断出现，机械密封流体交连应运而生。

1885年，第一个机械密封专利在英国诞生，第二次世界大战后，美国开始迅速发展机械密封技术，1939—1945年，随着石油化学工业的发展，石墨、陶瓷、硬质合金等材料成功应用于机械密封，促进了流体交连迅速发展。1971—1974年，宇航工业和核电工业迅速发展，碳化硅和碳石墨等一些优质材料大量应用，高性能机械密封得以实现。1990年之后，随着密封原理和异响新控制理论的不断出现，机械密封获得了质的飞跃。

国外流体交连的典型代表公司有英国约翰克兰（JOHN CRANE）、德国伊格尔·博格曼（EAGLEBURGMANN）、美国福斯（FLOWSERVE）、日本伊格尔工业（EAGLE）等，流量一般不超过 100m³/h，其产品主要应用在泵、压缩机和其他旋转装置上，相关产品如图1-19所示。

（a）英国约翰克兰流体交连　　（b）德国伊格尔·博格曼流体交连　　（c）美国福斯流体交连

图 1-19　国外流体交连产品

国内流体交连技术主要源于国外，起步较晚，从20世纪60年代开始国内研制流体交连，其产品主要用于化工、食品等行业，目前在盾构机、页岩气钻井平台、化工反应釜、核电等领域已成熟应用，相关产品如图1-20所示。随着雷达、风电设备等复杂机电装备对可靠性、寿命、流量提出了更高的需求，进一步促进了硬质合金、陶瓷等密封副材料技术的进步，推动了流体交连技术快速发展，目前流量已超过 500m³/h，寿命大于150000转，通过配套漏液回收装置实现了全生命周期的零泄漏和免维护。

（a）江苏腾旋盾构机流体交连　　（b）宁波伏尔肯钻井流体交连　　（c）中密控股釜用流体交连

图 1-20　国内流体交连产品

国内流体交连的生产厂商主要有南京电子技术研究所、江苏腾旋科技股份有限公司（简称"江苏腾旋"）、宁波伏尔肯科技股份有限公司（简称"宁波伏尔肯"）、中密控股股份有限公司（简称"中密控股"）等，其中南京电子技术研究所依托雷达发展需求，从2000年开始研制流体交连，技术分为三代，第一代以柔性密封流体交连为主，第二代以硬质合金作为主要机械密封材料的机械密封交连为主，替代柔性交连，性能大幅提升，满足恶劣环境需求，第三代采用陶瓷机械材料配氟醚辅助密封的流体交连，实现了大流量、全生命周期免维护，已形成柱式流体交连、盘式流体交连及直线流体交连系列化产品，如图1-21所示。相关的密封材料、密封架构等核心技术已推广应用在盾构机、风电设备等领域，处于国际领先水平。

（a）柱式流体交连

（b）盘式流体交连

（c）直线流体交连

图1-21 南京电子技术研究所流体交连产品

1.4.4 射频交连

射频交连一般装在雷达天线座中，由转动部分和静止部分组成。在机械扫描雷达中，射频交连的作用就是在天线转动的情况下确保馈线中电磁能量的正常传输，因此它是机械扫描雷达中的重要部件之一。

国外的射频交连技术较为成熟，具有专门从事"射频交连"设计、制造的公司，知名厂商主要有美国凯夫林（KEVLIN）、美国钻石（DIAMOND）、德国斯必能等。雷达研制厂商一般直接从这些专业的射频交连厂商采购或定制射频交连，如美国的空军E3系列预警机和海军先进鹰眼2000雷达的多通道射频交连均为美国凯夫林配套研制。这些公司专业从事射频交连的研制有几十年的历史，积累了丰富的经验，尤其在宽带射频交连设计、多通道射频交连设计、高功率射频交连设计上的技术优势更为明显。目前国际上射频交连市场主要被它们垄断。美国凯夫林是全球最大的射频交连厂商，其产品目录就有三千多种型号，占据超过80%的市场份额。美国钻石发展迅速，在国际航管雷达射频交连领域，市场占有率在逐步提升，其6通道航管雷达射频交连如图1-22所示，具有体积小、质量小的特点，其生产的某款射频交连的质量只有32.6kg，而一般同规格的射频交连的质量在90kg左右。

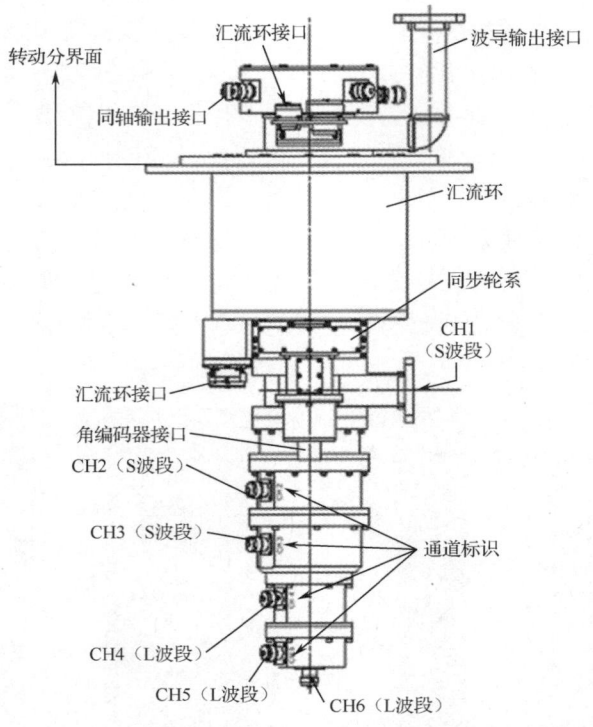

图 1-22 美国钻石生产的 6 通道航管雷达射频交连

国内射频交连研制实力较强的单位主要有中国航天科工二十三所、中国电子科技集团公司第二十研究所、华东电子工程研究所和南京电子技术研究所,国内在射频交连的研制方面基本还处于一个跟跑阶段,主要由各个雷达研究单位的天馈部门负责设计和制造,为相关雷达产品提供配套解决方案。

南京电子技术研究所是国内最大的雷达研究所,承担了国家星载、机载、舰载、陆基等各个领域众多型号雷达的研制工作,在 19 世纪 60 年代就开始从事射频交连的研制工作,经过几十年的发展,在射频交连的设计、制造方面具有坚实的基础,研制的射频交连品种最为齐全,覆盖频率范围从 P 波段到毫米波,在高功率射频交连、多通道射频交连、机载小型化射频交连等多个品种处于国内领先地位,部分品种达到国际先进水平。南京电子技术研究所典型的射频交连如图 1-23 所示。

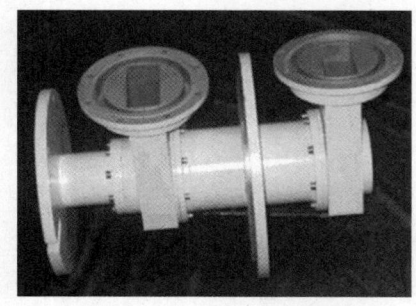

(a) S 波段气象雷达高功率旋转关节

(b) 机载火控雷达高功率旋转关节

图 1-23 南京电子技术研究所典型的射频交连

1.5 光电液及射频旋转传输技术展望

现代典型机电装备如雷达、盾构机和风电设备等都是机电一体化技术集大成者，并快速向着自动化、柔性化和智能化发展，这些装备需要安装旋转传输大量光电信号、电能、高频微波、润滑油和冷却液等的各种交连，并对交连设备提出了小型一体化、高可靠、长寿命、免维护或易维护的要求。各种交连一旦出现故障，轻则降低设备性能、丧失部分功能，重则导致整个系统无法运行；一旦出现功率传输短路或液体大量泄漏，甚至可能出现人员的安全性问题。因此，光电液及射频旋转传输装置是机电装备系统健康、稳定、可靠运行的关键，其技术的进步能有效提升机电装备性能、可靠性和效能。

1.5.1 光电液及射频旋转传输技术面临的挑战

1．光纤滑环

（1）传输数据量激增：复杂电子装备在不断向高数字化、集成化、一体化的方向发展，对光纤滑环的通道数、插入损耗等指标提出了新的要求。

（2）结构适应性：光纤滑环无中心孔的缺点限制了高集成化的结构排布，其结构形式面临新的挑战。

（3）抗恶劣环境：光纤滑环的应用范围不断扩展，如高空平台、深海探测等设备，存在高低温、高湿、盐雾、振动冲击等恶劣环境，这对光纤滑环的环境适应性提出了新的挑战。

2．汇流环

（1）导电滑动摩擦副耐磨性提升：由于汇流环依靠电刷与导电环的滑动接触摩擦实现电信号的连续旋转传输，因此在工作过程中必然会产生磨屑，过多的磨屑会污染环道表面，特别是在潮湿工况下，易导致绝缘性能下降，影响其工作可靠性。同时，过多的磨损会影响汇流环的寿命。因此，在保证可靠的接触性能的同时，如何减少电刷与导电环的磨损以提高其工作可靠性和使用寿命，是汇流环面临的挑战之一。

（2）抗恶劣环境：汇流环应用极为广泛，涉及医疗、工业、国防、航天等各个领域，部分使用场景有耐盐雾、耐湿热、耐低温、耐低气压等特殊要求，这对汇流环的环境适应性提出了新的挑战。

3．流体交连

（1）使用寿命提升：在雷达、风电设备、盾构机等应用场合中，由于维修不便，对流体交连提出了全寿命周期内免维护的要求。如何从材料、结构、表面处理等方面开展研究或通过发明新型动密封形式解决以上问题是后续所面临的主要挑战。

（2）抗恶劣环境：流体交连已逐步应用于温度范围更广、振动冲击更大、传输介质具有强腐蚀性等恶劣环境，对密封可靠性提出更高的要求。

4．组合交连

目前机电装备上使用的交连均为各种交连轴向套装而成，这种套装式的光电液及射频交连存在体积大、装调要求高、各独立交连寿命不等且维护保养不便等不足，难以满足现代化机电装备对小型化、高可靠、长寿命、免维护或易维护组合交连的需求。

（1）光电液及射频交连高集成：如何解决组合交连共用结构件、传输信号和介质相互影响等问题，实现组合交连的高集成、轻小型化是目前亟待完成的挑战。

（2）光电液及射频交连长寿命、免维护：高集成的组合交连结构复杂，一旦某个交连出现故障，维修相当困难，因此实现多信号及流体交连的长寿命、免维护是当前面临的主要技术挑战。

1.5.2 光电液及射频旋转传输技术的发展

1．光纤滑环技术的发展趋势

（1）向高集成、低损耗方向发展：光纤滑环的通道数越多，结构尺寸越大，性能指标越难保证，因此为实现产品的小型化，光纤滑环应不断向高集成、低损耗方向发展。

（2）向抗恶劣环境方向发展：光纤及光传输器件的材料为玻璃，在一定程度上限制了光纤滑环的环境适应性，针对不同应用场景的环境要求，光纤滑环需进行特殊设计，以提升抗恶劣环境的能力。

（3）向中空等新结构形式拓展：如何实现光纤滑环的中心孔设计，为结构排布提供更优的解决方案，是光纤滑环所需解决的关键性难题。

2．汇流环技术的发展趋势

（1）向低磨损、低损耗的技术方向发展：新型滚动滑环、非接触传输等技术将是后续汇流环技术发展的重点。滚动摩擦代替滑动摩擦将会大幅降低磨损情况，非接触传输因不存在磨损情况，也将大幅延长汇流环的使用寿命。

（2）向全寿命周期内免维护方向发展：为满足机电装备对大功率电能的旋转传输需求，需重点对功率汇流环的结构进行研究，通过采用在汇流环上加装吸尘装置等措施，解决了电刷磨损粉屑对性能的影响。目前，汇流环的导电环常用的镀层材料为钯镍金镀层和耐磨金镀层，从实际使用情况来看，这两种镀层与电刷的配对仍无法很好地满足使用寿命的需求，需对新的导电环镀层开展研究。在导电环镀层表面采用合适的润滑剂，不仅可以提高电接触可靠性，还能有效减少电刷与导电环的磨损，从而有效延长汇流环的使用寿命。

（3）向提升恶劣环境适应性方向发展：以改善汇流环内部小环境为方向，对恶劣工作条件下汇流环的环境适应性设计进行研究。

3．流体交连技术的发展趋势

（1）向长寿命方向发展：无论是机械密封还是柔性密封，其密封原理决定了无法避免不摩擦磨损，动密封副材料的耐磨性和抗老化性是影响流体交连的使用寿命的关键。因此，进行新材料的研发，提高耐磨性和橡胶材料的抗老化性，将从根本上改善流体交连的使用寿命。

（2）向高可靠动密封方向发展：在动密封的前端设置降压结构，减小动密封处的介质压力，动密封的可靠性将随之提升。因此，通过前置结构设计降低动密封所承担的压力是提升密封的使用寿命和可靠性的有效方法。

（3）向新体制动密封形式方向发展：磁性液体密封是一种新兴的动密封形式，其原理是通过永磁体吸附含有磁性纳米颗粒的液体，在动静结构件之间的缝隙内形成抵抗介质压力的液膜，从而实现动密封。该技术已在化工、食品、半导体等行业中获得应用，但由于现有技术的局限性，磁性液体密封一般只能承受 1MPa 以下的压力且密封介质一般为气体。磁性液体密封技术尚不成熟，目前还无法满足过高压力、过高转速和液体介质的动密封需求，但鉴于其高可靠、可自愈、免维护的特点，一旦关键技术获得突破，将在流体交连中获得广泛应用，是未来技术发展的趋势之一。

4．射频交连技术的发展趋势

（1）向小型化、轻量化、更高的功率容量和更优的信号质量方向发展：随着电子设备的不断小型化，对射频交连的外形尺寸也提出了更高的要求，射频交连需要具备更高的安装密度和更小的体积，以满足设备的空间限制和便携性需求。同时随着武器装备的功率口径不断增大，对射频同轴交连同样提出了超高功率的要求，对耐功率设计、稳相设计、热设计等提出了结构协同设计的需求。

（2）向更高的工作频率、更大的带宽方向发展：为了适应不同电子设备的通道数需求，射频交连需要更好的模块化设计，形成标准化的接口，因此可重构的射频交连将成为未来的发展趋势。

5．组合交连技术的发展趋势

（1）向组合交连一体化、轻小型化方向发展：多信号、多介质的综合传输装置将由独立功能交连拼装组合结构转变为系统性设计的一体化结构，从而进一步降低重量、体积和能耗，形成低功耗的绿色系统。综合一体化交连不仅在体积、重量等方面具有优势，而且流体交连可以同时对汇流环进行降温冷却，实现对光纤滑环周边的环控，解决光纤滑环的凝露问题。因此，一体化技术不仅仅局限于结构上的融合，而是更加强调在功能和能耗方面的高度集成与优化。

（2）向健康状态可实时监测方向发展：综合一体化交连作为机电装备中的关键设备，随着系统健康管理技术的发展，其全寿命周期管理成为可能。在不同部位加装触感、振动、温度等传感器实时监测装置的运行情况，对健康状态进行预判和评估。随着大量使用数据的积累，形成产品数据库，使用者可以通过编号查询到产品的装配信息、跑合试验信息及使用状态信息。

参考文献

[1] 高峰. 汇流环的研究与发展[J]. 电子元器件与信息技术, 2019, 8（3）: 14-17.

[2] 刘文科, 赵克俊, 郑传荣. 汇流环技术的研究与发展[J]. 电子科技, 2015, 28（6）: 208-212.

[3] 高文通, 朱锋, 王晓圆. 汇流环钯镍镀层制备工艺研究[J]. 电子机械工程, 2019, 35（3）: 47-51.

[4] 刘自立, 贾海鹏, 王立, 等. 面向空间应用的新型滚动汇流环关键技术与启示[J]. 航天器环境工程, 2016, 33（1）: 72-76.

[5] 赵克俊, 王向伟, 常健, 等. 光电液一体化雷达旋转组合研制[J]. 机电工程技术, 2016, 45（2）: 49-51.

[6] 颜士钦. 碳纤维/石墨/银基复合材料电刷的应用研究[J]. 功能材料, 1997, 28（2）: 192-195.

[7] 董好志, 关堂新, 许越宁. 水交连的设计[J]. 安徽电子信息职业技术学院学报, 2012, 11（2）: 22-25.

[8] 王良英. 机械动密封、自动补偿水交连的研制[J]. 电子机械工程, 2000, 16（1）: 9-13.

[9] 韩红霞, 耿爱辉, 曹立华, 等. 光纤旋转连接技术在光电跟踪设备中的应用[J]. 红外与激光工程, 2009, 38（增刊）: 202-205.

[10] 米磊, 姚胜利, 孙传东, 等. 光纤旋转连接器的发展及其军事应用[J]. 红外与激光工程, 2011, 40（6）: 1138-1142.

[11] 梅进杰, 朱光喜. 光纤旋转接头及其应用[J]. 光纤与电缆及其应用技术, 2008, 3: 4-13.

[12] 高春城. 新型滚动电传输装置的设计和实验研究[D]. 哈尔滨: 哈尔滨工业大学, 1995.

[13] 孙丽, 王秀伦, 王丽颖. 滚环的优化设计[J]. 大连铁道学院学报, 1999, 20（3）: 56-60.

第 2 章

光纤滑环

【概要】
　　本章首先介绍了光纤滑环的分类和主要技术指标，然后分别阐述了单通道光纤滑环和多通道光纤滑环的工作原理和典型结构，并对典型结构的光纤准直器、道威棱镜、支撑结构、传动机构及制造与装配进行了详细介绍。在此基础上进一步讲述了光纤滑环的环境适应性设计和性能测试，最后列举了光纤滑环的典型失效形式及预防措施。

2.1 概述

　　光纤滑环作为光纤传输系统的旋转关节，是一种无源的光传输部件，用于实现旋转端与固定端的光信号的连续传输。随着光纤通信技术的不断发展，光链路的传输需求不断变化，光纤滑环的实现原理、结构形式及种类也相应在演变发展，光纤滑环技术逐渐趋于成熟。

2.1.1 分类

　　光纤滑环分类图如图 2-1 所示。

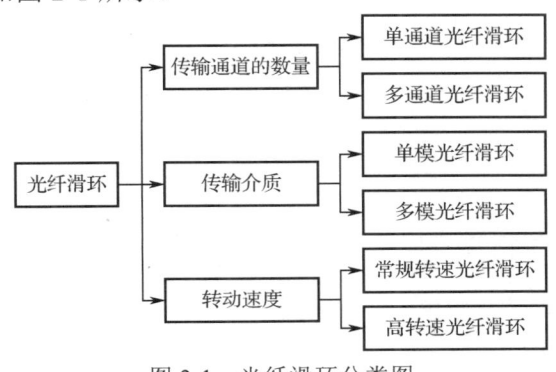

图 2-1　光纤滑环分类图

光纤滑环按传输通道的数量，可以分为单通道光纤滑环和多通道光纤滑环。单通道光纤滑环只传输一路光信号，实现原理简单，无通道间串扰指标要求。多通道光纤滑环是指同时实现两路及以上光信号旋转固定传输的光纤滑环，各路光纤不可能与光纤滑环的旋转中心同轴对准，需要通过光路折转来保证旋转端与固定端光信号的传输。

光纤滑环按传输介质，可以分为单模光纤滑环和多模光纤滑环。单模光纤滑环只能传输一种模式，多模光纤滑环可以传输多种模式。

单模光纤玻璃芯细，纤芯直径一般为 8.5～9.5μm，传输频带宽、容量大、传输距离长，可以传输 100Gbit/s 的数据，长距离传输可达 120km，工作波长一般为 1310nm 和 1550nm。单模光纤示意图如图 2-2 所示。

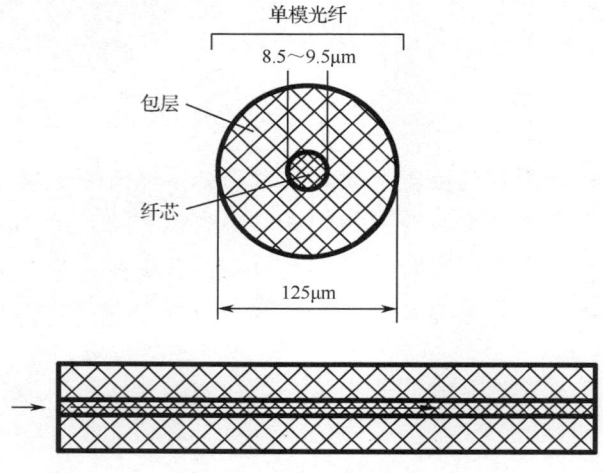

图 2-2　单模光纤示意图

多模光纤玻璃芯粗，纤芯直径为 50μm/62.5μm，传输速率低、距离短，整体传输性能差，存在模间色散问题，常用于短距离的数据通信，可以传输 1Gbit/s 的数据并传输 300m 远的距离，工作波长一般为 850nm 和 1300nm。多模光纤示意图如图 2-3 所示。

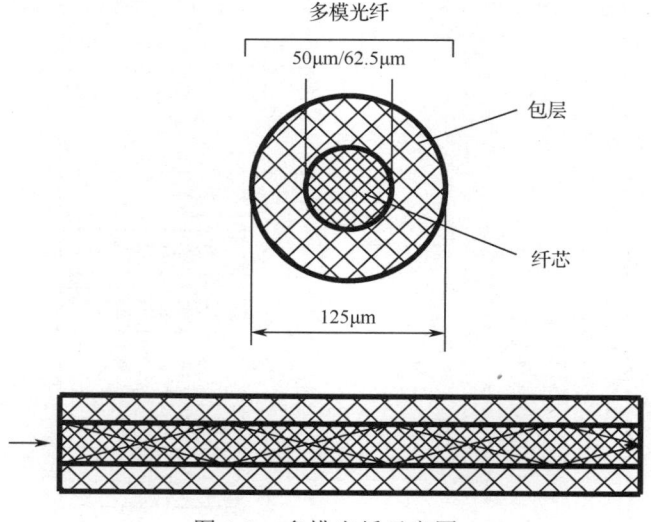

图 2-3　多模光纤示意图

光纤滑环按转动速度，可以分为常规转速光纤滑环和高转速光纤滑环。常规转速光纤滑环和高转速光纤滑环以 2000r/min 为分界线。常规转速光纤滑环通常应用于雷达天线、光纤卷筒、光电吊舱等领域；高转速光纤滑环最高工作转速可达每分钟万转以上，主要应用于发动机、旋翼传感系统和高速转台等领域。

光纤滑环适合应用在连续或断续旋转，同时需要传送大容量数据、信号的场合，具有以下显著特点。

（1）传输速率高：使用波分复用技术，能够成倍提高数据传输速率，传输速率达100Gbit/s 以上。

（2）传输距离远：用光纤传输信号，无泄密，无电磁干扰，可以远距离传输。

（3）转速高、寿命长：信号传输无机械接触、无摩擦，转速可以高达每分钟几千转，寿命达几千万转，甚至达一亿转。

（4）适应恶劣环境、可靠性高：带压力补偿，密封性能好，可在水下 7000m 及太空等恶劣环境中使用。

（5）体积小、质量小：光纤滑环结构尺寸小，传输数据量大，将电信号转换为光信号通过光纤滑环传输，可大大减小旋转传输部件的体积和质量。

2.1.2 技术指标

光纤滑环的技术指标包括基本载波指标、传输性能指标和结构相关指标三大类，主要有通道数、光纤传输模式、工作波长、插入损耗、旋转变化量、回波损耗、隔离度、结构尺寸、转动力矩、转速、光接口等。

1．基本载波指标

通道数、光纤传输模式和工作波长指标是光纤的基本传输要求，根据系统链路需求确定。

（1）通道数：指能够同时传输的光信号路数，一个光纤通道代表一路，通道数一般根据系统链路中的光纤路数确定，路数过多时可采用波分复用技术，将多路光纤合并到一路光纤，这样可大大降低光纤滑环的通道数，从而降低光纤滑环的设计难度及结构尺寸。目前，应用较广的通道数为单通道、双通道、4 通道和 8 通道。

（2）光纤传输模式：指系统链路中光纤的传输模式，为单模或多模。单模光纤传输频带宽、容量大、传输距离长；多模光纤传输速率低、传输距离短，整体传输性能差，存在模间色散问题。随着光纤通信技术的发展，单模光纤的应用越来越广泛。

（3）工作波长：指系统链路传输的光波波长。根据系统链路中的光纤传输模式确定，单模光纤一般要求波长为1310nm 或 1550nm，多模光纤一般要求波长为 850nm 或 1300nm。

2．传输性能指标

插入损耗、旋转变化量、回波损耗、隔离度为光纤滑环的光传输质量指标，通常根据光发射机的出射功率、光接收机的灵敏度、链路损耗等因素确定。

（1）插入损耗：指光信号在光纤滑环传输过程中的光能量损耗，即输出端光功率与输入端光功率比率的分贝数，一般要求不大于 6dB。公式如下：

$$IL = -10\lg(P_o/P_i) \qquad (2-1)$$

式中，P_o 为输出端光功率；P_i 为输入端光功率。

（2）旋转变化量：光纤滑环转动过程中插入损耗的最大值与最小值之差称为插入损耗的旋转变化量，一般要求不大于 3dB。

（3）回波损耗：又称为反射损耗，是指光纤中的光信号通过连接器后，后向反射光功率与输入端光功率比率的分贝数，单模光纤滑环的回波损耗应不小于 40dB，多模光纤滑环的回波损耗应不小于 25dB。

$$IR = -10\lg(P_r/P_i) \qquad (2-2)$$

式中，P_i 为输入端光功率；P_r 为从输入端接收到的反射光功率。

（4）隔离度：指某一通道中的信号耦合到另一个通道的信号量，光纤滑环的隔离度一般可达到 50dB 以上。

$$L_{ij} = -10\lg(P_j/P_i) \qquad (2-3)$$

式中，P_i 为 i 通道输入的光功率；P_j 为 i 通道输入光能量时耦合到 j 通道的光功率。

3. 结构相关指标

光纤滑环作为结构件，其结构指标主要包括结构尺寸、转动力矩、转速、光接口等。

（1）结构尺寸：主要指光纤滑环的外形尺寸、安装配合尺寸等。

（2）转动力矩：光纤滑环的启动力矩、正常转速下的摩擦力矩一般小于 1N·m。

（3）转速：指光纤滑环承受的最高转速。常规的光纤滑环的转速均可达到 100r/min。

（4）光接口：对外光接口型号要求（插座、插头、引线等），根据链路需求具体确定。

2.2 单通道光纤滑环

2.2.1 工作原理

单通道光纤滑环基于高斯光束的空间高效率耦合原理，通过旋转端与固定端光信号的同轴对准来实现，是最基础的光纤滑环。单通道光纤滑环结构紧凑，插入损耗较低。缺点是只有一个光纤通道，不能同时双向传输光信号，传输的光信号数量和种类有限。

单通道光纤滑环根据耦合方式不同，可以分为三种形式：光纤直接耦合、光纤准直器扩束耦合和双透镜扩束耦合。

光纤直接耦合原理图如图 2-4 所示，输入光纤的芯径很小，从其射出的光束只有很少一部分能够耦合到输出光纤中，当输入光纤围绕旋转轴转动时，由于旋转带来的径向跳动会增加输入光纤与输出光纤的同轴误差，光信号会进一步减少。直接耦合光纤滑环理论上可行，但通常要求两根光纤之间的轴向同轴误差在几微米以内，如此小的结构误差在实际工程中实现较难。

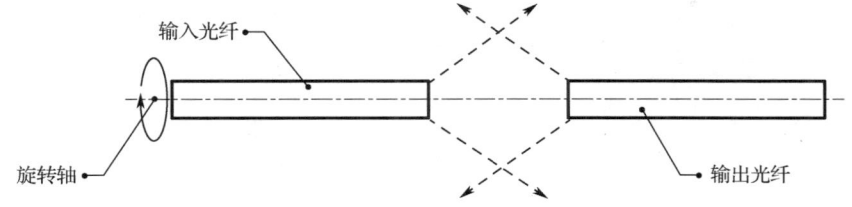

图 2-4　光纤直接耦合原理图

为了解决光纤直接耦合工程实现困难的问题，在两根光纤之间加入辅助器件来耦合光信号，将两根光纤之间的锥形光束改变成平行光束，这样不仅改善了光纤间光的耦合，而且会降低光能损失，使光纤滑环对旋转轴的装配敏感性降低。辅助器件包括光纤准直器或透镜。随着光纤通信技术的发展，光纤准直器已是成熟的光无源器件，可以根据系统需求选取，光纤准直器扩束耦合原理图如图 2-5 所示。在此基础上，单通道光纤滑环通常采用光纤准直器的结构形式，先将光纤信号进行扩束准直，再进行耦合。

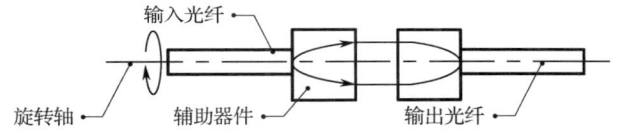

图 2-5　光纤准直器扩束耦合原理图

双透镜结构是将输入光纤出射的光信号近似为点光源，置于凸透镜的焦点处，将光信号转换为平行光，输出端用同样的凸透镜将平行光转换为点光源，再耦合到输出光纤，双透镜扩束耦合原理图如图 2-6 所示，此种方法损耗大，装配困难，不易实现，已被光纤准直器结构取代。

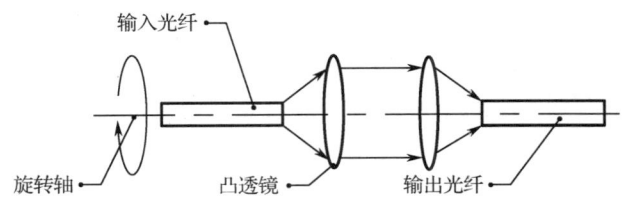

图 2-6　双透镜扩束耦合原理图

单通道光纤滑环结构设计首先应确定信号的耦合方法，再选取合适的光耦合器件，根据耦合器件的结构特征确定旋转端和固定端的支撑结构。图 2-7 所示为单通道光纤滑环的典型结构，主要由光纤准直器、支撑结构组成。光纤滑环的旋转端支撑结构由轴、拨叉、并紧螺母等组成。固定端支撑结构由外壳、出线端盖、轴承端盖、轴承挡圈等构成。

旋转端和固定端分别通过轴和外套筒与轴承的内外圈连接，双轴承结构，便于轴向消隙和保证同轴精度，外套筒上留有法兰接口，拨叉上设计缺口，便于与外界相连。光纤准直器通过胶封分别安装在旋转端的轴上和固定端的外套筒上。

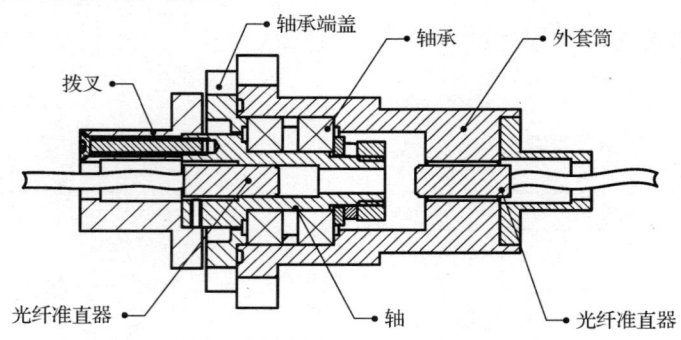

图 2-7　单通道光纤滑环的典型结构

2.2.2　光纤准直器

1. 结构及功能

光纤准直器主要将光信号进行准直、扩束，实现将发散的点光源变成近似的平行光，或者将光束聚焦为一定尺寸大小的光斑，从而让光束更方便地通过特定的光学元件，或者更高效地进行耦合。

目前，常用的光纤准直器主要有渐变折射率镜片和固定折射率球状镜片两种类型。

渐变折射率镜片又称为自聚焦透镜（Grin Lens），简称 G-lens，基本原理如图 2-8 所示，由四分之一节距变折射率光纤棒制成，光纤的一端是平面，另一端面呈 8°角倾斜，起到防止反射光进入光纤中干扰传输光信号的作用。G-lens 的出射端面为平端面，便于与其他光纤或光学元件胶合，形成一个紧凑、稳定的微光元件。

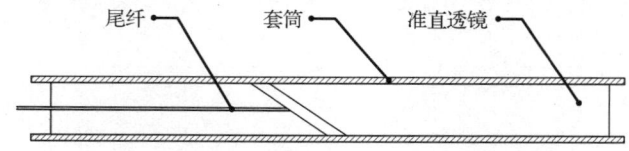

图 2-8　G-lens 基本原理

固定折射率球状镜片又称为 Conventional-lens，简称 C-lens，基本原理如图 2-9 所示，是另一种应用较多的光纤准直器，它的前端是微凸的球面，通过球面的曲率对光束进行折射，另一端面同样呈 8°角倾斜。与 G-lens 相比，C-lens 成本低，可以有更长的工作距离，插入损耗低。在光纤滑环设计时，采用 C-lens 的光纤准直器更具优势。

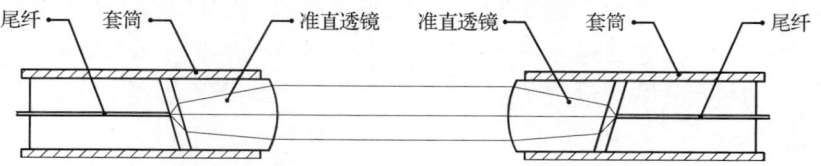

图 2-9　C-lens 基本原理

两个光纤准直器间的距离便是光纤准直器的离轴偏差，通过此偏差可确定光纤准直器的工作距离，从而选取相应工作距离的光纤准直器。

2．耦合损耗

两个相同的光纤准直器束腰位置重合时耦合效果最佳，但实际工程应用中一对光纤准直器进行光的耦合时，由于存在位置偏差，会产生附加损耗。光纤准直器装配通常存在三种偏差，分别为横向偏差、轴向偏差和角度偏差，其决定了附加损耗的大小。如图 2-10 所示，位置偏差基本有以下 3 种情况。

（1）x_0 代表 x 方向有一个偏移，为横向偏差。

（2）z_0 代表 z 方向两个光纤准直器的工作距离偏移，为轴向偏差。

（3）角度 θ 代表 x、y、z 方向的偏角，即两个光纤准直器的一个空间偏角，为角度偏差。

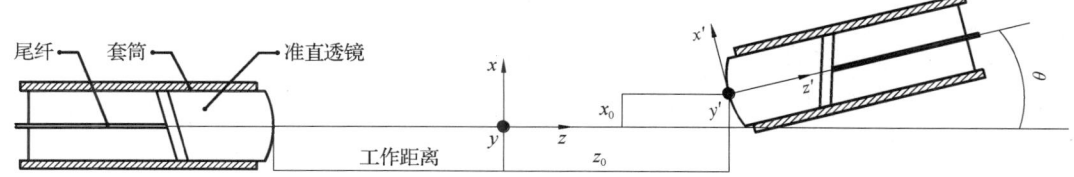

图 2-10　两个光纤准直器耦合

以上三种偏差均会带来额外的插入损耗，可通过理论计算得出偏差产生的损耗，其中 λ 为工作波长，ω_2 为耦合端光纤准直器的模场半径，dx 为横向偏差，Δz 为轴向偏差，$d\theta$ 为角度偏差。

（1）横向偏差耦合损耗：

$$\mathrm{IL}_2 = -10\lg(e^{-dx^2/\omega_2^2}) \tag{2-4}$$

（2）轴向偏差耦合损耗：

$$\mathrm{IL}_3 = -10\lg\left[\frac{1}{1+\left(\dfrac{\lambda\Delta z}{2\pi\omega_2^2}\right)^2}\right] \tag{2-5}$$

（3）角度偏差耦合损耗：

$$\mathrm{IL}_4 = -10\lg[e^{-d\theta^2/(\lambda/\pi\omega_2)^2}] \tag{2-6}$$

图 2-11 所示为光纤准直器三种偏差带来的损耗曲线，其中轴向偏差影响很小，10mm 的轴向偏差带来的损耗约为 0.025dB；横向偏差次之，0.1mm 的横向偏差带来的损耗约为 1dB；角度偏差带来的损耗相对较大，0.15°的角度偏差带来的损耗约为 5dB，且随角度增加，损耗值会急剧增大，因此应用光纤准直器时应重点控制横向偏差和角度偏差，轴向偏差控制在一定范围内即可。

3．设计选用

光纤准直器作为一种光无源器件，技术相对成熟，系统设计时根据需求确定其相关参数，一般能够选购到合适的货架产品，如果有特殊情况，可进行定制。其主要光学参数有工作距离、光斑直径、插入损耗、回波损耗、点精度等，主要结构参数有套筒外径、套筒长度、光纤长度。

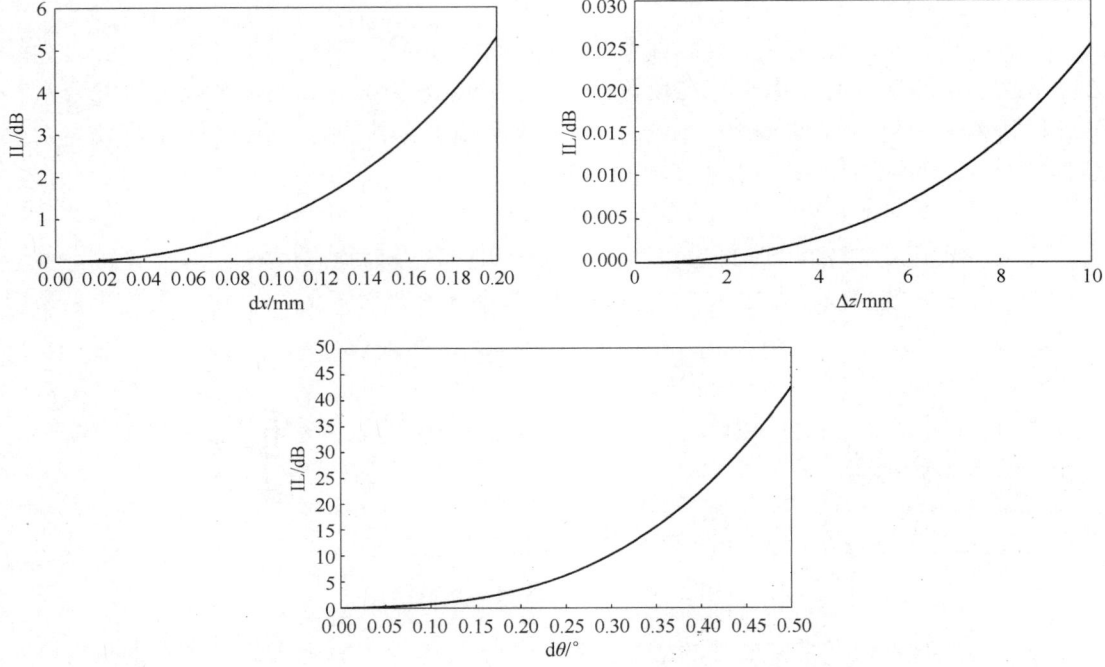

图 2-11 光纤准直器三种偏差带来的损耗曲线

（1）光纤类型：根据系统链路中的光纤类型选取，保证与链路中的对接光纤相匹配。

（2）工作距离：单通道光纤滑环不需要光路折转，两个光纤准直器的间隔小，因此对光纤准直器的工作距离要求低，一般 10mm 以内的工作距离即可满足要求，G-lens 和 C-lens 的光纤准直器均满足要求，此工作距离下的插入损耗很小，选用时根据光纤准直器的型号获得损耗指标，一般小于 0.5dB，此损耗为固有损耗。

（3）光斑直径：根据光纤准直器型号直接获得该参数。

（4）套筒外径：光纤准直器的常规外径尺寸一般有 3.2mm 和 1.8mm 两种，根据需求选用。

（5）点精度：光纤准直器出射光束的光轴与套筒机械轴的偏角，如图 2-12 所示，一般在 1°左右。

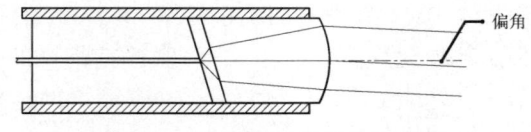

图 2-12 光纤准直器偏角示意图

2.2.3 支撑结构

旋转精度对单通道光纤滑环的耦合插入损耗影响较大，旋转精度主要由轴承、轴、外套筒、轴承端盖的加工及装配精度决定，主要结构设计要点如下。

1. 轴承选用

单通道光纤滑环对轴承有结构尺寸小、载荷低、精度高等要求，一般选取深沟球轴承或角接触球轴承，为满足系统较高的精度要求，轴承的精度等级一般不低于 P5 级。

小型轻量化的单通道光纤滑环一般选薄壁的微型深沟球轴承，该类轴承应用广，标准件成熟可靠；需承载一定轴向载荷时，可以根据需要选用微型角接触球轴承。

2. 结构件设计

单通道光纤滑环结构件主要包括轴、外壳等，结构件的尺寸精度根据插入损耗的指标要求进行设计分配。角度偏差对插入损耗影响最大，由插入损耗指标要求计算得出角度偏差为 θ_0，支撑结构偏差带来的角度偏差为 θ_1，光纤准直器出射光光轴与旋转轴的安装带来的角度偏差为 θ_2，为保证单通道光纤滑环技术指标，要求 $\theta_1+\theta_2 \leqslant \theta_0$。

光纤准直器装配时需要进行位姿调整，保证光束光轴与旋转轴的同轴度，从而减小角度偏差 θ_2，此时应合理设计光纤准直器与安装孔间的间隙，保证有足够的装调余量，避免出现干涉。设计时此间隙可适当留一些余量，但不宜过大，避免封胶固定时胶的填充不充分，导致固定不牢靠。例如，点精度为 α，安装孔的长度为 L，安装孔与光纤准直器间的间隙至少为

$$\Delta H = L \tan \alpha \tag{2-7}$$

为减小插入损耗，支撑结构偏差带来的角度偏差 θ_1 应尽量小，同时为尽可能降低装调难度，一般设计时初步选取 θ_0 的二分之一以下，设计时应重点关注轴承、轴和外套筒的结构精度指标。与轴承配合零件的尺寸偏差如表 2-1 所示。

表 2-1　与轴承配合零件的尺寸偏差

项　　目	尺 寸 代 号	备　　注
轴外径（与轴承配合）	d_0	极限下偏差尺寸
轴承内径	D_1	极限上偏差尺寸
轴承外径	d_4	极限下偏差尺寸
外壳内径（与轴承配合）	D_3	极限上偏差尺寸
轴承游隙	E	

轴与外壳理论上的最大配合间隙 X 为

$$X = D_1 + D_3 - d_0 - d_4 + E \tag{2-8}$$

若轴的定位长度为 L，则 θ_1 为

$$\theta_1 = \arctan(X/L) \tag{2-9}$$

单通道光纤滑环的结构参数如表 2-2 所示。

表 2-2　单通道光纤滑环的结构参数

项　　目	尺寸及公差	备　　注
轴外径（与轴承配合）	$6^{+0.003}_{-0.002}$	单位：mm
轴承内径	$6^{+0.004}_{0}$	
轴承外径	$13^{0}_{-0.005}$	
外壳内径（与轴承配合）	$13^{+0.002}_{-0.003}$	
轴承游隙	0.003	

按公式计算 X 为 0.016mm，定位长度 L 为 10mm，θ_1 为 0.09°，按图 2-11 所示的角度偏差损耗曲线，θ_1 产生的耦合损耗约为 2dB，如果插入损耗指标要求为 5dB，则 θ_0 约为 0.15°，θ_1 小于 θ_0。

2.2.4　制造与装配

单通道光纤滑环的结构件均为常规轴类零件，虽然要求精度高，但结构简单，制造难度一般，通过车、铣削加工能够达到预期精度。单通道光纤滑环的耦合精度除取决于零部件的自身精度外，还取决于装配过程中的装调，具体装调步骤如下。

1. 支撑结构的安装

如图 2-13 所示，首先将轴承安装在轴上，再并紧螺母，然后整体装入外套筒，最后安装轴承端盖。在装配过程中，可以通过配加工轴承端盖或增加垫片的方式进行调整，以确保轴承的游隙符合要求。

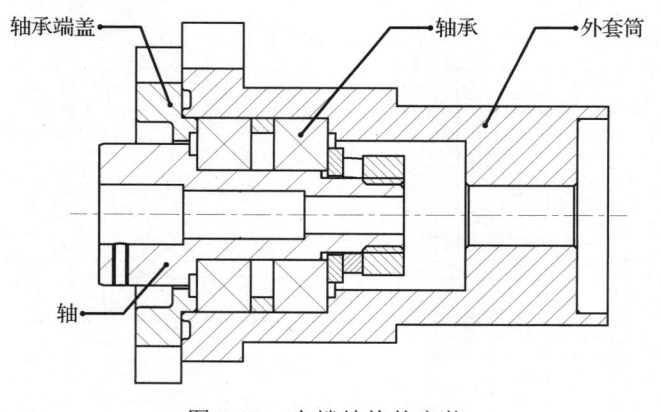

图 2-13　支撑结构的安装

2. 旋转端光纤准直器的安装

用调整固定架夹持外套筒，使固定端保持固定，旋转端可旋转。调整固定架由 V 形铁、压板和锁紧螺栓组成。旋转端光纤准直器安装在安装孔内，如图 2-14 所示，用调节螺钉调整光纤准直器的光轴与旋转轴的相对位置，固定端用光斑接收器接收光纤准直器的输出光斑，调整光纤准直器位置的同时观察光斑的位置变化，旋转过程中光斑重合度越高，说明光纤准直器的安装精度越高，最终在固定端用光纤准直器进行耦合装调，监测旋转过程中的指标，确定旋转端光纤准直器的安装精度达到插入损耗指标要求后，在安装孔内封胶固定光纤准直器。

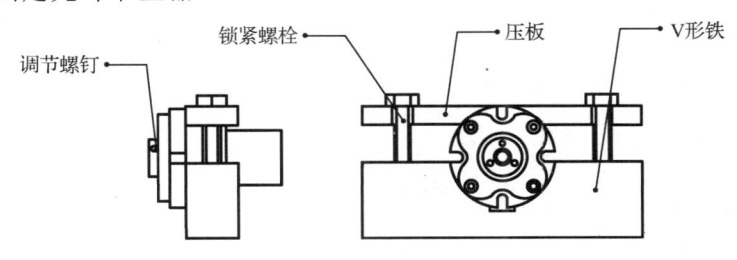

图 2-14　旋转端光纤准直器的安装

3．固定端光纤准直器的安装

固定端用五维调整架（见图 2-15）夹持光纤准直器，进行耦合调整，在调整的同时观察插入损耗指标变化，插入损耗指标调到最优后，转动旋转端，观察旋转过程中的插入损耗，再调整五维调整架，优化指标，使最大插入损耗和旋转变化量均达到最小，最后将光纤准直器用封胶固定在外套筒的安装孔内，如图 2-16 所示。

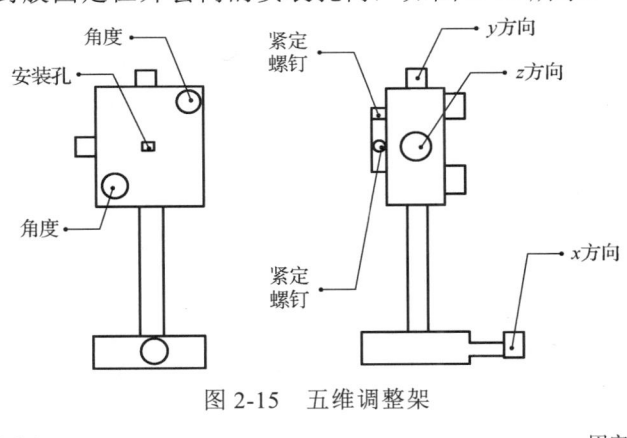

图 2-15　五维调整架

图 2-16　固定端光纤准直器的安装

4. 拨叉及出线端盖的安装

将光缆护套固定在出线端盖内,并根据要求为光纤引出线端配备相应的连接器,完成装配工作,如图 2-17 所示。

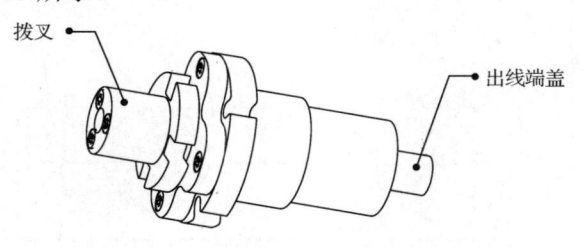

图 2-17 拨叉及出线端盖的安装

2.3 多通道光纤滑环

单通道光纤滑环难以满足系统对不同光信号同时传输、双向传输或大数据量传输的需求,推动了多通道光纤滑环的研究与应用发展。常见的多通道光纤滑环有 2、4、6、8 等通道。

2.3.1 工作原理

多通道光纤滑环根据实现原理分为对称透镜式、菲涅耳透镜式和道威棱镜式三种类型。图 2-18 所示为对称透镜式双通道光纤滑环原理示意图,利用两组对称的透镜,把两个通道的光信号从转子部分传输到定子部分。当定子部分围绕旋转轴转动时,从通道 1 中传输的光经过透镜 1、透镜 2、透镜 3、透镜 4 后始终与通道 3 对应;同理,通道 2 与通道 4 也有对应关系。这样就保证了光信号的连续传输,同时可实现信号的双向传输。该无源光纤滑环的优点是光学元件简单,制作成本低。缺点是当一侧的光信号耦合时,信号通过透镜后很难进入另一侧的相应通道。因此,整个过程需要依赖精密的机械结构来确保光学元件的平稳转动,同时导致系统的插入损耗较大。

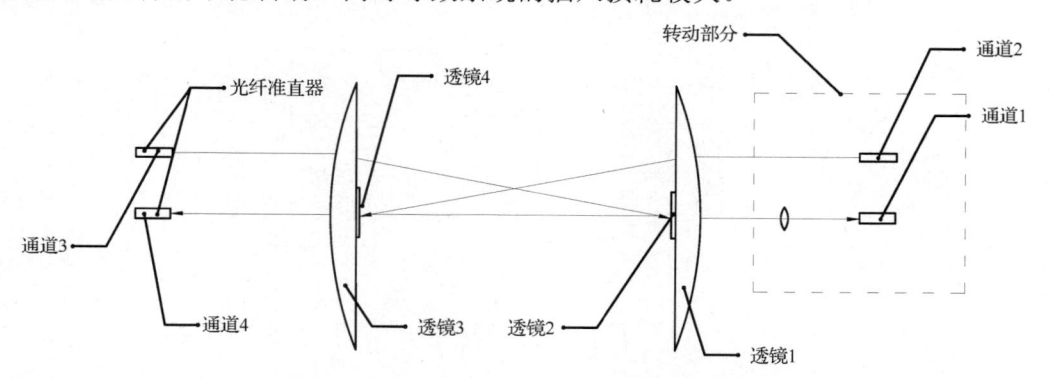

图 2-18 对称透镜式双通道光纤滑环原理示意图

图 2-19 所示为菲涅耳透镜式多通道光纤滑环原理示意图,在精密机械结构辅助下,透镜的光轴和旋转器的旋转轴 1 重合,离轴的通道 2、3 射出的光线在菲涅耳透镜的会聚作用下,会聚到光轴的不同位置。在这些位置处放置光纤,可接收透镜传过来的光信号。当通道 1、2、3 围绕光轴旋转时,轴上的光纤源源不断地接收到从通道 1、2、3 传来的光信号,从而保证光信号通过旋转面连续传输。从图 2-19 中可以看到,在各路光信号耦合过程中,各通道的光信号均会聚到光轴处,若反向传输,则损耗很大。此外,菲涅耳透镜加工困难,光纤在旋转器中的位置需要精确计算,装配时透镜的位置和焦点的位置难以保证。因此,此种光纤滑环在工程上实现起来比较困难。

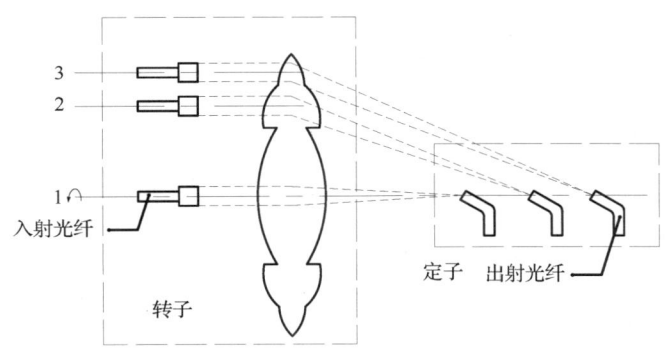

图 2-19 菲涅耳透镜式多通道光纤滑环原理示意图

图 2-20 所示为道威棱镜式多通道光纤滑环原理示意图,平行光束进入光纤滑环的转子部分,经过耦合后通过道威棱镜进行传输和反射,利用道威棱镜的转像原理,即在转子旋转时(以 1/2 转子速度旋转),通过该棱镜所成像的位置保持不变,确保光信号的传输稳定性。最终,出射的光束通过输出通道传出,从而保证了光信号传输的完整性。

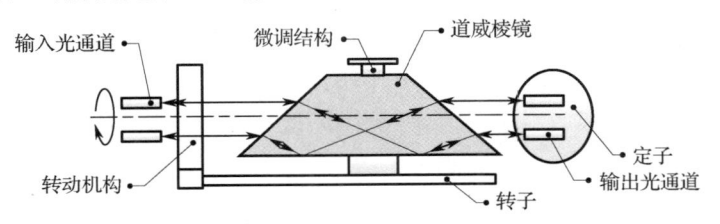

图 2-20 道威棱镜式多通道光纤滑环原理示意图

图 2-21 所示为采用 ZEMAX 光学仿真软件模拟的道威棱镜光路折转示意图,其中图 2-21(a)所示为起始时光路图,图 2-21(b)所示为道威棱镜绕其光轴旋转 90°,入射平行光束绕道威棱镜光轴旋转 180°后的光路图,图 2-21(c)所示为道威棱镜绕其光轴旋转 180°,入射平行光束绕道威棱镜光轴旋转 360°后的光路图,图 2-21(d)所示为三种状态的出射平行光束,从图中可知出射光位置不发生改变。

对称透镜式光纤滑环只适用于双通道,且不能双向传输;菲涅耳透镜式多通道光纤滑环只适合单向传输,且各通道输出端轴上位置的间距需要严格控制,与光纤耦合困难、损耗大。基于道威棱镜原理的多通道光纤滑环能够满足双向传输要求且结构更稳定,原理上更具优势,所以该种结构形式的多通道光纤滑环更易实现,可靠性更高,目前市场上的成熟产品均采用此原理。

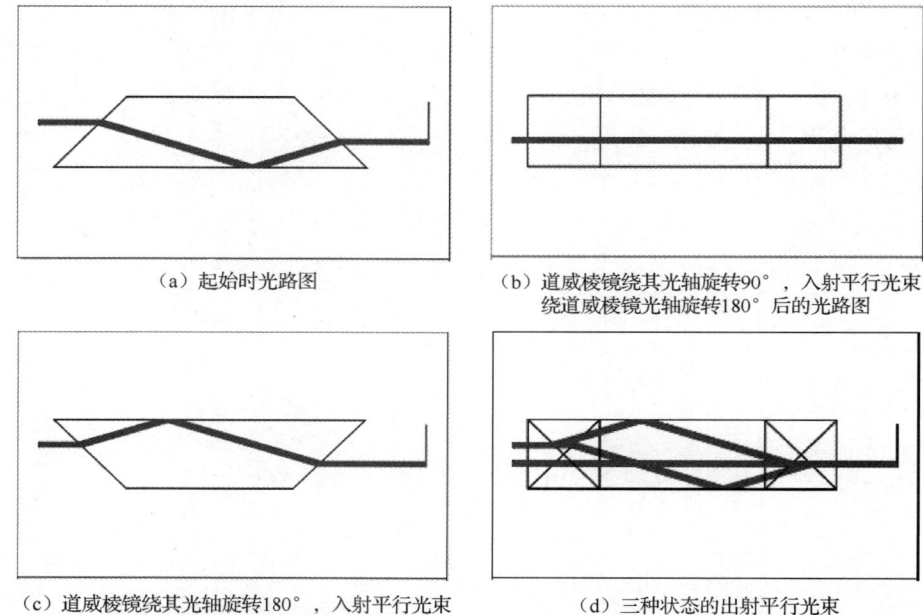

（a）起始时光路图

（b）道威棱镜绕其光轴旋转90°，入射平行光束绕道威棱镜光轴旋转180°后的光路图

（c）道威棱镜绕其光轴旋转180°，入射平行光束绕道威棱镜光轴旋转360°后的光路图

（d）三种状态的出射平行光束

图 2-21　采用 ZEMAX 光学仿真软件模拟的道威棱镜光路折转示意图

2.3.2　典型结构

目前，多通道光纤滑环均基于道威棱镜的光传输原理，参考图 2-20，其主要由道威棱镜、光纤准直器、传动机构及外围结构件组成。其中光纤准直器用于将光纤输出的点光源转换为平行光，可参照单通道光纤滑环设计选取；传动机构用于实现 2：1 的转动关系，要求精度高；其他外围结构件主要用于传动机构与外部设备的接口转换、结构支撑、密封等。

根据传动机构的实现方式的不同，多通道光纤滑环主要有两种结构形式，一种是直齿轮行星轮结构，如图 2-22（a）所示；另一种是锥齿轮行星轮结构，如图 2-22（b）所示。

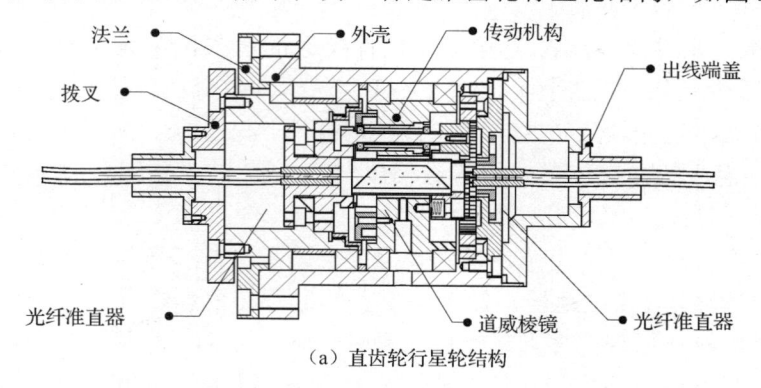

（a）直齿轮行星轮结构

图 2-22　多通道光纤滑环结构图

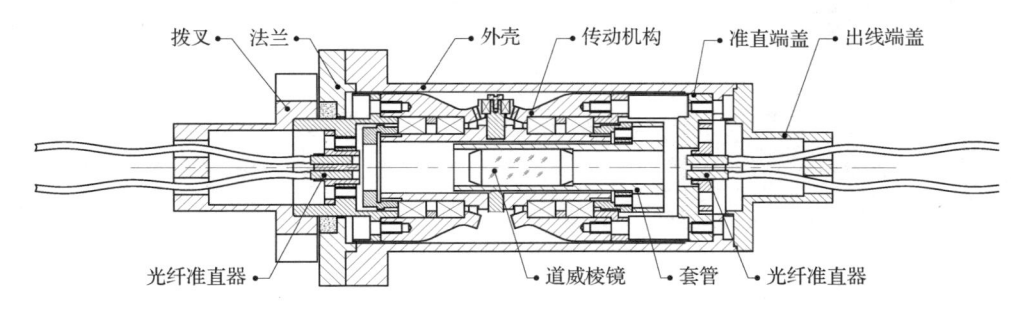

（b）锥齿轮行星轮结构

图 2-22　多通道光纤滑环结构图（续）

直齿轮传动机构与锥齿轮传动机构各有优缺点。直齿轮传动机构如图 2-23（a）所示，一般需要 4 种齿轮，大小直齿轮共 8 个，直齿轮布局会占据一部分中心孔，在相同外径下光纤滑环的通光孔径变小，其优点是直齿轮加工难度小，易实现高精度，但该种结构装配相对复杂。锥齿轮传动机构如图 2-23（b）所示，只需两种齿轮：2 个大锥齿轮，3 个小锥齿轮作为行星轮，相比直齿轮传动机构，锥齿轮传动机构具有径向尺寸小、结构简单、装配容易的特点，但锥齿轮比直齿轮加工难度大，精度不易控制。

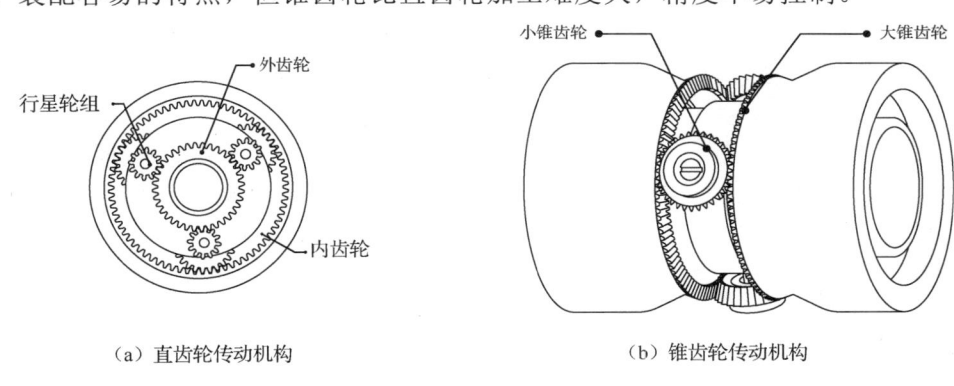

（a）直齿轮传动机构　　　　（b）锥齿轮传动机构

图 2-23　多通道光纤滑环传动机构示意图

2.3.3　道威棱镜

道威棱镜由直角棱镜去掉多余的直角部分加工而成，变为一个梯形棱镜，如图 2-24 所示，其入射面和出射面与光轴不垂直，呈 45°夹角。道威棱镜不会改变光轴方向，也不会导致光轴平移，具有在平行光系统中转像的功能。

道威棱镜除具有转像功能外，还具有另一重要特性：当其绕反射面轴线转动 α 角时，反射像同方向旋 2α 角。如图 2-25（a）所示，右手坐标系 *xyz* 经道威棱镜转像后，只有 *x* 坐标方向改变，成为左手坐标系。

图 2-24　道威棱镜

如图 2-25（b）所示，棱镜转过 90°，同一 xyz 坐标系经道威棱镜转像后，只有 y 坐标方向改变，此时的像相对于图 2-25（a）中的位置已经旋转了 180°，即当道威棱镜以角速度 ω 旋转时，由道威棱镜所成的像角速度为 2ω。利用此原理，当物体以角速度 ω 旋转，道威棱镜以角速度 ω/2 同向旋转时，可使物体所成的像不会发生偏转，实现信号的准确旋转耦合。

道威棱镜的外形如图 2-26 所示，在光路设计中，道威棱镜的主要设计参数包括棱镜底边长度 L、棱镜的高度 D、底角 α 等。

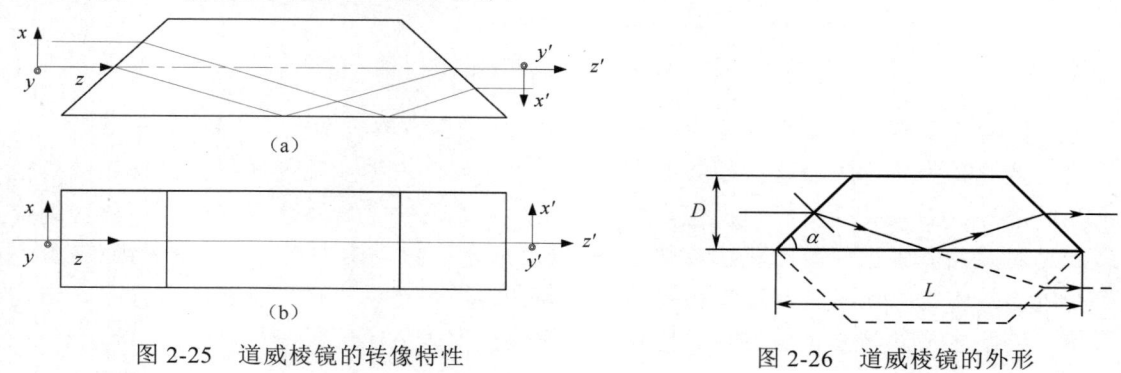

图 2-25 道威棱镜的转像特性

图 2-26 道威棱镜的外形

尺寸 D 决定多通道光纤滑环的通光孔径，有效通光孔径一般为尺寸 D 的 85%。

$$D_0 = D \times 85\% \qquad (2\text{-}10)$$

式中，D_0 为所需要的通光孔径，根据通道数和光纤准直器外径确定。如图 2-27 所示，d 为光纤准直器套筒外径在道威棱镜上的投影，各通道间应预留装配间隙，一般应为 d 的 0.3 倍，从而可确定道威棱镜的通光孔径 D_0。

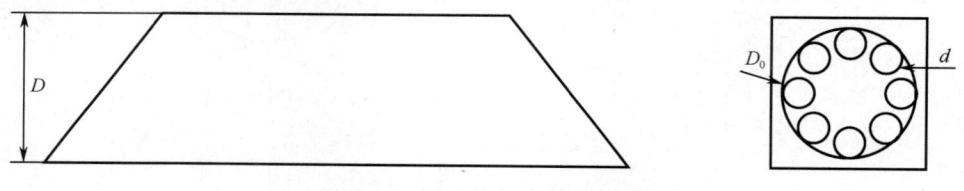

图 2-27 道威棱镜参数示意图

道威棱镜的底角 α 为 45°，若道威棱镜材料的折射率为 n，则其底边长度 L 与高度 D 的关系如式（2-11）所示，在确定 D 之后即可计算出 L。

$$L = \frac{2D\sqrt{2n^2-1}}{\sqrt{2n^2-1}-1} \qquad (2\text{-}11)$$

道威棱镜通常使用 K9 玻璃作为材料，具有较好的光学性能，其折射率根据光纤滑环所使用的传输波长进行调整，一般在可见光波段内，折射率大约为 n=1.5，波长间差异较小，因此常按这一值进行计算。

道威棱镜精度过低会导致旋转端与固定端的耦合损耗增大，若精度过高，则加工难度增大，设计时应合理控制加工精度。角度偏差是道威棱镜的主要加工误差，会影响道威棱镜输出光束相对光轴的夹角，使光轴旋转过程中不同时刻的输出光束存在夹角，导致光信号无法精确耦合。

如图 2-28 所示，理论上 α_1、α_2 应该相等，均为 45°，但当存在偏角误差时，射光会有一个偏角 θ，若道威棱镜底角的角度误差为 $\Delta\theta$，则

$$\theta = 2\arcsin\left\{n \cdot \sin\left[\arcsin\left(\frac{\sqrt{2}}{2n}\right) + \Delta\theta\right]\right\} - 90° \quad (2\text{-}12)$$

图 2-28 角度偏差示意图

该角度误差会带来光纤准直器的耦合损耗，旋转端光纤准直器经道威棱镜折转后，固定端的光束会有一个锥角，由于加工能力限制，一般要求该底角的角度误差不大于 1′。当 $n=1.5$ 时，如果道威棱镜 α_1、α_2 的角度误差 $\Delta\theta=3′$，按式（2-12）计算出 θ 约为 0.17°根据光纤准直器角度偏差耦合损耗公式［式（2-6）］计算，0.17°带来的损耗已超过 5dB，若光纤滑环插入损耗指标要求严格，则会给装调带来极大的难度，甚至无法满足要求。

2.3.4 传动机构

传动机构主要作用是实现 2∶1 的转动关系，是多通道光纤滑环的关键部件，要求精度高，一般采用结构紧凑、传动平稳的直齿轮或锥齿轮行星轮系来实现。

图 2-29 所示为直齿轮传动机构结构图，采用行星轮形式，中心轮 1 作为固定端时，中心轮 3 作为旋转端旋转，道威棱镜可固定在行星轮 2 上，道威棱镜的转速为中心轮 3 转速的一半，实现了 2∶1 的转动关系。

图 2-30 所示为锥齿轮传动机构结构图，其中轴承安装在轴和大锥齿轮之间，两端各两个，轴承外圈用挡圈隔开，同时通过并紧螺母进行消隙，两端用端盖和轴承端盖对轴承外圈进行限位。

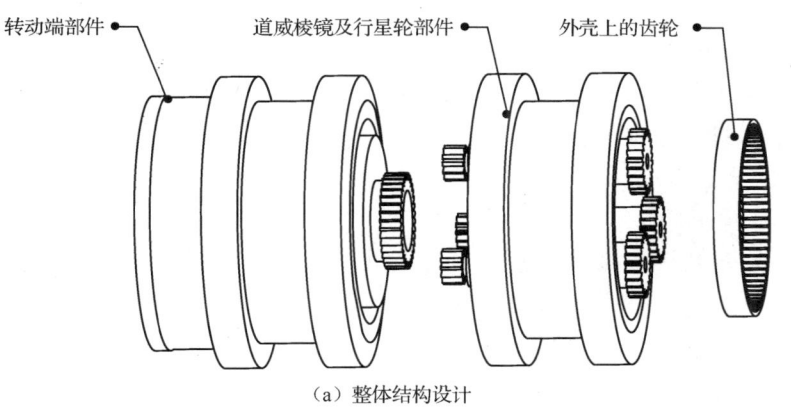

（a）整体结构设计

图 2-29 直齿轮传动机构结构图

（b）行星齿轮结构设计

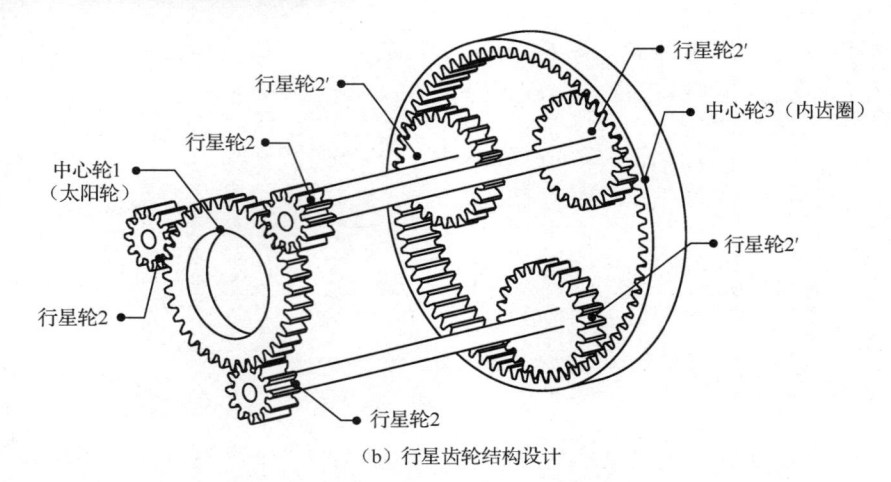

图 2-29　直齿轮传动机构结构图（续）

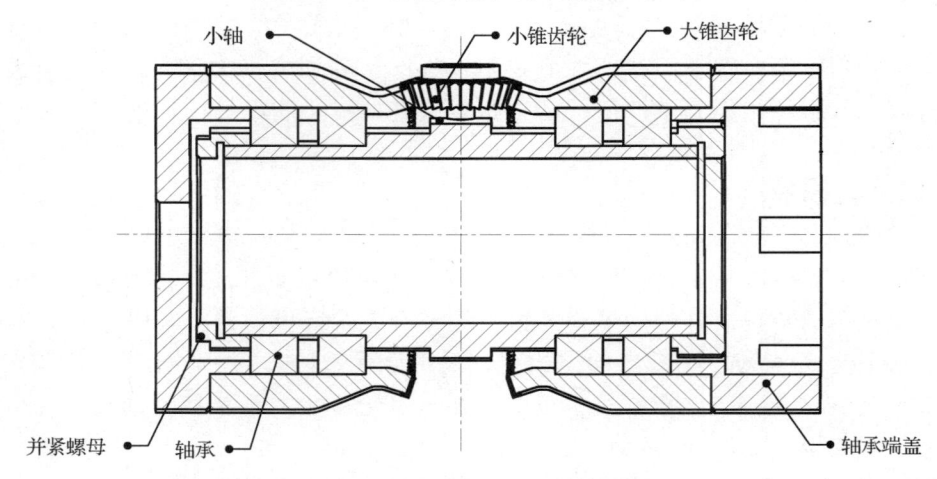

图 2-30　锥齿轮传动机构结构图

1. 轴承

多通道光纤滑环外形尺寸比单通道光纤滑环略大，轴承外径尺寸一般不超过 50mm，与单通道光纤滑环类似，轴承的承载要求不高，但相对精度要求高，一般精度等级不低于 P5 级，选取深沟球轴承或角接触轴承，典型型号有 P5 等级的 D623、D618/5、D618/7 等。

2. 齿轮

直齿轮传动机构需要 4 种齿轮，一个外齿轮作为中心轮或太阳轮，内齿轮作为太阳轮或中心轮，行星轮由 2 种小直齿轮组成，如图 2-31（a）所示。锥齿轮传动机构用于两个相交轴之间的传动，轴线间夹角为 90°，需要两种齿轮，两个大锥齿轮采用对称结构设计，外形尺寸可完全一致，如图 2-31（b）所示。

光纤滑环的传动机构载荷小、接触疲劳强度要求低，齿轮材料一般选用 45 钢、40Cr、2Cr13 等材料，调质处理，模数一般为 0.3 或 0.5，精度为 5 级或 6 级。

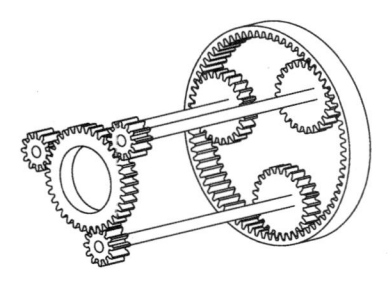

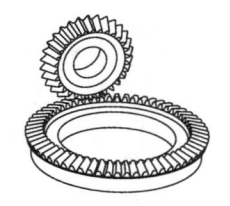

(a) 直齿轮传动副　　　　　　　　　　　(b) 锥齿轮传动副

图 2-31　齿轮传动副示意图

3. 偏角精度计算

传动机构带来的偏角误差会严重影响光信号的耦合，下面以锥齿轮传动机构为例，对偏角精度进行分析计算，直齿轮传动机构可参照此方法进行计算。

表 2-3 所示为与轴承配合的零件的尺寸偏差，其中尺寸均为极限下偏差尺寸。

表 2-3　与轴承配合的零件的尺寸偏差

项　　目	尺 寸 代 号	备　　注
轴外径（动端）	d_0	极限下偏差尺寸
轴外径（定端）	d_1	极限下偏差尺寸
轴承内径	D	极限上偏差尺寸
轴承外径	d	极限下偏差尺寸
齿轮内径	D_0	极限上偏差尺寸
轴承游隙	E	

根据传动机构装配关系，定端与基准轴的最大配合间隙 X_1 为

$$X_1 = D_0 + D - d_1 - d + E \tag{2-13}$$

若定端（两个轴承高度与挡圈高度之和）的定位长度为 L_1，则定端与基准轴的最大偏角 θ_1 为

$$\theta_1 = \arctan(X_1/L_1) \tag{2-14}$$

动端与基准轴的最大配合间隙 X_2 为

$$X_2 = D_0 + D - d_0 - d + E \tag{2-15}$$

若动端（两个轴承高度与挡圈高度之和）的定位长度为 L_2，则动端与基准轴的最大偏角 θ_2 为

$$\theta_2 = \arctan(X_2/L_2) \tag{2-16}$$

θ_1 与 θ_2 之和为动定两端的最大偏角，用 θ_x 表示。根据多通道光纤滑环的插入损耗技术要求，计算允许光纤准直器的耦合偏角的最大误差 θ_0，则应满足 $\theta_x + \theta \leq \theta_0$，$\theta$ 为道威棱镜加工误差带来的偏角。设计时为降低装调难度，提高技术指标，一般会尽量控制 θ_x。

某光纤滑环设计尺寸如表 2-4 所示。

表 2-4　某光纤滑环设计尺寸

项　　目	尺寸及公差	备　　注
轴外径（动端）	$30^{+0.003}_{-0.003}$	单位：mm
轴外径（定端）	$30^{+0.003}_{-0.003}$	
轴承内径	$30^{+0.006}_{0}$	
轴承外径	$42^{0}_{-0.008}$	
齿轮内径	$42^{+0.004}_{-0.004}$	
轴承游隙	0.005	

根据公式计算动定两端的最大偏角，即 θ_1 与 θ_2 之和为 0.088°，根据图 2-11 所示，得出耦合损耗约为 2dB，当折射率 n=1.5，角度误差 $\Delta\theta$=1′ 时，道威棱镜加工误差带来的偏角约为 0.045°，总的角度偏差为 0.133°，若插入损耗指标要求为 5dB，则允许的最大角度偏差约为 0.15°，此时精度满足要求。

2.3.5　制造与装配

1．制造

多通道光纤滑环的结构件均为常规轴类零件，通过车、铣削加工能够实现预期精度，但传动机构中的齿轮模数小、精度高，加工难度相对较大，设计时应注意加工精度控制及齿面硬度的处理。

齿轮加工常规工艺一般有以下两种。

（1）毛坯→冷切边→抛丸→钻孔→车小端面、内孔→车外圆、安装面、背锥→拉削内花键→热处理→磨削外圆、安装面。

（2）毛坯→抛丸→车小端面、外圆、安装面、背锥→冷切边→钻孔→车内孔→拉削内花键→热处理→磨削外圆、安装面。

第一种工艺的热处理前工序多，定位基准在齿形与内孔间偶有转换，精度难以控制，且可能出现过定位现象；第二种工艺的加工工序少，工序合并一次装夹切削成形，且始终以净成形的齿形为定位基准，相比第一种工艺精度更高，更适合多通道光纤滑环的锥齿轮加工。

2．装配

多通道光纤滑环的装配相对复杂，需保证各个环节的装配精度，且光学装调过程相对复杂，锥齿轮传动机构光纤滑环的具体装调过程如下。

（1）传动机构装配：如图 2-32 所示，右侧大锥齿轮、轴承、挡圈、并紧螺母按顺序装到轴上，然后安装轴承端盖，对轴承外圈进行限位。左侧与右侧基本对称，装配方法相同。安装轴承后将小锥齿轮和小轴承安装在小轴上，用螺钉进行限位，圆周方向均布三个小锥齿轮，逐一装配。在传动机构装配过程中需关注轴承消隙过程，通过对轴承消隙来消除轴向窜动，提高刚度。

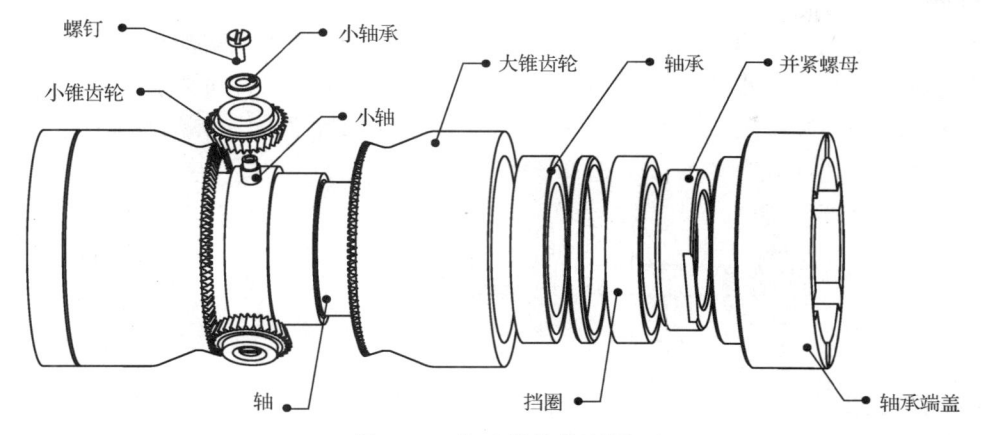

图 2-32 传动机构装配图

（2）道威棱镜装配：将道威棱镜装到传动机构中心孔内，需保证道威棱镜的光轴与旋转轴重合。由于道威棱镜为梯形结构，依靠4个棱边直接定位很难保证道威棱镜的光轴与旋转轴重合，因此一般会将道威棱镜先胶结固定在金属的圆柱形棱镜套筒内，再通过调整棱镜套筒的安装位置调节道威棱镜的光轴。如图2-33所示，右侧带弹簧的调节螺钉和紧定螺钉可以实现道威棱镜的光轴的多维调整，调整方法如下：首先在旋转端输入一束平行光，然后在旋转过程中调节光轴位置，当输出的光斑位置不变时，即可实现光轴与旋转轴的重合，紧定螺钉锁紧，完成道威棱镜的装配。

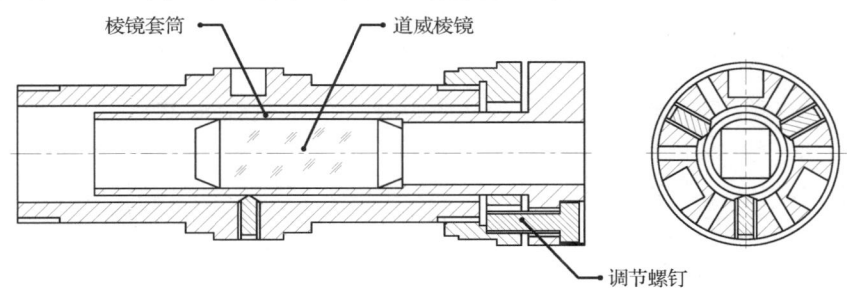

图 2-33 道威棱镜装配图

（3）旋转端光纤准直器装配：如图2-34所示，将传动机构固定在五维调整架上进行旋转端光纤准直器装配，根据固定端探测器上的光斑位置对光纤准直器进行调整，保证各个通道在固定端输出的光斑不干涉，具有足够的间距，并保证光路在道威棱镜的通光孔径内。

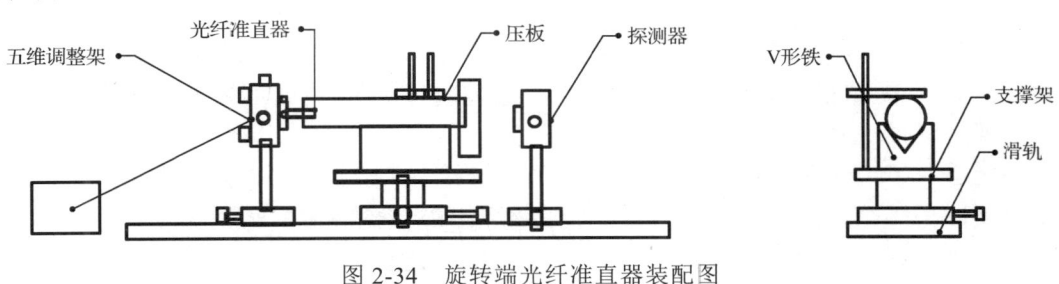

图 2-34 旋转端光纤准直器装配图

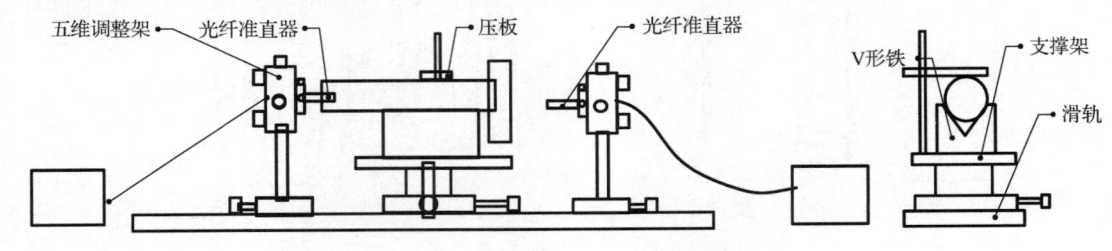

（4）固定端光纤准直器装配：固定端光纤准直器根据旋转端光纤准直器进行逐一装配，装配时需进行光纤准直器的耦合指标调整，旋转过程中调整固定端光纤准直器的角度及位置，使插入损耗值达到最优，然后封胶固定该通道，待胶固化后调整下一个通道，直至完成所有通道的装配固定，如图2-35所示。

图 2-35　固定端光纤准直器装配图

（5）外围零件装配：外壳、出线端盖、拨叉等外围零件在装配过程中注意不要损伤光纤准直器的光纤；光纤需套保护套，保护套一端与出线端盖相连，另一端随光纤连接相应的连接器。

直齿轮传动机构的光纤滑环装配过程与锥齿轮传动机构的基本相同，需要特别注意的是保证传动机构精度，避免出现卡滞和回差过大问题。

2.4　环境适应性设计

环境适应性是指装备在其寿命期内可能遇到各种环境的作用下，能实现其所有预定功能与性能，以及不被破坏的能力。光纤滑环在使用、运输、储存过程中，会遇到各种复杂恶劣的环境条件，这些环境因素单独或者综合影响后，可能会导致光纤滑环性能恶化，因此环境适应性是光纤滑环的一项重要性能指标。

光纤滑环通常安装在结构内部，环境条件主要有高低温、湿热、振动冲击、防尘、盐雾、霉菌等，在设计光纤滑环时，应根据设备的具体使用工况进行针对性设计。由于光纤滑环内部的光学元件需通过点胶固定，而光学表面又不能有灰尘及冷凝水，因此在设计过程中，尤其需要关注高低温和湿热环境的影响。

2.4.1　高低温

设计光纤滑环时应注意光纤准直器、光纤及光缆护套等的温度性能是否满足要求。针对一些有极限高低温要求或者使用过程中会出现快速温度变化的装备，在设计时需要注意各类材料的选择及轴承润滑方式设计。

如图2-36所示，道威棱镜和光纤准直器均是通过点胶固定的，胶固化后的应力及胶的填充间隙应充分考虑，必要时进行试验筛选，否则高低温交变时胶的内应力变化可能导致道威棱镜炸裂，同时高低温变化会加速胶的老化，如果选用不合理，则会导致道威棱镜或光纤准直器脱落。一般采用固化时间长的环氧胶，此种胶应力小，温度变化时胶蠕变产生的位移小，可保证光纤器件的位置精度。

（a）

（b）

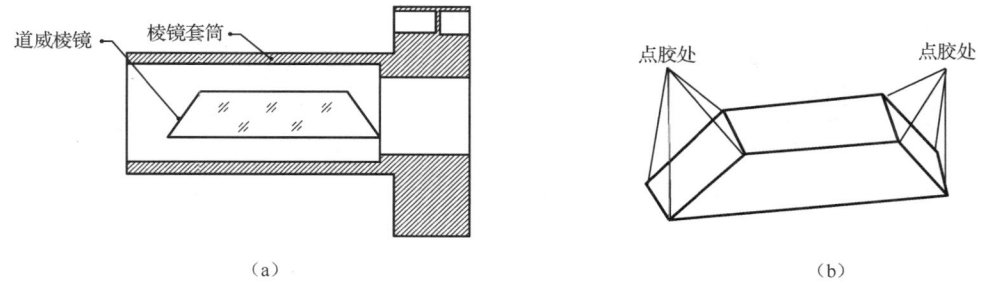

图 2-36 道威棱镜点胶固定示意图

如果在高低温条件下的使用要求较为苛刻，且光纤滑环自身无法满足相应的温度适应范围，则可考虑额外的环控措施，一般采用贴加热片或者安装空调等方法进行温度控制，确保其维持在光纤滑环能够承受的温度范围内。

2.4.2 湿热

对于在湿热环境下使用的光纤滑环，需要特别关注密封设计，应做到气密，避免因吸潮导致光纤准直器表面结露，影响光路传输，同时能够起到防尘效果。图 2-37 所示为密封多通道光纤滑环，动密封可采用泛塞密封、油封、磁流体密封等，考虑寿命优先选择聚四氟加碳的范塞密封和无磨损的磁流体密封；图中静密封采用常规的 O 形密封圈，密封尺寸及安装槽参考相关标准设计；光纤出线孔处封胶密封，密封件的温度性能满足高低温条件要求。

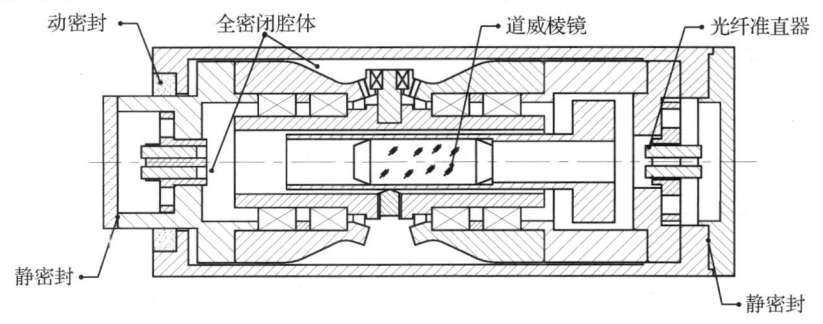

图 2-37 密封多通道光纤滑环

如果光纤滑环无法做到气密，可以采用环控措施，在光纤滑环表面贴加热片，保证光纤滑环的温度始终高于环境温度，避免光纤滑环内部结露。另外，通过增加除湿机、通干燥空气等环控措施来改善光纤滑环周围的环境，也是提高光纤滑环环境适应性常用的方式。

2.5 性能测试

光纤滑环的主要光性能指标包括插入损耗（简称"插损"）、旋转变化量、回波损耗

（简称"回损"）和隔离度，其中插损和旋转变化量是重要的光传输指标，旋转变化量是旋转过程中的插损变化，与插损同时进行测试。

2.5.1 插损测试

光纤滑环的插损，即每个通道产生的光能量损耗，可将各个通道单独作为被测链路，测量时正反向旋转光纤滑环，基于道威棱镜光传输原理的多通道光纤滑环应正负旋转两周以上，旋转过程中的最大插损，即该通道的插损，旋转过程中的最大插损和最小插损差值的绝对值，即该通道的旋转变化量。根据插损的定义，采用差值法即可测得，光纤滑环前后光能量的差值，即光能量损耗值，采用专用的插回损测试仪，或者光源和光功率计配合使用能够实现相关测试。

插损测试步骤如下。

1．跳线插损归零

用标准跳线将插回损测试仪的测试发光口直接连接到光功率端口进行插损归零，如图 2-38 所示。

2．被测通道插损测试

如图 2-39 所示，将光纤滑环的被测通道接到跳线及光接收端口，旋转光纤滑环，在旋转过程中记录仪表上的最大值和最小值；最大值为该通道的插损，最大值与最小值之差为该通道的旋转变化量，若测试指标不大于技术指标要求，则为合格。

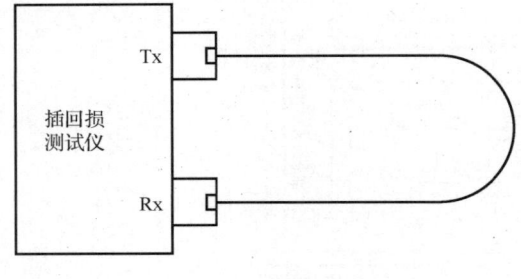

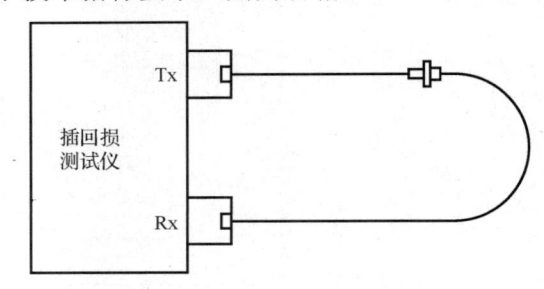

图 2-38 跳线插损归零　　　　图 2-39 被测通道插损测试

3．逐一测试各个通道的插损

重复步骤 1、2，测试各个通道的插损。

2.5.2 回损测试

标准 IEC61300-3-6 建议了 4 种回损的测量方法，分别为光连续波反射测试（OCWR）法、光时域反射测试（OTDR）法、光学低相干反射（OLCR）法、光频域反射（OFDR）法。

其中，OCWR 法和 OTDR 法比较常用，表 2-5 对两种方法进行了对比。由于 OTDR

法不需要消除末端的额外反射,因此相比 OCWR 法,OTDR 法节约了两个需要缠绕的步骤,具有更高的测试效率。与 OCWR 法一样,OTDR 法也需要定义回损测量的长度,准确定义测量长度是 OTDR 法取得理想测量结果的前提条件。OTDR 法的一个显著优点是可以区分瑞利散射和菲涅耳反射,让用户自己选择测量某个位置的回损,去除测试跳线瑞利散射的影响,因此测量范围可以从 0~70dB 提高到 0~80dB。另外,由于插回损测试只需要一次连接,因此通过引入自动切换光开关,OTDR 法的测量仪表可以集成多路测量功能,更加适合测试多路光器件,从而更加适合多通道光纤滑环的测试。

表 2-5 回损测试方法

测量方法	原理	适用范围	特点	缺点
OCWR 法	直接测量入射光和反射光,计算出结果	适用于单模光纤、多模光纤	最接近回损的定义	操作复杂,测试精度易受操作影响,不能区分菲涅耳反射和瑞利散射
OTDR 法	测量光路上某一点的反射,有较高的空间分辨率,动态范围达到 75dB 以上	适用于单模光纤、多模光纤,以及光路长度较长的测量,如现场测量	可区分菲涅耳反射和瑞利散射,测试效率高	有测试盲区,不适合光路长度太短的测量

1. OCWR 法测试步骤

OCWR 法是最常用的光回损测量方法,通过比较没有被测件接入时的反射光功率和接入被测件后的反射光功率计算出回损值,器件的插损和回损一样都是重要的测试指标,通常将插损和回损测量功能集成在一台仪表上,即插回损测试仪,测量步骤如下。

(1)用标准跳线将插回损测试仪的测试发光口直接连接到光功率端口进行插损归零,如图 2-40 所示。

(2)单独对测试跳线进行回损归零,通常用缠绕法消除末端反射,如图 2-41 所示。

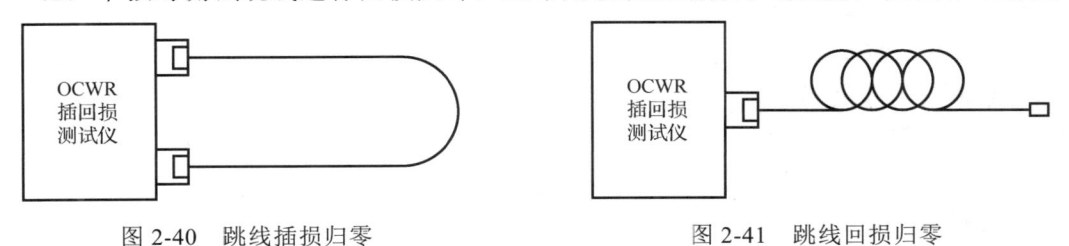

图 2-40 跳线插损归零

图 2-41 跳线回损归零

(3)将光纤滑环的一个通道作为被测件,通道的一端与跳线对接,如图 2-42 所示。

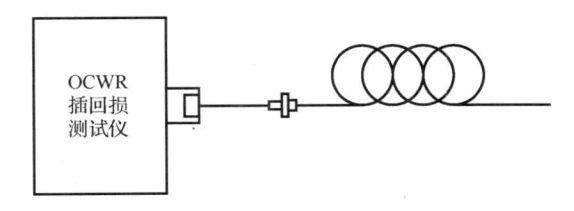

图 2-42 被测通道回损测试 1

（4）通道的另外一端作为末端，用缠绕法消除额外反射，插回损测试仪上的读数为该通道的回损，若测试指标绝对值大于技术指标要求，则为合格。

（5）逐一测试各个通道的回损。使用缠绕法测量时，缠绕点的位置决定了回损测量的长度或者光路径，第一次测试跳线归零的缠绕点和第二次测量回损时缠绕点之间的长度就是回损测量的光路长度。在很多情况下，光路长度对测试结果有重大影响。另外，在很多应用场合下不适合或者无法使用 OCWR 法进行测量，特别是对于那些无法弯曲或不允许破坏接头的光缆或器件等。

2．OTDR 法测试步骤

采用 OTDR 法测量回损，操作简单，不需要缠绕，采用专业的 OTDR 插回损测试仪只需要以下两个步骤。

（1）将插回损测试仪的测试发光口直接连接到光功率端口进行跳线归零，如图 2-43 所示。

（2）如图 2-44 所示，光纤滑环被测通道通过跳线连接到链路后，插回损测试仪直接测得该通道的回损，若测试指标不大于技术指标要求，则为合格。

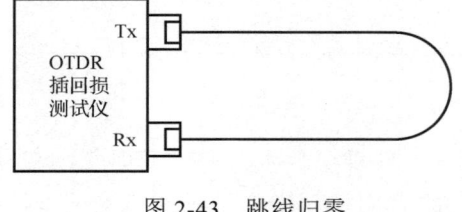

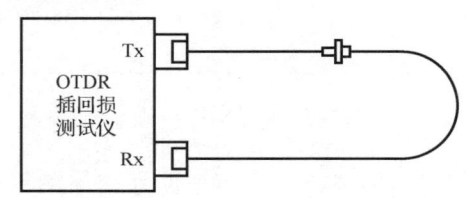

图 2-43　跳线归零　　　　　　　　图 2-44　被测通道回损测试 2

2.5.3　隔离度测试

多通道光纤滑环通道间的隔离度是衡量一个通道在传输光信号时，耦合到另一个通道的光能量的指标。由于光信号不同于电磁信号，不存在电磁干扰，一个通道的光能量很难耦合到另一个通道内，所以通道间的隔离度指标一般很高。其测试原理为对一个通道进行通光，测试其他通道内的光能量，测试仪表采用插回损测试仪即可。

假设被测通道为 i 通道和 j 通道，隔离度测试步骤如下。

（1）将 i 通道的两个端口直接接入插回损测试仪的测试发光口与光功率端口进行插损归零，如图 2-45 所示。

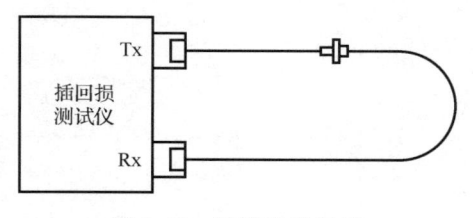

图 2-45　通道插损归零

（2）断开 i 通道与插回损测试仪的光功率端口连接的连接器，断开后对连接器端部进行遮蔽，避免外部光能量耦合到该通道内，另外一端保持与插回损测试仪的测试发光口的连接。

（3）j 通道的两端分别与插回损测试仪的光功率端口连接，连接时另外一端需对连接器端部进行遮蔽，通过插回损测试仪测得通道间的隔离度，隔离度分为近端隔离度和远端隔离度。若测试指标绝对值大于技术指标要求，则为合格。

（4）逐一测试各个通道间的隔离度。

2.6 典型失效形式及预防措施

光纤滑环的失效形式主要表现为插损增大、光纤链路信号传输异常。造成光纤滑环失效的原因主要有 5 个方面，如表 2-6 所示。

表 2-6 光纤滑环典型失效形式

序号	失效形式	失效原因	预防措施
1	光缆断裂	1. 拖拉、挤压等异常受力。 2. 弯曲半径过小。 3. 低温或振动时的应力变大	设计时考虑足够的走线及安装空间，保证光缆的弯曲半径
2	光纤连接器故障	1. 光纤连接器端面污染。 2. 光纤连接器端面损伤。 3. 光纤连接器插芯损坏	操作规范，定期对光纤连接器进行检查并清洗
3	轴承失效	1. 轴承质量问题。 2. 润滑不良或装配不当。 3. 光纤滑环安装时同轴不好，轴承过载	装配规范，注意涂抹合适的润滑脂，并在装配时保证同轴，使轴承转动平稳，不应过载
4	光纤滑环内部进水	1. 密封不良。 2. 内部结露	考虑密封甚至气密设计，也可对光纤滑环进行环控设计，避免进水和内部结露
5	光纤滑环内部有异物	1. 密封不良，外部灰尘等进入光纤滑环内部。 2. 装配时有异物残留	考虑密封防尘设计，同时在装配时避免有异物残留在光纤滑环内部

1．光纤滑环光缆断裂

（1）拖拉、挤压等异常受力：在拖拉光缆时，光纤会受拉或互相挤压导致内部光纤损毁，从而引起光纤断裂。光纤受力的主要原因是安装光纤滑环时，设备舱内部安装空间狭小，电缆和光缆敷设在一起，操作人员对电缆的处理过程会影响到光缆。所以在进行安装、铺设和维护时，最好将电缆和光缆分开铺设，并在光缆上做出醒目的警告标识，这样可以减少光缆的损坏。不合理的光缆走线及光纤折断示意图如图 2-46 所示。

（2）弯曲半径过小：光纤内部结构为玻璃丝，光缆弯曲半径过小轻则导致损耗增大，严重者会直接导致光纤断裂，信号传输中断。因此，光缆在走线时应注意预留足够的弯曲半径，空间较小时，应对比拐弯前后的损耗指标，保证走线不会带来额外的损耗。

（3）低温或振动时的应力变大：在狭小空间安装光纤滑环时，如果光缆的弯曲空间过于紧凑，将导致光缆在接插对接时的回退空间过小，光缆尾部弯曲严重，在低温和振动的条件下，光缆内部的应力变大，光纤就可能出现断裂，导致光纤滑环出现问题。为此设计时应考虑安装空间，使光缆的弯曲半径得到保证。

（a）不合理的光缆走线　　　　　　　　（b）光纤折断示意图

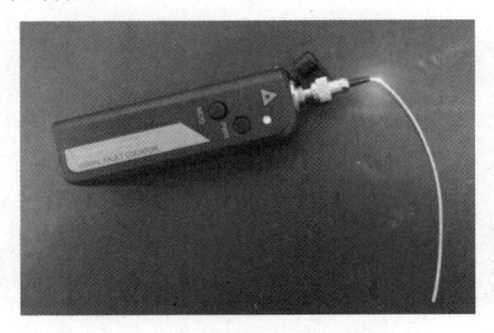

图 2-46　不合理的光缆走线及光纤折断示意图

2．光纤连接器故障

（1）光纤连接器端面污染：光纤连接器端面间隙、形状、光洁度是影响光纤连接器插损和回损大小的主要因素，而外界的温湿度、灰尘、机械冲击等对这三个因素都有一定的影响。光纤连接器端面被灰尘污染，灰尘颗粒黏附在光纤连接器端面时，光纤连接器端面的光洁度下降，光纤连接器的损耗将增大。

（2）光纤连接器端面损伤：光纤在接触件的端面位置出现破损、划痕。损伤与污染的区别在于污染可以通过气体吹拂或液体清洁方式去除，而损伤只有通过重新研磨的方式才能使端面形状得以恢复。当硬质灰尘颗粒黏附在光纤连接器端面时，重复插拔连接，或者在连接状态下承受外界振动、冲击，硬质灰尘颗粒将挤压光纤连接器端面，会对光纤连接器端面造成划痕等损伤。

（3）光纤连接器插芯损坏：光纤连接器在使用过程中反复地插拔会对插芯套管的端面造成磨损等损伤。在周期性载荷长时间作用下，插芯会产生材料疲劳，可能会导致插芯断裂。另外，光纤连接器暴露于腐蚀性环境中时，插芯套管的端面可能被腐蚀。例如，在酸雨环境中，水或酸性物质渗入光纤连接器内。

综上所述，光纤连接器在安装时应保证洁净，插拔时注意不要磕划插芯套管的端面。另外，安装位置应注意避免油污、水、酸性物质等污染光纤连接器。

3．轴承失效

轴承失效主要源于内在因素和外部因素，内在因素主要是指决定轴承的设计、制造工艺和材料质量的三大要素，即制造质量因素。为规避制造质量因素，应选择质量体系完善的厂商生产的高精度系列轴承，并对精度进行复检。

造成轴承失效的外部因素主要有润滑不良、装配不当、过载、腐蚀等。光纤滑环装配时同轴误差大，超出调整范围，在旋转工作时易导致轴承失效；光纤滑环一般采用微型轴承，如果润滑脂未涂装均匀，会导致润滑不良，在长期使用过程中会产生严重磨损现象，造成轴承失效。

轴承失效会严重影响光纤滑环的指标，所以在光纤滑环的装配和安装时应保证轴承运转顺畅，避免过载，同时注意根据环境要求涂抹合适的润滑脂。

4．光纤滑环内部进水

（1）密封不良：外部设备密封不良会导致光纤滑环长期处于泡水状态，如在旋转处水渗到光纤滑环内部，会影响光路传输。

（2）内部结露：在外部湿度过大条件下，如果光纤滑环自身气密性较差，在温度急剧变化时，光纤滑环内部会出现结露现象，从而导致光信号传输异常。

光纤滑环应根据环境条件要求，采用相应的密封设计或进行环控设计，避免光纤滑环内部进水和结露。光纤滑环内部进水示意图如图 2-47 所示。

图 2-47　光纤滑环内部进水示意图

5．光纤滑环内部有异物

外部灰尘异物进入光纤滑环内部，如果落到光学元件表面，会影响光路传输，为避免该问题，光纤滑环应尽量考虑防尘设计。如果装配时有异物残留在光纤滑环内部，在安装、运输、振动过程中，可能导致该异物位置移动，阻碍光路传输，从而导致插损增大。因此，光纤滑环一般要求在净化厂房内装配，操作时保证没有异物残留在腔体内部。

参考文献

[1] 邬华春. 光纤旋转连接器结构概述[J]. 无线通信，2018，8（6）：227-233.
[2] 贾大功，张以谟，井文才，等. 自聚焦透镜装配误差对光信号耦合效率的影响[J]. 光电子·激光，2004，15（6）：753-755.
[3] 贾大功，张以谟，井文才，等. 双通道旋转连接器[J]. 光子技术，2003（1）：30-32.
[4] 贾大功，张以谟，井文才，等. 无源多路光纤旋转连接器的设计[J]. 天津大学学报，2004，37（5）：382-385.
[5] 贾大功，张红霞，井文才，等. 无源对称光学结构双通道光纤旋转连接器[J]. 光电工

程，2004，31（6）：17-20.
[6] 李超，徐明，郑晓芸. 多路光纤旋转连接器：201020253642. X[P]. 2011-01-12.
[7] 龚文杰. C-lens准直器特性的研究[D]. 哈尔滨：哈尔滨工业大学，2006.
[8] 胡海蕾，陈荣，赖爱光，等. C-lens准直特性分析[J]. 福建师范大学学报，2005，21（1）：36-40.
[9] 王素芹，阮玉，殷东量，等. C-lens准直器回波损耗的理论计算与分析[J]. 光电子技术与信息，2003，16（1）：24-38.
[10] 吕昊，刘爱梅. 球透镜耦合效率研究[J]. 光学精密工程，2006，14（3）：386-390.
[11] 王峻宁. 光器件的回波损耗测试技术[J]. 光器件，2004，10：56-57.
[12] 王梦勋. 光纤器件回波损耗测量系统分析[J]. 航空计测技术，1999，19（3）：9-12.
[13] 张洪喜. 一种新颖的光回波损耗测量方法[J]. 测试与校准，2006，26（2）：42-44.
[14] 张群，钱建国，刘一. 一种光纤旋转连接器的设计改进[J]. 现代雷达，2020，42（2）：80-84.
[15] 徐明，李超. 四通道单模光纤旋转连接器的研制[J]. 光电工程，2013，40（2）：90-93.

第 3 章 汇流环

【概要】

本章首先介绍了汇流环的分类和技术指标，然后按结构形式分别对柱式汇流环、盘式汇流环和差动汇流环的工作原理、典型结构、支撑结构、制造与装配等方面进行了详细介绍，并阐述了汇流环的接口设计、环境适应性设计、典型失效形式及防护措施等内容，最后介绍了新型结构汇流环。

3.1 概述

汇流环也称为滑环、集电环、电旋转连接器，是一种用于实现两个相对旋转机构间各类弱电及强电信号可靠旋转传输的装置，特别适合应用在需要无限制、连续或断续旋转，同时需要从固定位置到旋转位置传送功率或数据的场合。汇流环能改善机械性能，简化系统操作，避免因活动关节的旋转对电线的损害或缠绕。随着科学技术的发展，汇流环技术逐渐趋于成熟，其可靠性、安全性和寿命等性能指标得到了大幅提升。汇流环在雷达、风电、工程机械等众多领域的机电装备中得到了广泛的应用。

3.1.1 分类

汇流环可按信号类型和结构形式分类，按信号类型分为功率汇流环、信号汇流环、中频汇流环；按结构形式分为柱式汇流环、盘式汇流环、差动汇流环、滚动汇流环，如图 3-1 所示。

功率汇流环主要用于高压大电流或低压大电流的电能传输，多采用三相交流传输、直流高压传输或直流低压大电流传输等形式。

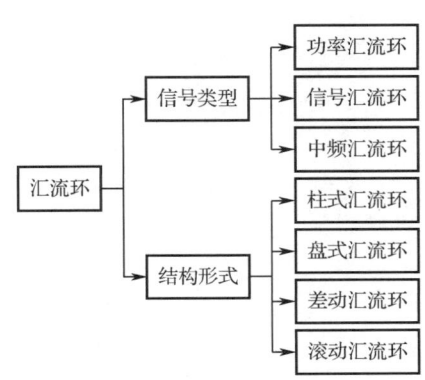

图 3-1 汇流环分类图

信号汇流环主要用于传输工作电压≤50V、工作电流≤5A的电源信号、数字信号、控制信号、总线信号等低频信号。

中频汇流环主要用于传输几十赫兹至几百赫兹的中频信号。

柱式汇流环也称为叠式汇流环,它的导电环和绝缘环在轴向依次叠加,形似柱状结构,因此称为柱式汇流环。

盘式汇流环也称为平面式汇流环,是为了减小汇流环的轴向尺寸而采用的一种汇流环结构形式,可用于传输数据、控制、总线等弱电信号及较小功率的电能。

差动汇流环是汇流环中的一种特殊形式,因其传动系统为差动轮系而得名。

滚动汇流环也称为滚环,是采用滚动副的汇流环,主要应用于国际空间站、卫星等特殊领域功率传输需求场合。

3.1.2 技术指标

汇流环的技术指标主要分为电性能指标及其他指标,其中电性能指标主要有环路数、传输功率、供电模式、动态接触电阻变化、绝缘电阻、耐压性能等。中频汇流环还应有隔离度、驻波比、插入损耗等指标。

其他指标是指除电性能指标以外的各类指标,包括外形尺寸、接口要求、转动力矩、转速、寿命、环境适应性、电磁兼容性等。

1. 动态接触电阻变化

动态接触电阻变化是指汇流环旋转一圈后其电刷与导电环的接触电阻的变化值,它直接反映了汇流环工作时的电接触稳定性。接触电阻可用下述公式表述:

$$R = \frac{k'}{F^n} \times 10^{-3} \quad (3-1)$$

式中,R 为接触电阻;k' 为与接触副材料的物理性质、化学性质及接触形式有关的系数,一般点接触时选取范围为 0.15~0.19,线接触和面接触时选取范围为 0.08~0.14;n 为与接触形式、压力范围、接触数目有关的指数,点接触时为 0.5,线接触时为 0.75,面接触时为 0.8~1.0;F 为接触压力,采用合金丝电刷时,接触压力一般不大于 10gf,采用银石墨触点电刷时,接触压力一般为 200~400gf/cm²。

2. 绝缘电阻

绝缘电阻是指汇流环两个环路之间的绝缘物质在规定条件下的直流电阻,即在一定的直流电压下,经过一定时间极化后,泄漏电流对应的电阻值,其反映的是各电传输环路之间及对地(外壳)的绝缘情况,是汇流环最基本的评估安全性指标。其公式表述为

$$R_f = \frac{U}{I_g} \quad (3-2)$$

式中,R_f 为绝缘电阻;U 为加载直流电压;I_g 为泄漏电流。

一般情况下,信号汇流环的绝缘电阻应不低于 50MΩ,功率汇流环的绝缘电阻应不

低于 100MΩ。

3．耐压性能

耐压性能主要反映功率汇流环承受瞬态过电压的能力，电压可以是直流电压，也可以是交流电压，当电路间发生电弧放电现象或漏电流达到极限值时，就认为失效了。

耐压测试一般要求连续测试 1min，耐压值一般要求为额定工作电压的 3 倍以上。

4．隔离度

隔离度用于度量两个环路之间的串扰程度，反映了两个环路之间信号隔离和防止串扰的性能。在测试过程中，通常评估相邻环路之间的隔离度，单位以 dB 表示。一般来说，隔离度应不低于 40dB。其公式为

$$I = 20\lg\frac{U_1}{U_2} \tag{3-3}$$

式中，I 为隔离度；U_1 为信号电压；U_2 为相邻环路之间的感应电压。

5．驻波比

驻波比全称为电压驻波比，当传输链路中的阻抗不匹配时，高频能量就会产生反射折回，并与前进的部分能量干扰汇合发生驻波，反映的是汇流环旋转及固定端信号传输路径上阻抗匹配的情况。其公式表述为

$$\text{SWR} = \frac{R}{r} = \frac{1+K}{1-K} \tag{3-4}$$

$$K = \frac{R-r}{R+r} \tag{3-5}$$

式中，R 为输出阻抗；r 为输入阻抗；K 为反射系数。

当输出阻抗和输入阻抗一致时，达到完全匹配，K 为 0，驻波比为 1，这是一种理想状态，然而实际应用中总是存在反射，所以驻波比总是大于 1。一般来说，驻波比介于 1 和 2 之间。

6．插入损耗

插入损耗是指在传输链路中由于元器件、电缆的插入而发生的负载功率损耗，表示为元器件、电缆插入前负载所接收到的功率与插入后同一负载所接收到的功率以分贝为单位的比值。汇流环的插入损耗主要是传输链路中插入的电缆及结构件导致的。一般来说，插入损耗不得大于 0.5dB。其公式表述为

$$\text{IL} = 10\lg\frac{P_1}{P_2} \tag{3-6}$$

式中，P_1 为元器件、电缆插入前负载所接收到的功率；P_2 为元器件、电缆插入后负载所接收到的功率。

3.2 柱式汇流环

柱式汇流环（见图 3-2）也称为叠式汇流环，是发展最早且应用最普遍的一种汇流环。

图 3-2 柱式汇流环

3.2.1 工作原理

柱式汇流环依靠电刷与导电环的滑动接触摩擦来实现电信号的连续旋转传输，接触面是每个导电环的外圆面，每个环形成一个信号传输通道，各通道间采用绝缘介质实现物理隔离，导电环与电刷或金属丝构成柱式汇流环的电接触副。

柱式汇流环原理图如图 3-3 所示。

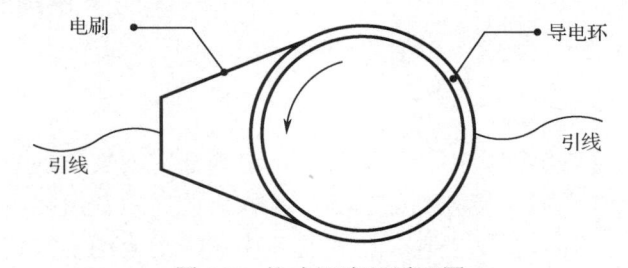

图 3-3 柱式汇流环原理图

3.2.2 典型结构

柱式汇流环的各导电环在轴向上依次叠加，各导电环之间用绝缘环隔开，以保证环与环之间的绝缘，这种结构形式适合轴向尺寸限制较低的场合，能实现长寿命和高速旋转。其结构主要由环芯支撑结构、刷组支撑结构、轴承等部件组成，典型结构示意图如图 3-4 所示。

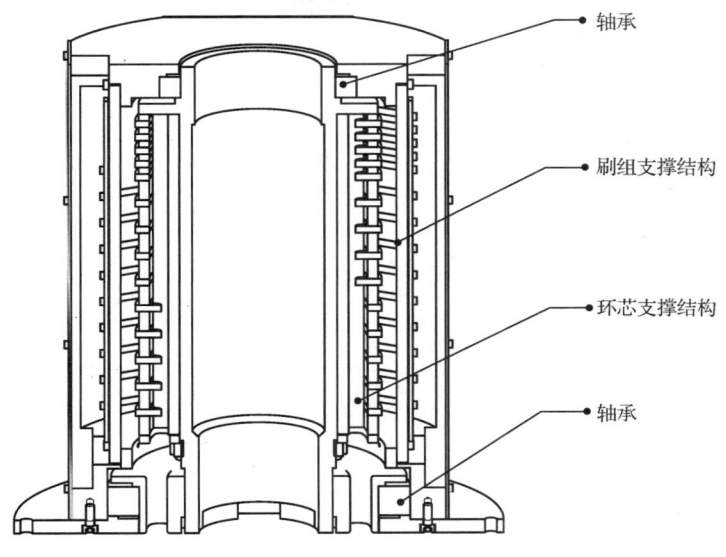

图 3-4 柱式汇流环典型结构示意图

环芯支撑结构由叠加在一起的导电环、绝缘环、芯轴及导线等组成。

刷组支撑结构主要由电刷组、外壳组成，其中电刷组由绝缘板和固定于其上的电刷、导线等组成，电刷组通常固定在汇流环的外壳上。

电刷组上的每个电刷与相对应的环芯支撑结构上的导电环之间构成一组电接触副。导电环的电传输接触面是每个导电环的圆周面，每个导电环形成一个信号传输通道。环芯与外壳之间有相对转动关系，各自形成转子端与定子端，当转子端与定子端相对旋转时，电刷与导电环外圆面摩擦接触，从而实现信号的旋转传输。

中频汇流环传输的信号频率较高，结构布局与常规柱式汇流环有一定差异，为防止相邻信号环路之间，以及外部对传输信号的干扰，在信号环路之间设置相应的隔离环路，形成信号隔离腔，起到通道间信号隔离的作用。中频汇流环信号隔离腔示意图如图 3-5 所示。

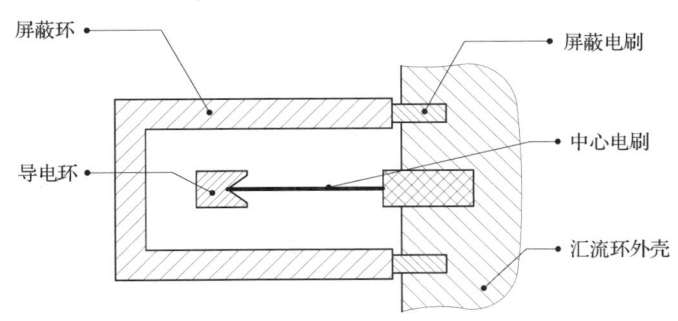

图 3-5 中频汇流环信号隔离腔示意图

传输中频信号的汇流环通常采用同轴电缆输出，环芯端同轴电缆的芯线与导电环相连，屏蔽网与屏蔽环相连；电刷组端同轴电缆的芯线与中心电刷相连，汇流环外壳与屏蔽电刷相连，通过中心电刷与导电环、屏蔽电刷与屏蔽环的滑动接触实现中频信号的旋转传输，同时保证各信号传输通道间的屏蔽隔离。

3.2.3 支撑结构

柱式汇流环主要由环芯支撑结构、刷组支撑结构和轴承等组成。

1. 环芯支撑结构

环芯支撑结构包括导电环、芯轴、绝缘环等，如图 3-6 所示，导电环轴向叠加，各个导电环之间通过绝缘环进行支撑，并与主轴连接为一个整体。

芯轴需要承受因摩擦产生的扭转力矩，一般选用低碳钢、不锈钢、钛合金等材料，无特殊要求时，可选用铝合金材料，便于实现轻量化。

2. 刷组支撑结构

刷组支撑结构包括壳体和电刷组，如图 3-7 所示，多个电刷按组固定在电刷板上形成电刷组，每个电刷组固定在壳体上进行支撑。

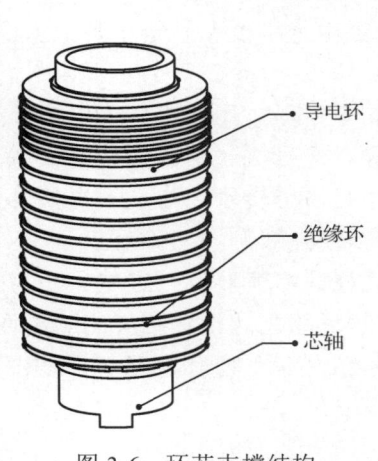

图 3-6 环芯支撑结构

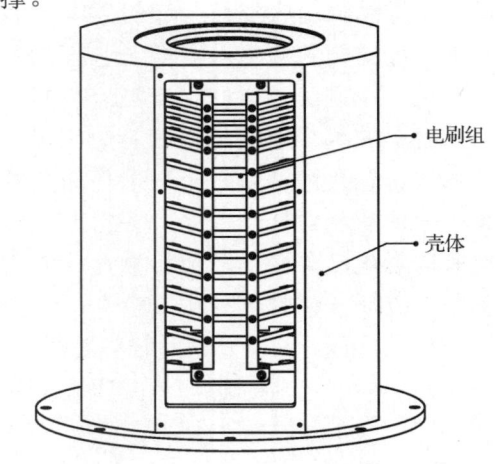

图 3-7 刷组支撑结构

壳体一般采用铝合金材料制造，可以通过整体成形或拼接成形的方式制成。整体成形一般采用棒料整体加工或铸造成形，如图 3-8（a）所示，优点是承载能力强，同轴精度高，缺点是成本较高。壳体还可采用多零件拼装成形，如图 3-8（b）所示，优点是可以有效节省成本，缺点是承载能力不足，同轴精度相对较低。

3. 轴承

汇流环通常轴向载荷较小，常规汇流环为减小结构尺寸，旋转支撑优先选用中等精度等级的轻薄系列轴承，如 P5、P6 等级的 618 系列深沟球轴承，轴承应成对使用，便于消隙。

(a) 整体成形　　　　　　　(b) 拼接成形

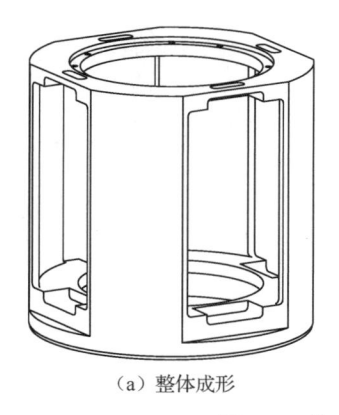

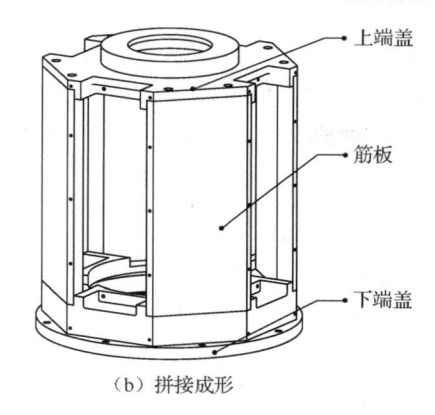

图 3-8　柱式汇流环壳体结构示意图

对于轴向窜动要求高或轴向载荷较大的情况，应采用角接触球轴承或四点接触球轴承。其中，角接触球轴承采用相对或相向成对安装方式，四点接触球轴承一般单个使用，可替代两个向心球轴承，能有效降低轴向尺寸，因此更适用于对汇流环轴向尺寸要求较高的场合。为提高其环境适应性，轴承应填充 7007、7012 或 7014 等牌号或性能相当的润滑脂。

3.2.4　电刷设计

1. 材料选择

根据工作特性，电刷材料应具有较低的电阻率、较大的弹性模量、尽可能小的弹性迟滞、良好的化学稳定性和抗电侵蚀性、良好的加工性能，最重要的一点是电刷材料必须具有超高的耐磨性能。汇流环的电刷材料按主要成分可划分为金属基自润滑复合电接触材料、金基电接触材料、银基电接触材料、其他贵金属基电接触材料等。

1）金属基自润滑复合电接触材料

金属基自润滑复合电接触材料主要由金属基体和固体润滑剂两大部分组成。金属基体主要起保证材料机械性能、物理性能和化学性能的作用，固体润滑剂主要起改善材料的润滑性，即通过减小摩擦来提高材料的耐磨性的作用。

为了保证金属基自润滑复合电接触材料具有良好的导电性，金属基体主要采用导电性好的银或铜，固体润滑剂可以采用 MoS_2、$NbSe_2$、WSe_2、Ta、石墨等，采用粉末冶金方法制造成具有自润滑性的电接触材料。用这些材料制造的电刷具有突出的自润滑性和接近纯银或铜的电阻率，可使电刷有较长的工作寿命和优异的工作品质。

固体润滑剂首先要求具有良好的润滑效果，但对金属基体的机械性能、物理性能和化学性能不能产生不良影响，故一般多采用石墨和 MoS_2 作为固体润滑剂，尤其石墨是汇流环电刷中作为固体润滑剂应用最为广泛的一种添加剂。

金属-石墨复合电刷主要包括铜石墨电刷和银石墨电刷两大类。根据铜、银含量的不同又可将其分为不同类别。

铜石墨电刷一般分为低铜（Cu<50%）-石墨电刷、中铜（Cu≤80%）-石墨电刷，高铜（Cu>80%）-石墨电刷三类。

银石墨电刷由于一般应用在要求高导电率的场合，因此一般银含量较高，根据含银量是否大于80%，可分为低银-石墨电刷和高银-石墨电刷。

对于汇流环这种对电刷导电性能要求较高的设备，电刷中铜或银的含量一般要求大于80%，以保证金属基体的连续性。

2）金基电接触材料

金是极不活跃的金属之一，具有极为优良的化学稳定性、较好的导电性和导热性，同时作为接触材料，其接触电阻稳定，因此金也被用作电接触的一种主要原料。但金也有很明显的缺点，即弹性较差，屈服点低，很容易发生熔焊现象。为避免这些缺点，当采用金作为电接触材料时，需要在以金为基础的原料中加入银、铜、钯、镍等各类元素，熔炼为合金，以提高其综合性能，金基电接触材料主要有AuNi9、AuAgCu20-10等。

3）银基电接触材料

在所有金属中，银的导电性、导热性都是最优良的，其在0℃时的电阻率仅为1.54Ω·cm，导热率为435W/m·K。银在常温下不易氧化，高温时产生的氧化膜也很容易分解，便于还原成金属银，而且银的价格相对低廉，机械加工性能也较好。但是银的熔点低、强度及硬度低，耐电弧侵蚀能力弱，固态电阻率随温度升高呈线性上升趋势。因此，作为电接触材料时，银中必须添加其他物质，如铜、镍、氧化锡等，用于克服其固有的缺陷。即便添加了其他金属，银基电接触材料仍然存在耐磨性差等缺点，故其一般只适用于寿命要求低、环境工况相对稳定的场合。银基电接触材料主要有AgCe0.5、AgCuNi20-2等。

4）其他贵金属基电接触材料

除了金基电接触材料、银基电接触材料，还有钯基电接触材料、铂基电接触材料等。

铂在添加了铱、钌等金属后形成的电接触材料具有耐腐蚀、耐磨损、电接触可靠等优点，适用于条件恶劣的场合，如PtIr10、PtIr25。由于其价格极其昂贵，因此很少用作电接触材料。

钯基电接触材料密度小，具有较好的抗硫化性能、耐腐蚀性和耐磨性，其化学稳定性仅次于铂，但其价格相对铂基电接触材料便宜，因此在部分场合常常作为铂基电接触材料的替代品，如PdIr18、PdAgCuAuPtZn等。钯基电接触材料常用于一些弱电接点或电接触基材的表面镀层。

复杂机电装备中应用的汇流环电刷基于综合性能及成本考量，一般采用高银-石墨、AuNi9、PdAgCuAuPtZn、AgCuNi20-2等材料。

2. 典型结构形式

柱式汇流环电刷一般有两种典型结构：一种是图3-9（a）和图3-9（b）所示的叉臂式电刷，其中图3-9（a）所示为金丝叉臂式电刷，图3-9（b）所示为触点叉臂式电刷；

另一种是图 3-9（c）所示的柱塞式电刷。

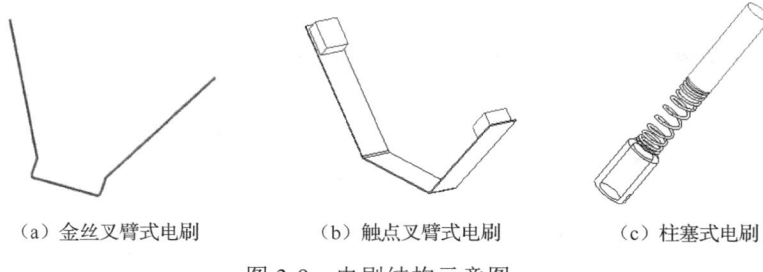

(a) 金丝叉臂式电刷　　(b) 触点叉臂式电刷　　(c) 柱塞式电刷

图 3-9　电刷结构示意图

金丝叉臂式电刷是直径为 0.4~0.8mm 的细圆柱状电刷，一般采用成分为金、银、铜、钯、镍等各类金属的合金丝材，该电刷接触面积小，磨屑少，适合小电流的传输，图 3-10 所示为金丝叉臂式电刷组装成的电刷组，金丝叉臂式电刷固定在绝缘板上，绝缘板采用了印制电路板的结构形式，电刷与绝缘板焊接固定。

触点叉臂式电刷也称为片状弹簧电刷，采用银碳合金作为基材的块状触点，该类型电刷接触面积大，适合传输较大的电流，但磨屑较多。触点叉臂式电刷的刷臂一般为弹性导电材料，通常为弹性模量较高的铜合金（如铍青铜、磷青铜），触点材料一般为银石墨、铜石墨等具有自润滑性同时导电率较高的复合材料。这种形式的电刷由于与导电环是面接触的，且接触压力较大，因此磨损量较大，但由于含银量一般超过 80%，因此载流密度较高。触点叉臂式电刷实物图如图 3-11 所示。

图 3-10　金丝叉臂式电刷组装成的电刷组 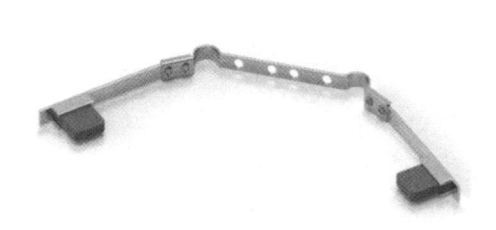　　图 3-11　触点叉臂式电刷实物图

柱塞式电刷的弹性元件一般为圆柱螺旋压缩弹簧，其电刷材料与触点叉臂式电刷材料一样，为银石墨、铜石墨等复合材料，电刷上压接导线，作为电刷与外部电传输的介质。由于该电刷与导电环垂直方向上需要排布螺旋压缩弹簧及调节装置，因此采用这种电刷的汇流环，直径占用尺寸较大，不适用于对尺寸限制较高的场合，但该电刷的优点是可以根据电刷磨损情况，适时调整接触压力，使电刷与导电环始终恒压接触。柱塞式电刷实物图如图 3-12 所示。

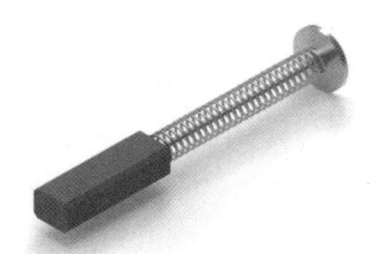

图 3-12　柱塞式电刷实物图

设计时应根据使用场合的不同合理选择电刷和导电环类型，金丝叉臂式电刷适用于信号汇流环、中频汇流环，以及较小电流的功率汇流环，触点叉臂式电刷及柱塞式电刷

适用于较大电流的功率汇流环。

3．接触压力的计算

柱式汇流环中电刷与导电环外圆面的接触压力决定了信号传输的稳定性，接触压力越大，接触电阻越小，信号传输越稳定，但随着接触压力的增大，电刷的磨损量也随之增大，在一定程度上会影响汇流环的使用寿命，因此接触压力的选择是柱式汇流环设计的关键。

在电刷设计时，应根据不同的电刷、导电环摩擦副配对情况，以及使用的环境工况合理选择接触压力，以达到寿命与可靠性的最优设计。根据选择的接触压力，得出叉臂式电刷刷臂预设转角或柱塞式电刷弹簧预设压缩量。

叉臂式电刷刷臂预设转角的计算公式为

$$\theta = \frac{FL^2}{2EI} \tag{3-7}$$

式中，F 为接触压力；L 为电刷臂长；E 为电刷弹性模量；I 为电刷截面的惯性矩。

柱塞式电刷的弹性元件为螺旋压缩弹簧，故其弹簧预设压缩量可参考弹簧设计计算公式，即

$$F = \frac{Gd^4}{8D^2 n} h \tag{3-8}$$

式中，F 为接触压力；G 为材料剪切模量；d 为材料直径；D 为材料中径；n 为弹簧有效圈数；h 为弹簧预设压缩量。

3.2.5 导电环

导电环用于实现其与电刷之间两个相对运动部件间的信号传输，为保证信号传输的稳定性，导电环设计的基本指标有接触电阻、电噪声（动态接触电阻的变化量）、可靠性、耐磨性、寿命等。为了满足指标要求，导电环的材料选择和电摩擦副表面设计极为重要。

1．材料选择

导电环材料按主要成分可分为银合金材料、铜合金材料。

1）银合金材料

用作导电环的银合金材料主要有 AgCu10、AgCu10V0.2，这两种材料均具有较好的力学性能、抗熔焊性，且具有极好的导电性及导热性。

2）铜合金材料

铜具有硬度低、可锻造、延展性好的特点，同时具有高导电率和极好的可焊接性，但容易腐蚀，且直径较大，壁厚较薄的导电环在加工过程中容易产生变形、凹陷等各种缺陷。添加 Zn 元素后的黄铜，如 H62 黄铜，极大地改善了其力学性能，同时具备较好的耐腐蚀性及机械加工性。因此，目前汇流环的导电环可选用黄铜作为基体，表面加以

适合电传输及提高耐磨性、润滑性的金属镀层，以提升其在接触电阻、电噪声、可靠性、耐磨性、寿命等方面的综合性能。

导电环镀层直接影响汇流环的性能，决定镀层质量的主要因素包括镀层厚度、表面粗糙度、镀层硬度等。

（1）镀层厚度。

导电环电镀时往往会在表面形成一些气孔，带气孔的镀层会使其耐腐蚀性和耐磨性大大下降。从使用的角度出发，通常希望镀层厚一些，以降低镀层的气孔率（气孔率与镀层厚度成反比），从而提高使用性能。然而，镀层太厚也有缺点，一是不利于节约成本，二是过厚的镀层通常脆性较大，容易崩裂甚至脱落。镀层太薄又会影响使用寿命，目前汇流环的导电环的镀层厚度通常为 5~20μm。

（2）表面粗糙度。

导电环表面粗糙度对镀层的气孔率也有影响。基体金属表面越光滑，镀层的气孔率就越小。镀层的气孔率越小，其耐腐蚀性及耐磨性就越高，因此理论上表面粗糙度越高，导电环性能越好。综合材料机械加工特性及成本考量，一般建议表面粗糙度应不低于 Ra0.8μm。

（3）镀层硬度。

增大镀层硬度也是提高耐磨性的一种方法，但镀层的耐磨性并不与镀层硬度成正比。有资料表明，研究人员对比了不同硬度合金镀层的耐磨性，结论显示镀层硬度与耐磨性并不呈线性关系。

由于镍的延展性较好，硬度也相对较高，因此黄铜基材的导电环表面一般采用镍银或硬金镀层，如 Cu/Ep·Ni10sAg8b·At、Cu/Ep·Ni10sAu5hd。

2．典型结构形式

柱式汇流环的导电环需要与其配对使用的电刷成对设计，传输普通信号的常规柱式汇流环的导电环一般分为 V 形槽导电环、矩形槽导电环、平面式导电环三种。

1）V 形槽导电环

V 形槽导电环常与单根或多根金丝叉臂式电刷配对使用，用于传输小电流的电源信号的功率汇流环、信号汇流环、中频汇流环，特点是占用空间小、产生的磨屑少、维护周期长。

导电环基体材料采用黄铜，表面镀贵金属材料，外圆面根据与其对应的金丝叉臂式电刷，加工单个或多个 V 形槽，金丝叉臂式电刷分别位于 V 形槽中间，如图 3-13 所示。电刷与导电环的接触点可以得到成倍的增加，在振动冲击的工作环境下，由于 V 形槽导电环表面有卡槽，因此电刷不易滑离导电环的工作面，能有效提高接触的可靠性。

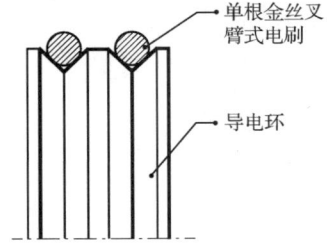

图 3-13 V 形槽导电环

2）矩形槽导电环

矩形槽导电环是 V 形槽导电环的一种扩展，即将导电环外圆面加工成矩形槽，如

图 3-14 所示，与其配对的电刷是由多根金丝合在一起的电刷束，常用于传输几十安培额定电流的电源信号的功率汇流环。

3）平面式导电环

平面式导电环常与触点叉臂式电刷或柱塞式电刷配对使用，用于传输大电流的电源信号的功率汇流环，其特点是传输功率大，但产生的磨屑较多，维护周期短。

导电环基体材料采用黄铜，表面镀贵金属材料，导电环外圆面为光滑平面，如图 3-15 所示，导电环的宽度根据对应触点的宽度确定。在结构尺寸受限的情况下，可通过增加每个环的电刷数量来增大接触面积，从而达到传输更大功率电流的目的。

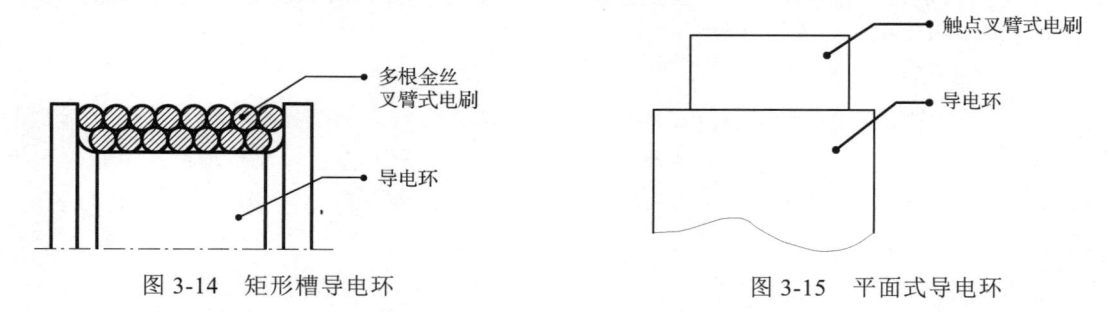

图 3-14 矩形槽导电环

图 3-15 平面式导电环

3．中频导电环设计

中频汇流环是柱式汇流环的一种特殊结构，其导电环结构与常规柱式汇流环的导电环结构有一定区别。

中频汇流环电路的特性阻抗是影响信号传输的一个关键参数，当传输线的特性阻抗与负载阻抗匹配时，传输的性能全部被负载吸收而没有反射。传输中频信号时，输入端信号在导电环上被分成两路沿导电环传输，到达输出端后由与导电环接触的电刷合成一路再传输给负载，负载转动带动电刷同步转动，使信号输入端与输出端之间的距离随之变化，当信号输入端与输出端位于图 3-16（a）所示的位置时，信号输入端与输出端之间的距离达到最大，此时导电环就相当于两段长度相等的电路并联。当信号输入端与输出端位于其余位置时［见图 3-16（b）和图 3-16（c）］，信号输入端与输出端之间的距离在零与最大值之间变化。因此在设计时往往取图 3-16（a）所示的这一特殊位置进行阻抗计算（特性阻抗为负载阻抗的 2 倍），这样能实现较好的匹配。

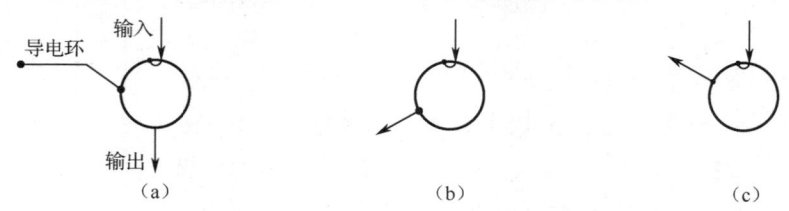

图 3-16 中频信号传输路线示意图

图 3-17 所示为中频导电环结构示意图，导电环位于由轴、外壳及屏蔽环组成的矩形空间内，计算时如果屏蔽环宽 B 与屏蔽环高 H 比较大，那么轴与外壳对阻抗的影响可以

被忽略。图 3-17 可以等效成简单的板线形式，如图 3-18 所示，特性阻抗的计算公式如下：

$$Z = \frac{138}{\sqrt{\varepsilon}} \lg \frac{4P}{d} \tag{3-9}$$

式中，Z 为特性阻抗；$P = \frac{H}{d}$；ε 为介质的介电常数。

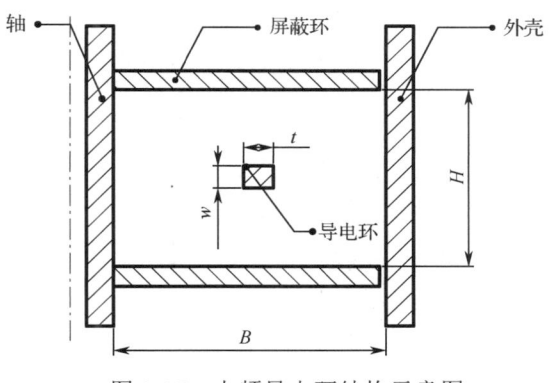

图 3-17 中频导电环结构示意图

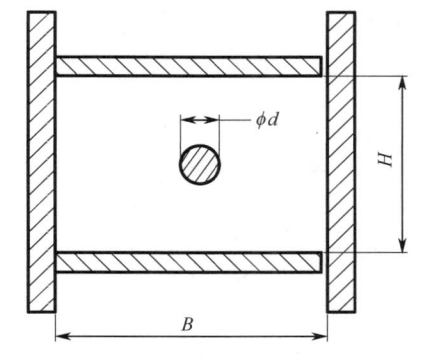

图 3-18 中频导电环等效结构

理论上当屏蔽环高 H 增大，导电环的等效直径 d 减小后，即可增加特性阻抗，从而实现汇流环特性阻抗为负载阻抗的 2 倍这一理想状态的设计要求。但增大 H 后，如果环路数量较多，则汇流环总高度会大幅提高，这在空间尺寸受限的条件下，往往是无法实现的。减小导电环的等效直径，即减小导电环的宽度 t 或导电环的厚度 w 也是达到理想状态的途径，但导电环的宽度和厚度都受机械强度、加工精度等多方面因素的限制。

随着机械加工设备能力的进步，减小导电环的等效直径的方法逐渐成为目前设计时主要考虑的因素。例如，南京电子技术研究所研制的中频汇流环，早期产品的 H 达到 23mm，通过导电环的精密加工，近年来已实现导电环的宽度和厚度均仅为 1mm，配比的屏蔽环高 H 仅在 10mm 左右。

3.2.6 绝缘环

复杂机电装备的汇流环经常要求绝缘环在高温、高湿等环境条件下还具有优异的绝缘性能，因此绝缘环的绝缘性能是保证汇流环在各种工况下安全可靠工作的重要性能。

1. 材料选择

汇流环正常运行的重要一点是各环之间绝缘良好，不会发生绝缘失效甚至打火的故障。因此，汇流环选用绝缘材料的绝缘性能极为重要。

在材料绝缘性能的指标中，除了介电强度、电阻率等指标，相比漏电起痕指数也是极其重要的一项。漏电起痕（Tracking）是指固体绝缘材料表面在电场和电解液的联合作用下或仅在干电弧的作用下逐渐形成导电通路的过程。相比漏电起痕指数是指绝缘材料表面能经受住 50 滴电解液而没有形成漏电痕迹的最高电压，简称 CTI。标准的方法是在两个电极之间施加一定的电压，每隔 30s 在绝缘材料的表面滴 1 滴标准电解液，一般是 0.1%的氯化铵溶液,直到试样经受住 50 滴电解液或试样发生破坏。CTI 是反映汇流环的绝缘材料的绝缘性能的重要指标。

在设计时,以 CTI 的分类标准为依据,在高压条件下工作的功率汇流环的绝缘材料应尽可能选用高 CTI 的材料。在低压条件下工作的控制汇流环由于传输的信号均为低压电信号,因此导电通道之间的电场强度很小,不易产生漏电起痕现象,这种情况下对 CTI 无过高要求,一般情况下,CTI≥100V 的绝缘材料即可满足使用要求。

几种汇流环常用绝缘材料及其 CTI 如表 3-1 所示。

表 3-1 几种汇流环常用绝缘材料及其 CTI

序 号	材 料 名 称	CTI/V
1	聚四氟乙烯板	600
2	聚砜板	120～150
3	3240 环氧玻璃布层压板	120
4	3246 环氧玻璃布层压板	600
5	3248 环氧玻璃布层压板	600
6	普通玻纤布基覆铜板	175～225
7	高 CTI 环氧玻纤基覆铜板	≥400
8	氮系阻燃尼龙	600

聚砜板、3240 环氧玻璃布层压板及普通玻纤布基覆铜板的 CTI 均较低,无法满足高压条件下工作的功率汇流环的使用要求,仅可作为控制汇流环的绝缘材料。聚四氟乙烯板、3246 环氧玻璃布层压板、3248 环氧玻璃布层压板的 CTI 均在 600V 左右,符合 IEC 664A 和 IEC 60112 标准,属于最高等级的绝缘材料,可作为汇流环的绝缘环或电刷板的优质材料,而 CTI≥400V 的高 CTI 环氧玻纤基覆铜板作为表面不会受到磨屑严重污染的功率汇流环的电刷板也是可行的。绝缘环的材料选择除了考虑绝缘隔离的作用,还要考虑支撑导电环和安装定位的需求,因此绝缘材料的物理性能及机械加工性能也是材料选择时需要考量的指标。同时,汇流环的绝缘材料应考虑耐潮性、耐热性、抗老化性等环境适应性能。目前,聚四氟乙烯板及氮系阻燃尼龙是绝缘环应用最为广泛的材料。

2. 典型结构形式

导电环的环与环之间,通过增加绝缘环的厚度或改变绝缘环的结构形式来增加环间的爬电距离。典型的绝缘环有平面式、台肩式、凹槽式三种结构形式,如图 3-19 所示。

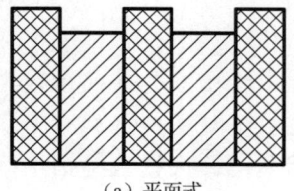

(a)平面式　　　(b)台肩式　　　(c)凹槽式

图 3-19 绝缘环典型结构形式

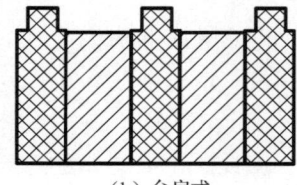

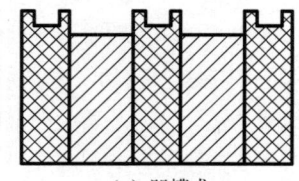

平面式是最普遍的一种绝缘环结构形式，加工简单；台肩式是在绝缘环外圆面上凸出一个台肩结构，其截面可以是矩形、锥形等形式；凹槽式是在绝缘环外圆面上通过去除材料的方式开一个凹槽，其截面可以是矩形、圆弧形等形式。在相同的轴向尺寸下，台肩式绝缘环及凹槽式绝缘环的相邻导电环之间的爬电距离更大，有效提升了绝缘性能。

3.2.7 制造与装配

汇流环属精密传动电子装备，旋转工作过程中的偏摆、抖动，都会对信号传输的稳定性造成影响。各零件的设计制造过程中需要注意同轴度、垂直度等形位精度要求，否则可能导致信号传输出现不稳定的现象；导电环的加工需要严格保证粗糙度要求，否则易造成磨屑增加、可靠性降低、寿命减少。

1．芯轴和外壳

汇流环两端一般采用滚动轴承支承，为满足汇流环传动的灵活性，同时保证电刷与导电环的接触稳定性，芯轴、外壳两端轴承孔的同轴度、尺寸精度等是非常关键的要素，一般要求达到6级精度。汇流环的芯轴和外壳一般是长径比较大的薄壁零件，因此在加工上是一个难点。为了保证尺寸精度及同轴度要求，针对不同型号的汇流环设计专用的芯轴加工工装是一种非常实用且有效的工艺方法。芯轴和外壳加工工装结构如图 3-20 所示。

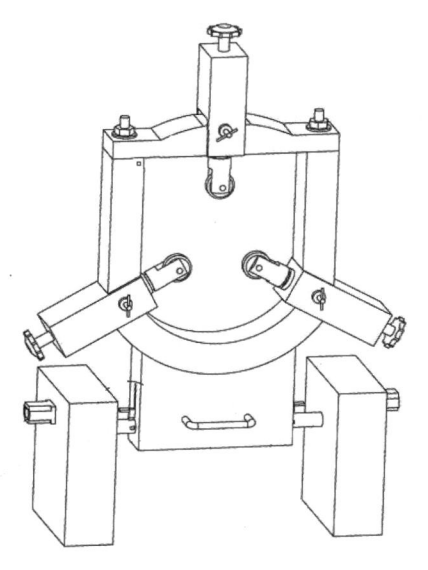

图 3-20　芯轴和外壳加工工装结构

2．环芯制造

环芯有灌注式和叠片式两种成形方法。

灌注式环芯主要采用真空灌注法，首先将导电环用工装模具间隔依次装好固定在轴上，焊线后用环氧树脂整体灌注成形，导电环之间由环氧树脂填充，以保证相邻环间的绝缘，然后对导电环和绝缘表面进行车削加工，最终形成环芯，如果导电环材料为铜合金，则成形后还应对导电环进行耐磨镀层涂覆，对环氧树脂裸露部位做三防处理。灌注式环芯成形工序如图3-21所示。

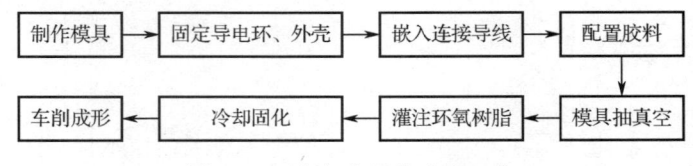

图3-21 灌注式环芯成形工序

灌注式环芯由于是一次加工成形的，因此各导电环的同轴度很好，同时导电环采用了精密工装模具间隔，定位精准，轴向累积公差可以得到很好的控制。

叠片式环芯的导电环和绝缘环在装配之前已加工成形，导电环焊线后与绝缘环依次叠加套在轴上。叠片式环芯对导电环和绝缘环的加工误差要求相对严格，装配时要保证同轴度，当环数多时，轴向累积公差较大，可通过分段、分组装配，以及中间增加调整垫片来消除轴向累积公差。叠片式环芯成形工序如图3-22所示。

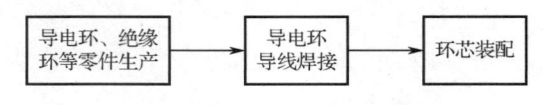

图3-22 叠片式环芯成形工序

3．汇流环的引线及防护

汇流环的上、下引线都被限制在约束的空间内，引线的粗细及转弯半径在设计装配时需要特别关注，同时为防止信号串扰，需要根据传输信号类型分组装配，信号环引线一般在线束外增加防波套，同时用热缩套管防护。

引线在导电环及电刷上的焊点应采用硅胶或环氧胶加固防护。

4．电刷加工

电刷一般采用钣金的方式成形，丝状电刷在钣金加工前应先把丝材捋直，捋直工序不应破坏丝材表面光洁度，否则会影响电接触稳定性。叉臂式电刷的簧片材料一般为铍青铜，钣金成形后还应进行热处理。

加工成形后的电刷角度应均匀一致，若角度一致性差，则会导致部分电刷压力不符合设计值，因此一般要求成形后的电刷与导电环配对后，其接触压力保证在设计范围内，且角度公差一般要求控制在±1°以内，否则会影响电接触性能及电刷的寿命。

5．导电环加工

导电环对内外径尺寸精度、形位公差要求高，以及对与电刷接触的外圆表面粗糙度要求较高，Ra 一般小于 $0.8\mu m$。导电环常用管料和棒料加工而成，管料加工时由于管壁较薄，装夹困难，容易发生变形，因此通常先加工出内孔，再用芯轴定位，加工外圆。

6. 跑合

电刷触点的工作面一般为平面，装配后电刷触点与导电环之间是线接触的，为了增大电刷与导电环之间的接触面积，提高信号传输的稳定性，电刷在装配后一般要与导电环进行跑合，磨出弧形面，使电刷触点与导电环之间形成面接触，贴合面一般不低于触点平面的 70%。

3.3 盘式汇流环

盘式汇流环（见图 3-23）也称为平面式汇流环、端面汇流环，其外形相对于柱式汇流环更扁平，呈现出盘状，因此而得名盘式汇流环。在相同环数的情况下，盘式汇流环的轴向尺寸比柱式汇流环的小得多，环数较少的盘式汇流环的轴向尺寸往往仅有几十毫米，因此特别适用于在高度方向有限制的机电装备中。

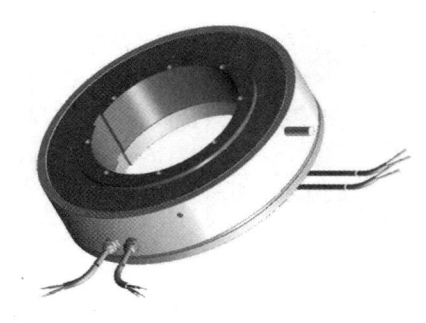

图 3-23　盘式汇流环

3.3.1 工作原理

盘式汇流环的工作原理和柱式汇流环的工作原理相同，均是依靠电刷与导电环的滑动摩擦接触实现电信号的连续旋转传输的，区别在于盘式汇流环的电传输接触面是每个导电环的端平面，每个导电环形成一个信号传输通道。转子端与定子端相对旋转时，电刷与导电环的端平面滑动摩擦接触，从而实现电信号的旋转传输。

盘式汇流环接触副原理图如图 3-24 所示。

盘式汇流环的主要优点是轴向尺寸小、易于实现模块化、便于清洗及维护。但也存在一定的缺点，由于盘式汇流环的导电环呈平面分布，因此如果当汇流环直立安装时，电刷和导电环的磨屑容易滞留在汇流盘上表面，会加速磨损，导致相邻导电环之间的绝缘电阻降低，甚至短路。因此，盘式汇流环仅适用于某些特定场合，具体应用场合如下。

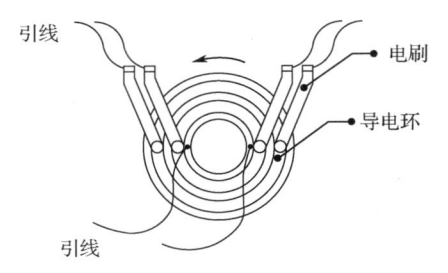

图 3-24　盘式汇流环接触副原理图

（1）在太空中，磨屑失重悬浮，克服了磨屑滞留于汇流盘上表面的缺点，因此盘式汇流环成为太空领域中较为理想的汇流环结构形式。

（2）对于空间环境试验设备中的运动模拟器，它的姿态在立式和卧式之间变化，磨屑不容易在汇流盘上表面滞留，可以采用盘式汇流环。

（3）对于低转速、低寿命、允许短期维护的汇流环，也可采用盘式汇流环。

3.3.2 典型结构

盘式汇流环将不同直径的导电环呈同心圆分布安装在绝缘支撑盘上，形成汇流盘，汇流盘在轴向上依次叠加隔离，形成环芯。每个导电环对应一组或多组电刷组，电刷组固定在壳体上与每个导电环之间构成一组电接触副，壳体与环芯之间通过轴承实现相对旋转。盘式汇流环的典型结构如图 3-25 和图 3-26 所示。轴、壳体及轴承构成盘式汇流环的主要支撑结构，汇流盘及电刷组为主要功能部件。

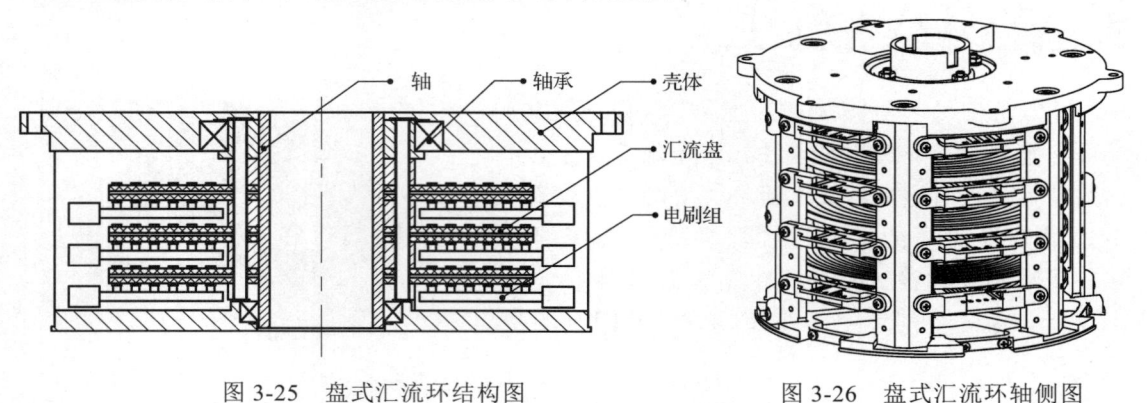

图 3-25 盘式汇流环结构图　　图 3-26 盘式汇流环轴侧图

3.3.3 支撑结构

盘式汇流环的支撑结构与柱式汇流环的支撑结构不同，其环芯支撑结构如图 3-27 所示，汇流盘轴向叠加，各个汇流盘之间通过支撑轴套进行支撑，并与主轴连接为一个整体。

盘式汇流环的刷组支撑结构如图 3-28 所示，单臂式电刷按组固定在电刷板上形成电刷组，每个电刷组固定在壳体上进行支撑。

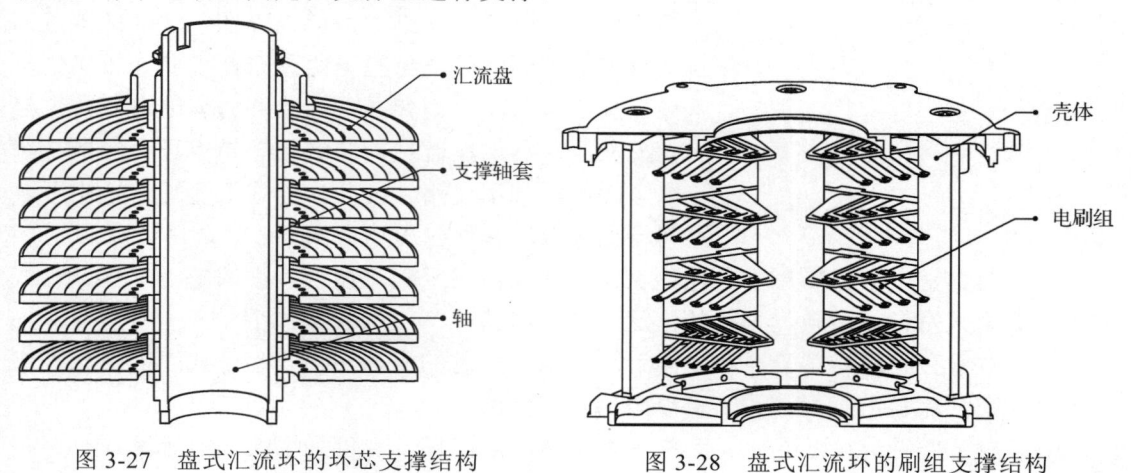

图 3-27 盘式汇流环的环芯支撑结构　　图 3-28 盘式汇流环的刷组支撑结构

盘式汇流环的各种支撑结构的材料选取及轴承选取可参考柱式汇流环设计。当主轴承受较大扭矩时，可选用低碳钢、不锈钢、钛合金等材料，无特殊要求时可选用铝合金材料；壳体一般采用铝合金材料；轴承优先选用轻薄系列深沟球轴承。

3.3.4 电刷

盘式汇流环的电刷一般采用单臂式电刷结构，其主要结构形式如图3-29所示。

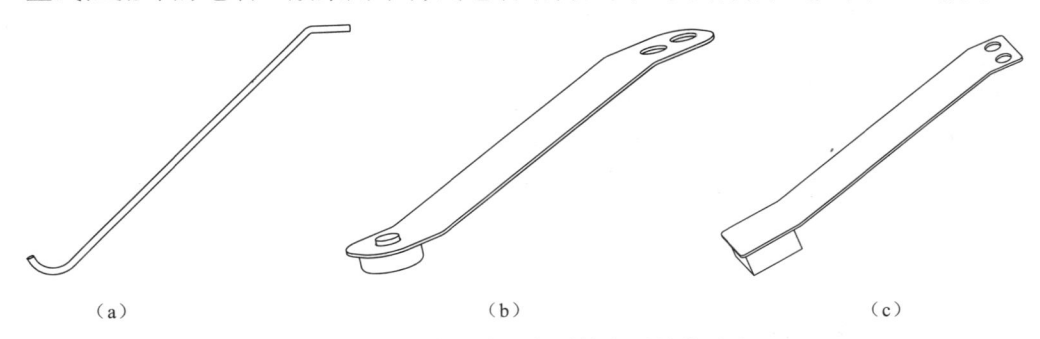

图3-29 盘式汇流环电刷的主要结构形式

图3-29（a）所示为电接触件一体化结构的叉臂式电刷，一般采用成分为金、银、铜、钯、镍等各类金属的合金丝材。该结构形式的电刷一般用于传输小电流信号。

图3-29（b）所示为弹性导电材料的叉臂式电刷，通常采用弹性模量较高的铜合金（如铍青铜、磷青铜），触点材料一般为金、银、铜、钯、镍等各类金属的合金，一般触点的接触面为圆弧状。该结构形式的电刷一般也用于传输小电流信号。

图3-29（c）所示为叉臂式电刷，其刷臂材料与图3-29（b）一致，触点材料一般为银石墨、铜石墨等具有自润滑性，同时导电率较高的复合材料。该结构形式的电刷一般用于传输大电流信号。

与柱式汇流环相似，盘式汇流环的电刷与导电环的接触压力同样影响信号传输的稳定性和汇流环的使用寿命，因此电刷接触压力的选择同样是盘式汇流环设计的关键之一。压力选取原则及计算公式可参照柱式汇流环相关设计内容。

3.3.5 汇流盘

盘式汇流环的导电环在同一个水平面上呈同心圆排布，导电环之间排布或填充绝缘层，一起固定安装在基座上，形成汇流盘。

1．小电流汇流盘

对于承载较小电流（几十安培以内）的盘式汇流环，其汇流盘一般采用印制板形式的一体化结构，其结构示意图如图3-30所示，印制板基材起到环道间绝缘及支撑基座的作用，表面的覆铜层用作导电环。为加强环道耐磨性，覆铜层表面一般应涂覆耐磨贵金属，如镍金等。

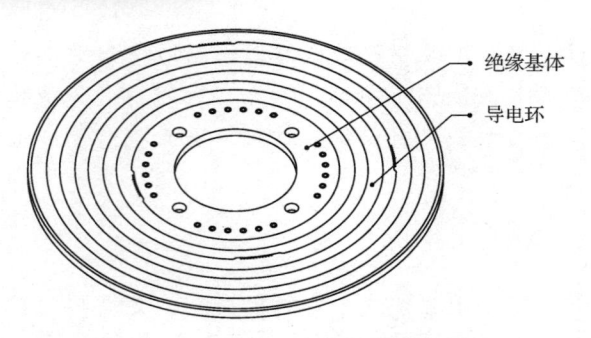

图 3-30　小电流汇流盘的结构示意图

这种类型的导电环设计时可遵循印制板导线设计原则，详细设计时可参照图 3-31 和图 3-32。

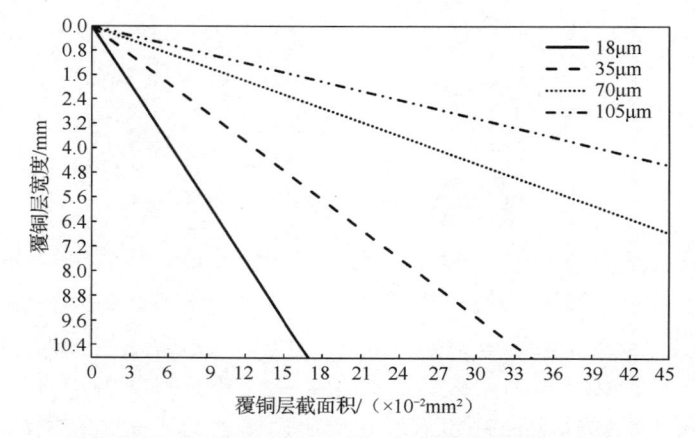

图 3-31　覆铜层宽度与覆铜层截面积的关系

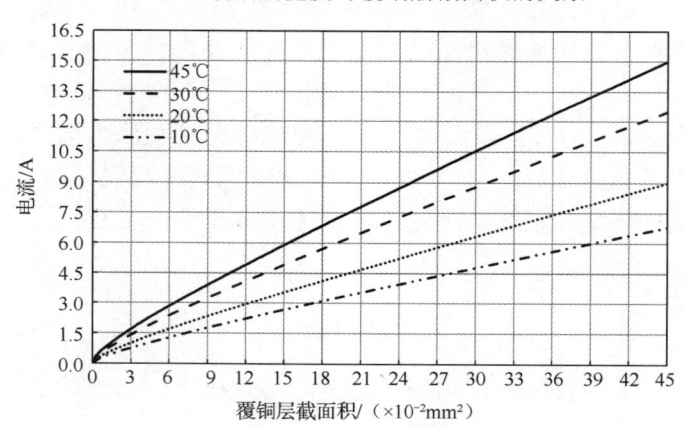

图 3-32　电流与覆铜层截面积的关系

2．大电流汇流盘

对于承载较大电流的盘式汇流环，其导电环需要较大的通流截面，因此无法采用印制板的结构，需要单独采用低电阻率的材料加工成导电环装配使用，导电环材料及表面处理工艺可参照柱式汇流环的导电环的相关设计。

安装固定导电环的基体一般采用钢、铝合金、钛合金等高强度金属材料，在基体与导电环之间通过机械加工成形的绝缘衬垫隔离，绝缘衬垫一般采用聚四氟乙烯、聚醚酰亚胺、尼龙等材料。为了实现基体与导电环之间的有效隔离，可以采用环氧类硬质绝缘胶料进行填充，并固化成形。导电环材料与设计要求和柱式汇流环的导电环基本一致，即一般采用H62黄铜，与电刷配合面的表面粗糙度一般要求不低于$Ra0.8\mu m$，表面采用镍银或硬金镀层。大电流汇流盘的结构示意图如图3-33所示。

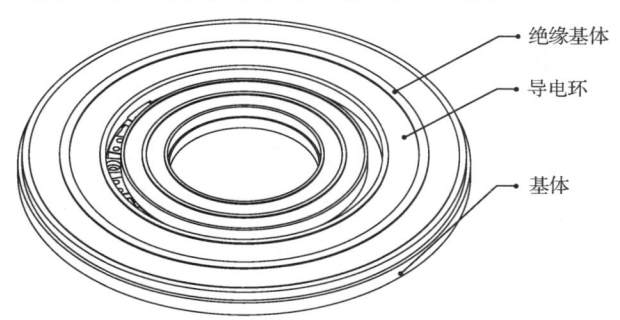

图3-33 大电流汇流盘的结构示意图

3.3.6 制造与装配

小电流汇流盘与大电流汇流盘的结构设计存在较大差异，因此两者的制造与装配方法也截然不同。小电流汇流盘的加工借鉴了印制板加工工艺，而大电流汇流盘则一般采用机械加工件装配或胶料灌注填充工艺。

小电流汇流盘采用的是印制板结构形式，但由于汇流盘表面覆铜层是与电刷接触的摩擦面，因此表面处理方式与普通印制板区别较大，需要经过多道抛光及镀金操作，除此以外，加工工艺与印制板基本一致，详细工艺流程如图3-34所示。

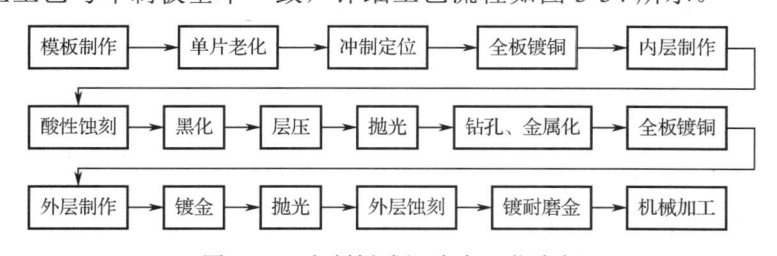

图3-34 印制板式汇流盘工艺流程

汇流盘的镀层硬度、与基体结合强度、可焊性、耐湿热、耐热性、耐酸性等指标应严格控制，否则会对电接触稳定性、导电环耐磨性产生较大影响。镀层硬度不应低于140HV；金镀层、中间镀层、基体金属间均不应分离；焊接时焊料层应均匀、湿润、平滑、无结块和分层；镀层进行耐湿热试验后，表面不应出现腐蚀；制件在260℃高温下放置30min后金镀层不能出现起泡、褪色、可见的白膜或结晶膜；进行耐酸性试验后，表面不应发绿。

大电流汇流盘基体与导电环之间的隔离如果采用胶料填充方式，则其成形方法及工序可参照 3.2.7 节中灌注式环芯加工方法。

盘式汇流环的单个导电环工作面的平面度、多个导电环装配成形后的汇流盘整体电接触工作面的平面度，以及旋转工作时导电环工作面的端跳在零件加工、部件及整件装配时都应加以控制，一般情况下应不低于 8 级公差值，否则会对电接触稳定性及电刷的耐磨性有较明显的影响。

3.4 差动汇流环

差动汇流环（见图 3-35）是一种结构形式特殊的汇流环，它打破了传统汇流环的结构（一层只构成一个信号传输通道的结构），在轴向上它的每一层都装有多个电刷，可以形成多个信号传输通道，因此可以显著地降低汇流环的轴向尺寸，减小质量。

图 3-35 差动汇流环

3.4.1 工作原理

差动汇流环的工作原理是输出端与环芯之间以一定速比做相对运动而实现输入端与输出端的电气连接。差动汇流环的定电刷组与动电刷组之间通过由导电块组成的环芯连通，其结构配置图如图 3-36 所示。

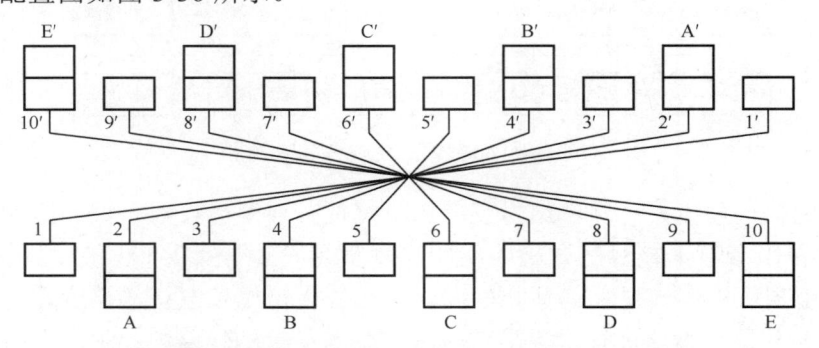

图 3-36 差动汇流环的电刷组与环芯的结构配置图

电刷 A、B、C、D、E 是固定的，电刷 A′、B′、C′、D′、E′是转动的。导电块 1、2、

3、…、10 和导电块 1′、2′、3′、…、10′之间分别用导线连接，并用绝缘材料固定在一起形成环芯，环芯由传动机构带动，以动电刷速度的一半朝与动电刷相同的方向转动，若以环芯为参考点（假定环芯不动），则看到的相对运动是动电刷与定电刷以相同的速度朝相反的方向转动。

从图 3-37 中可以清楚地看出，旋转时，定电刷与动电刷一直是连续导通的。图 3-27（a）中，电刷 A 通过接触块 1-1′与电刷 A′导通，转动后变成图 3-37（b）所示的位置，电刷 A 通过接触块 1-1′和接触块 2-2′与电刷 A′导通。继续转动变成图 3-37（c）所示的位置，电刷 A 与电刷 A′仍导通。以此类推，在旋转过程中，电刷 A 与电刷 A′一直是连续导通的。同理，其他对应的电刷在旋转过程中，也一直是连续导通的。

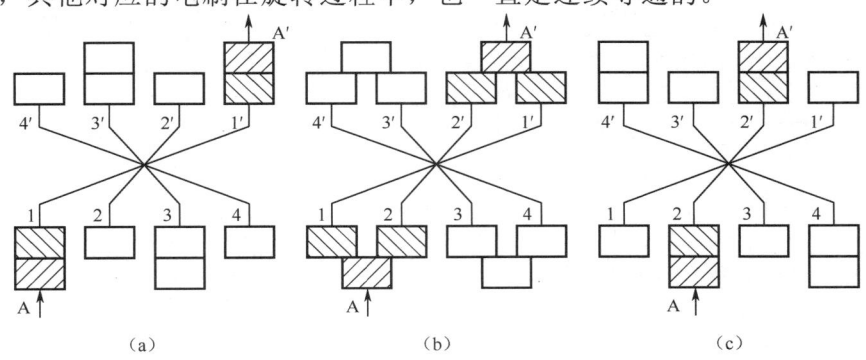

图 3-37 差动汇流环工作原理图

差动汇流环轴向尺寸较小，但直径大、质量小、内部结构复杂，相对于柱式汇流环及盘式汇流环成本较高，而且转速较低，故应用场合较为受限，一般应用在转速 10r/min 以内、传输电信号数量较多、功率较小的各类机电装备中。

3.4.2 典型结构

差动汇流环主要由传动机构、环芯、定电刷组、动电刷组等功能部件组成。动电刷组安装在转动的壳体上，定电刷组安装在固定不动的壳体上，动电刷组与定电刷组呈上下分布，其典型结构如图 3-38 所示。

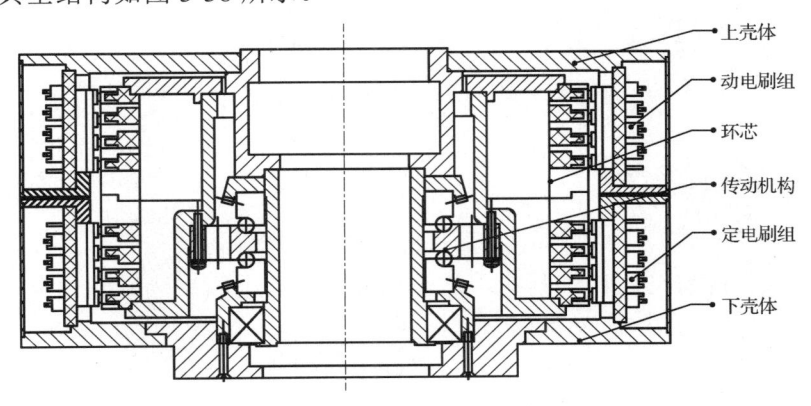

图 3-38 差动汇流环典型结构

3.4.3 支撑结构

差动汇流环的支撑结构主要由固定环芯、动电刷组、定电刷组等功能部件组成。

环芯结构如图 3-39 所示,由中心轴、上下两端的压板构成支撑结构。上、下汇流盘为信号传输介质,绝缘环起到绝缘隔离的作用,这些功能部件与环芯的支撑结构组成一个整体。

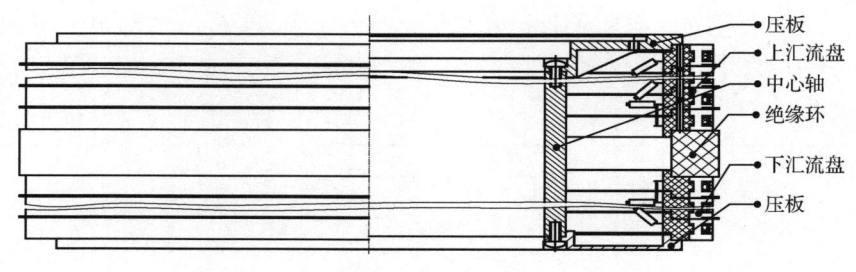

图 3-39 环芯结构

动、定电刷组的固定安装结构如图 3-40 所示,传动机构壳体和上、下刷盘构成动、定电刷组的支撑结构。上下各一圈电刷组固定在上、下刷盘上,刷盘再与传动机构壳体相连,形成一个整体。

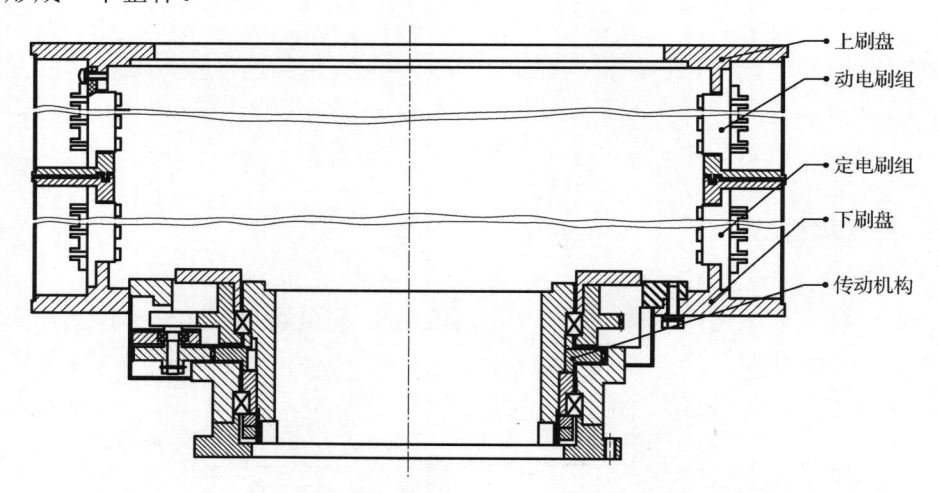

图 3-40 动、定电刷组的固定安装结构

3.4.4 传动机构

传动机构也称为差动机构,其作用是带动环芯以动电刷组速度的一半做同向转动,因此传动比为 2∶1。

差动汇流环上应用的传动机构主要有三种结构形式,分别为定轴轮系、双排内外啮合的行星轮系和圆锥齿轮的行星轮系。

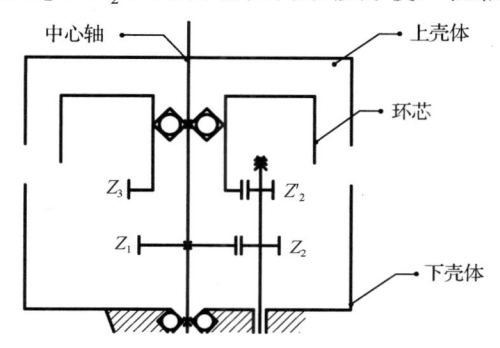

1. 定轴轮系传动机构

定轴轮系传动机构结构原理如图 3-41 所示。定轴轮系传动机构由两级圆柱齿轮组成。主轴承一般为四点接触的球轴承。主齿轮和从齿轮的齿数分别为 Z_1 和 Z_2'，一般根据结构尺寸选定，按下列公式确定 Z_2、Z_3：

$$Z_3 Z_2 = 2Z_1 Z_2' \tag{3-10}$$

$$Z_3 + Z_2' = Z_1 + Z_2 \tag{3-11}$$

齿轮承受的力矩主要是传动机构本身的摩擦力矩和动、定电刷组与环芯摩擦力矩的差值，该力矩一般不大，因此齿轮模数一般较小。为了传动平稳，可在大齿轮 Z_1、Z_3 的周围均匀分布三对小齿轮 Z_2 和 Z_2'。此传动机构维修方便，但轴向尺寸偏大。

图 3-41 定轴轮系传动机构结构原理

2. 双排内外啮合的行星轮系传动机构

双排内外啮合的行星轮系传动机构结构原理如图 3-42 所示。

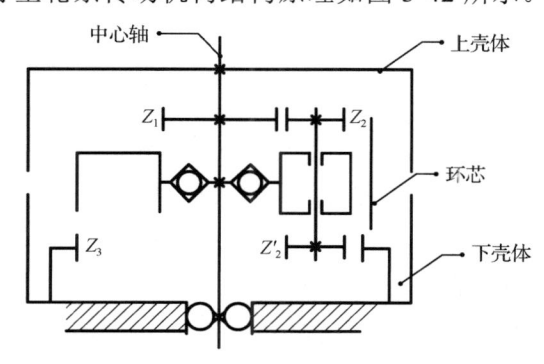

图 3-42 双排内外啮合的行星轮系传动机构结构原理

固定中心轮 Z_3 为内圆柱齿轮，Z_2 和 Z_2' 为行星轮，齿数符合下列关系：

$$Z_3 Z_2 = Z_1 Z_2' \tag{3-12}$$

$$Z_3 = Z_1 + Z_2 + Z_2' \tag{3-13}$$

双排内外啮合的行星轮系传动机构结构复杂，维修齿轮比较困难，目前差动汇流环的传动机构很少采用此结构。

3. 圆锥齿轮的行星轮系传动机构

圆锥齿轮的行星轮系传动机构结构原理与多通道道威棱镜光纤滑环的圆锥齿轮的行星轮系传动机构结构原理相同，如图 3-43 所示。

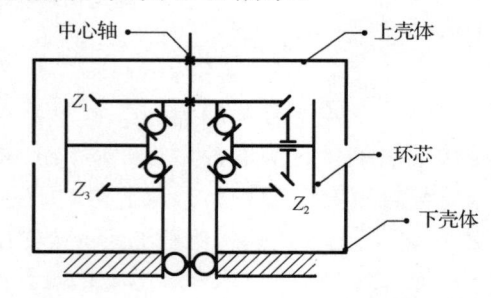

图 3-43 圆锥齿轮的行星轮系传动机构结构原理

旋转中心轮 Z_1 和固定中心轮 Z_3 的齿数相同，分别与动、定电刷组相连。行星轮 Z_2 的轴安装在托盘上与环芯连接在一起。Z_3 固定不动，Z_1 随天线转动，Z_2 的轴线绕中心轴公转，成为一个行星轮，公转方向与 Z_1 相同。Z_1 与 Z_3 的齿数相同，传动比恒等于 2。

圆锥齿轮的行星轮系传动机构是目前差动汇流环常用的传动机构，优点是轴向尺寸小、结构简单，但存在齿轮维修比较困难的缺点。

3.4.5 电刷组与汇流盘

1. 电刷组

差动汇流环的电刷组主要由刷盒、电刷、弹簧、压板等组成，通过电刷与汇流盘导电块的滑动接触实现电路的导通。

活塞式电刷的接触压力调整方便，接触性能好，容易做成多层，因此差动汇流环的电刷组大多采用此结构，如图 3-44 所示。一般把同一方位上的多对电刷装入一个部件，这样拆装方便，绝缘性能好，电刷的接触压力可以由压板两端的螺钉调节。

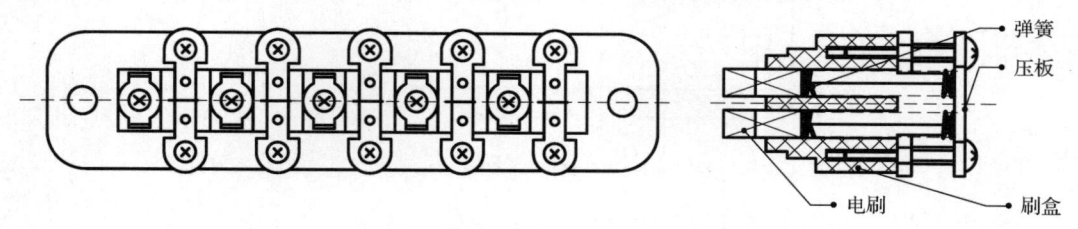

图 3-44 电刷组结构示意图

差动汇流环的电刷组采用两点接触，即一个电刷分成两个独立的子电刷与环芯上的导电块接触，这样能避免电路出现断开现象。其原理可用图 3-45 说明，当电刷跨在两个导电块上时，理论上定电刷可以通过两条线路与动电刷连通，但从微观上看，各导电块在圆周分布上的高低是不一致的，可能出现断开现象。图 3-45（a）表示一个电刷触点，此时信号传输就会出现断开现象。图 3-45（b）中把一个电刷触点分成两个子电刷触点，就避免了断开现象，即使有一个子电刷在跨越两个导电块时出现断开现象，另一个子电刷也不可能跨越两个导电块，因此信号必然是导通的。

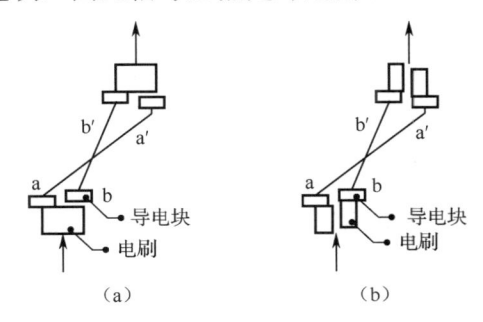

图 3-45　电刷、导电块接触示意图

合适的电刷压力对差动汇流环尤为重要，由于电刷数量很多，当压力过大时，磨损加快，电刷触点磨屑就会很多，导电块之间的绝缘性能下降很快。但压力过小时，接触电阻变化就会很大，容易造成信号传输不稳定。

电刷材料应具有耐磨性好、接触电阻小等特性，常采用银石墨或铜石墨电刷，刷盒应采用绝缘性能好、吸水性小、有一定机械强度的绝缘材料，可采用增强聚碳酸酯注塑成形。

2．汇流盘

汇流盘由导电块、绝缘环和环氧树脂等组成，其结构示意图如图 3-46 所示。汇流盘总是成对出现的，即上、下汇流盘同时出现，分别与动、定电刷组对应。每个汇流盘在绝缘基体材料的圆周面上嵌有一圈导电块，每个导电块之间用环氧树脂灌封，每层导电块的数量是同层电刷数量（通道数）的双倍。导电块的材料应导电性好、不易氧化、耐磨性好。上、下汇流盘上的导电块用导线交错连接，上、下导电块分别与动、定电刷组的电刷相接触，以完成上、下对应电刷之间电路的导通。

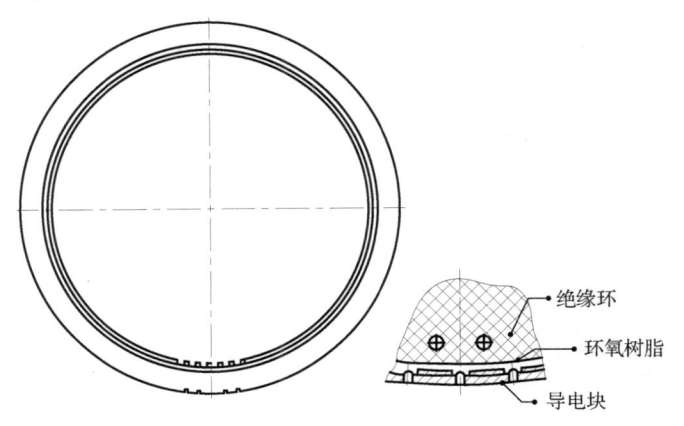

图 3-46　汇流盘结构示意图

汇流盘轴向叠加，各个汇流盘依次叠加在主轴上，通过上、下压板与主轴连接，形成一个整体，构成差动汇流环的环芯。

在环芯组件中，上、下两组对应的汇流盘之间的"同名"导电块用导线连接，因两组导电块的排列顺序相反，所以"同名"导电块之间的距离是不相等的，为了减少端电阻的变化，导线可以按最大距离取成等长，但这样环芯的体积会增大，一般不宜采用。常采用不一样长的导线，并使其变化适当缩小，从而兼顾体积和端电阻。

汇流盘上的导电块交换式地工作，若某一导电块损坏，则整层电路无法工作，而且汇流盘又处于汇流环的中心部位，不便维修和更换，对信号的传输有直接影响，因此汇流盘是差动汇流环的关键部件，设计、生产时需要严控质量。

3.4.6 制造与装配

差动汇流环结构较为特殊且复杂，因此环芯、电刷组、传动结构各功能部件在制造装配过程中均存在较多的注意点。

1. 环芯

环芯是差动汇流环中关键的部件之一，在它的组装过程中需要严格控制其装配质量。差动汇流环的汇流盘采用类似柱式汇流环灌注式环芯的成形工艺。首先将导电块嵌装在环氧酚醛玻璃布板的绝缘环上，根据环数需求，把多块绝缘基体叠加在一起，放在特殊的专用模具内，整体灌注环氧树脂。由于汇流盘有较多的沟槽结构，为进一步提高其防吸潮性能，应进行绝缘漆浸渍处理。浸渍处理后的环芯外圆表面与绝缘槽一次成形，不做整体的切削加工，只对接触块的外圆表面进行局部的车削加工，使其光滑圆整。该工艺的优点是避免机械加工时，金属切削嵌入环氧树脂内部不易发现，而造成的环芯绝缘度下降，甚至破坏的问题；环氧树脂的光滑表面不遭破坏，提高了防潮性能；避免了切削加工环氧树脂时刀具磨损、加工困难的问题。

差动汇流环的汇流盘的加工工序如图3-47所示。

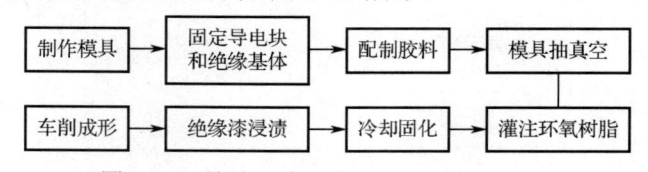

图3-47 差动汇流环的汇流盘的加工工序

在进行环芯内部接线及装配时，应注意以下的工艺要点。

（1）内部焊接导线时要求导线长度一致性好，加工后导线绝缘层切口应整洁，无任何刺穿、拉伸、磨损、污染及烧焦痕迹。对屏蔽导线加工剥头后，应将屏蔽网梳理整齐并拧成一股，对屏蔽导线逐根打耐压进行检测。

（2）在进行环芯装配时，需要将上、下两组汇流盘端面"零位"对准，四周用定位块加以定位，设置上、下间隔槽避免错位，以防差动汇流环在运转过程中因电刷磨损产生碳粉堆积，碳粉堆积可能导致汇流环绝缘电阻下降，甚至引发短路等故障。

2. 电刷组

刷盒常用增强聚碳酸酯整体注塑成形，同一轴向上各层电路的刷盒可以做成一个整体，既便于维护，又提高了各电路之间的绝缘电阻。由于刷盒采用注塑工艺，因此成形后具有一定的收缩性，且高低温下膨胀系数大于电刷，所以装配前，应对各电刷与刷盒进行装配，使电刷在刷盒中活动自如，无卡死现象。若两者配合过紧，则电刷在转动或低温环境下易被卡死。同样，若电刷与刷盒间隙过大，则转动时会使电刷在导电块表面产生跳动，从而影响动态端电阻的变化。同时，应进行高低温筛选试验，验证电刷与刷盒的配合是否正常。

各电刷上所装的压力弹簧应选用弹性、有效圈数、端面收口一致性较好的产品，安装在刷盒内应伸缩自如、无卡阻现象。装配时，应调整电刷的弹簧压力来保证各电刷接触压力一致。在外壳上安装电刷组时，应使每组电刷都相应处于环芯上的导电块中间位置，各电刷均不能与环芯上的绝缘层相碰，确保导电块和电刷间的接触可靠、稳定。

3. 传动机构

差动汇流环的平稳运转主要靠传动机构来实现。大部分差动汇流环选择采用圆锥齿轮的行星轮系作为传动机构，这种传动机构主要由齿轮组、主轴、托盘、轴承和底座等组成。齿轮组负责传动，托盘和主轴连接后与环芯固定，底座与外壳及电刷组为一体。装配中应注意调整齿轮，使各齿轮转动时连续自如，无卡死现象。

3.5 接口设计

3.5.1 结构接口

汇流环接口形式一般根据装备实际安装需求确定。

1. 固定端

一般以汇流环外壳为固定部分，在外壳上设计安装法兰，并配相应的螺钉孔，法兰与装备的固定端相连，确保外壳固定，如图 3-48 所示。

2. 旋转端

环芯作为转动部分，一般在轴的端面处设计凸台、键槽或圆柱销等，通过间隙配合与装备的转动部分相连，保证环芯旋转，同时能够起到减小径向、轴向安装误差的作用。也可以通过在汇流环旋转端加装弹性柱销联轴节，来实现与其他系统之间的传动。旋转端安装方式如图 3-49 所示。

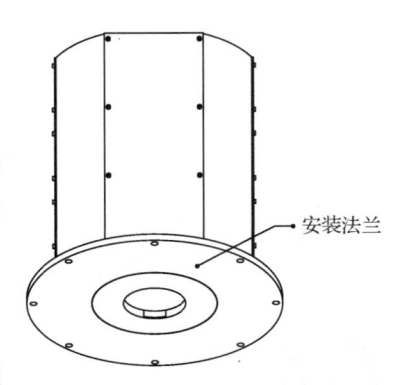

图 3-48 固定端接口

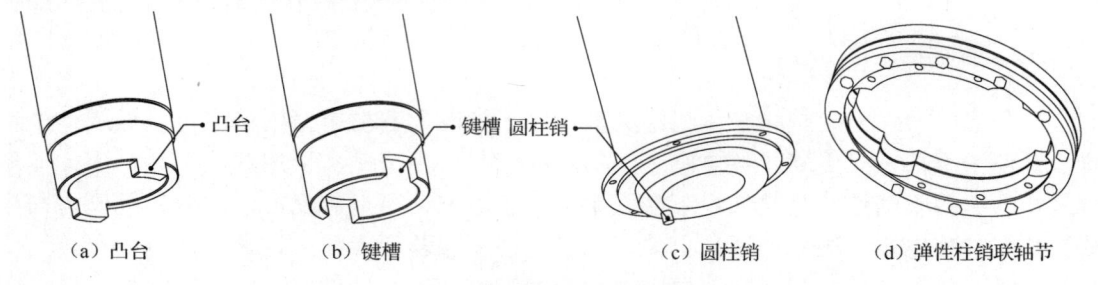

(a)凸台　　　　　(b)键槽　　　　　(c)圆柱销　　　　(d)弹性柱销联轴节

图 3-49　旋转端安装方式

图 3-50 所示为一种较为典型的汇流环安装结构示意图，汇流环壳体部分的上端法兰通过螺钉与装备的固定部分连接，汇流环轴上端设计有凸台，凸台与装备的转动部分的拨叉连接，以实现驱动。

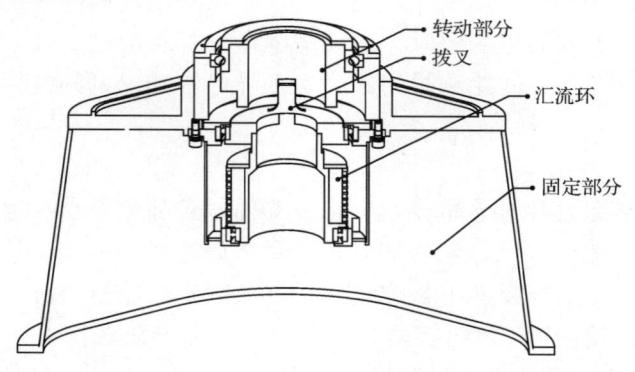

图 3-50　一种较为典型的汇流环安装结构示意图

3.5.2　电讯接口

汇流环的电讯接口应根据产品详细要求进行相应的设计。一般可以采用连接器、电缆端子、分线环压接等方式作为对外接口。

（1）采用连接器的方式最为普遍，尤其是对于常规地面用机电装备，由于传输电流不大，因此一般单环电流在几百安培以内的汇流环较多地采用这种方式。

（2）对于传输大电流信号的汇流环，由于电流较大，很难有合适的连接器，因此常常采用电缆端子的方式，电缆端子采用螺钉、螺栓与接线柱或接线盒压接。

（3）对于空间紧凑的大电流汇流环，还可采用汇流条的硬连接方式。

（4）分线环压接一般应用较少，仅在空间紧凑、无法安装连接器的场合使用，由于分线环压接的方式无法无损拆装，因此一般不建议使用。

3.6　环境适应性设计

汇流环在使用、运输、储存过程中，会遇到各种自然或人工环境条件，这些环境因素单独或综合影响后，可能会导致装备性能恶化，因此环境适应性是汇流环重要的性能指标之一。

汇流环一般安装在装备内部，不会直接暴露于外界大气中，但往往难以做到全密封，无法实现全寿命周期内的温度及湿度控制。汇流环通常会遇到的恶劣环境主要有高低温、湿热、振动冲击、霉菌等，应根据具体的使用工况进行针对性设计，或者通过营造小环境进行控制，以改善汇流环的使用工况。

1. 高低温

各类常规的汇流环用材料能满足大部分装备的高低温要求，但对于一些有极限高低温要求或使用过程中会出现快速温度变化的装备，在设计时需要注意各零部件材料的选择。

汇流环中大量采用了非金属材料作为绝缘介质，在温度快速变化的工况条件下，应避免选择膨胀系数较大的材料，如聚四氟乙烯等。应选择膨胀系数稳定的材料，如环氧玻璃布层压板、聚醚酰亚胺、聚碳酸酯等。同时，对于极低温环境，需要注意轴承的润滑脂、各类绝缘填充胶的选型。

对于材料无法满足环境要求的情况，应采用空调、加热器等附加环控设备。

2. 湿热

对于在湿热环境下使用的汇流环，需要特别注意绝缘设计。

（1）绝缘材料应选择高绝缘等级、低吸水率的材料，如聚四氟乙烯、聚醚酰亚胺、聚碳酸酯等，如果选择环氧板材作为绝缘材料，则应在表面进行三防处理，防止其分层吸潮。

（2）在电刷、导电环与电缆连接的焊点等部位，应灌封绝缘胶进行防护。

（3）优化绝缘结构，提升爬电距离，隔绝导电环之间的凝露，如采用台肩式绝缘环、凹槽式绝缘环，增加绝缘可靠性。

（4）对于高湿环境，可以在汇流环周边增加空调、除湿机等附加环控设备。

3. 振动冲击

对于在振动工况下工作的汇流环，应适当增大电刷与导电环的接触压力，具体接触压力应根据实际振动工况试验确定，原则上压力应尽量小，但需要满足该机电装备装配要求的接触性能。同时可以采用多电刷并联冗余设计，避免振动工况下电刷跳动导致传输信号瞬断。

安装汇流环时尽量避免采用定位销方式定位，法兰台肩定位的安装方式能够有效提高侧向抗振动、冲击能力。

对于紧固件，应采用弹垫、螺纹锁固剂等防松措施，但电接触部件之间如果采用螺纹连接，则只能采取增加弹垫、使用锁紧型钢丝螺套等机械方式进行防松，不应采用螺纹锁固剂的方式，因为螺纹锁固剂如果附着在电接触部件之间，会极大地增加接触电阻，可能导致局部温升过高，甚至引发故障。

4. 霉菌

对于有防霉菌要求的装备应用需求，应根据设计要求选择相应防霉菌等级的非金属材料，主要为电缆护套、热缩套管、绝缘胶、非金属绝缘材料等。电缆护套一般选用氟塑料、聚氯乙烯材料；热缩套管可选择聚烯烃类材料；绝缘胶可选择 704、87、3140、3145 等型号硅胶及环氧类固化胶；非金属绝缘材料可选用聚四氟乙烯、聚醚酰亚胺、尼龙 1010 等。

3.7 性能测试

3.7.1 测试指标

信号汇流环主要的测试指标有绝缘电阻、动态接触电阻变化；功率汇流环主要的测试指标有绝缘电阻、动态接触电阻变化和耐压性能；中频汇流环主要的测试指标有插入损耗、驻波比和隔离度。

3.7.2 测试方法

1. 绝缘电阻

绝缘电阻采用绝缘电阻测试仪或兆欧表进行测试，其测试框图如图 3-51 所示，测试方法如下。
（1）将汇流环一端电缆各环路之间及各环路与外壳之间保持断路。
（2）绝缘电阻测试仪红色表头接汇流环另一端电缆被测环路 A。
（3）绝缘电阻测试仪黑色表头接汇流环另一端电缆被测环路 B 或外壳。
（4）绝缘电阻测试仪设置为 500V 挡，测试绝缘电阻值。

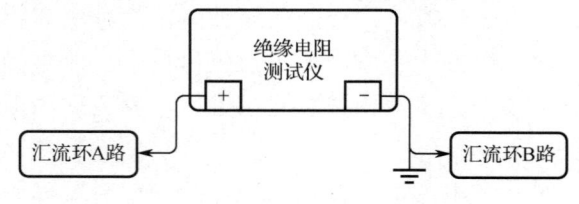

图 3-51　绝缘电阻测试框图

2. 耐压性能

耐压性能采用耐压测试仪进行测试，其测试框图如图 3-52 所示，测试方法如下。
（1）将被测环路之间保持断路。

（2）耐压测试仪正极接被测环路 A，负极接被测环路 B 或外壳。
（3）将电压从 0 开始逐渐上升到测试电压，加电保持 1min，汇流环应不击穿、不飞弧。

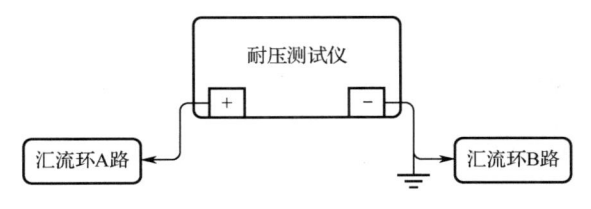

图 3-52 耐压性能测试框图

3．动态接触电阻变化

动态接触电阻变化采用直流低电阻测试仪（毫欧计、微欧计）进行测试，其测试框图如图 3-53 所示，测试方法如下。
（1）汇流环被测环路的两端分别接直流低电阻测试仪两个输入端。
（2）汇流环匀速旋转一圈，旋转过程中最大值与最小值之差，即被测环路的动态接触电阻变化。

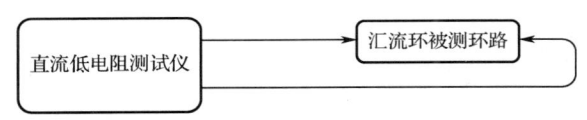

图 3-53 动态接触电阻变化测试框图

4．插入损耗

插入损耗采用四端口的矢量网络分析仪进行测试，其测试框图如图 3-54 所示，测试方法如下。
（1）将矢量网络分析仪按仪表测试使用要求校好。
（2）将中频汇流环被测环路两端分别接入矢量网络分析仪对应的测试端口，转动汇流环一圈，最大值为该被测环路的插入损耗。

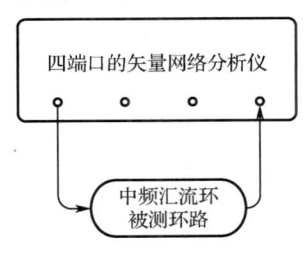

图 3-54 插入损耗测试框图

5．驻波比

驻波比采用四端口的矢量网络分析仪进行测试，其测试框图如图 3-55 所示，测试方法如下。

（1）将矢量网络分析仪按仪表测试使用要求校好。

（2）将中频汇流环被测环路的一端接入矢量网络分析仪对应的测试端口，另一端按要求接入相应阻抗的负载，转动汇流环一圈，最大值为该被测环路的驻波比。

6．隔离度

隔离度采用四端口的矢量网络分析仪进行测试，其测试框图如图 3-56 所示，测试方法如下。

（1）将矢量网络分析仪按仪表测试使用要求校好。

（2）将中频汇流环的两个被测环路的一端分别接入矢量网络分析仪对应的两个测试端口，另一端分别接入相应阻抗的负载，转动汇流环一圈，最小值为两个被测环路之间的隔离度。

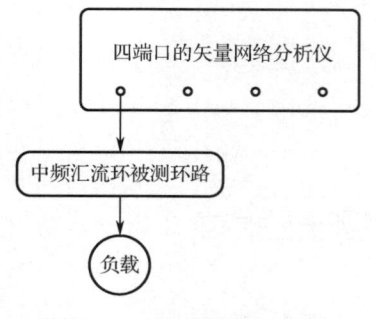

图 3-55　驻波比测试框图

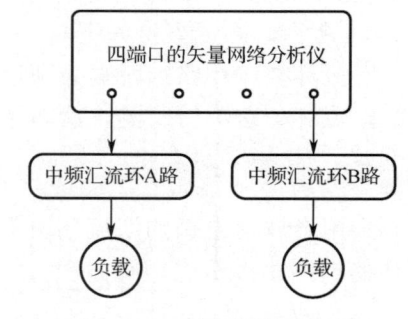

图 3-56　隔离度测试框图

3.8　典型失效形式及防护措施

汇流环典型失效形式主要有短路、绝缘超差、断路、接触不稳定等，故障现象主要为所传输的信号出现异常或信号无法传输，如表 3-2 所示。

表 3-2　汇流环典型失效形式

序　号	失效形式	故　障　现　象	故　障　位　置
1	短路、绝缘超差	系统无法加电或出现供电异常现象	功率汇流环
2	断路		
3	短路、绝缘超差	中频信号传输不正常	中频汇流环
4	断路		
5	接触不稳定		
6	短路、绝缘超差	数据、控制等弱电信号传输不正常	控制汇流环
7	断路		
8	接触不稳定		

3.8.1 失效原因

造成汇流环失效的主要原因有以下几种。

1. 短路及绝缘超差失效

短路及绝缘超差失效主要表现在电缆、连接器等部位，外部原因主要为外部环境防护不当导致的漏水、掉落多余物；内部原因出现在电刷及环芯等部位。图3-57所示为短路导致失效的汇流环。详细的短路及绝缘超差失效原因有以下几种。

（1）电缆破损后，电缆芯线相互短接或与屏蔽皮、结构件壳体搭接。

（2）连接器内部进水或进入异物，导致连接器插芯之间或插芯与壳体之间短路、绝缘下降等。

（3）汇流环内部进水或进入异物，导致电刷之间、导电环之间或导电环及电刷与壳体之间短路或绝缘下降。

（4）采用银石墨电刷的汇流环长期未维护，导致磨屑堆积在导电环之间造成短路或绝缘下降。

（5）采用金属丝电刷的汇流环由于装配不到位或处于恶劣振动工况下，发生跳丝，相邻两环的电刷短接造成短路。

（6）环芯或电刷组上发生拉弧，导致不同环路之间的绝缘失效，发生短路。

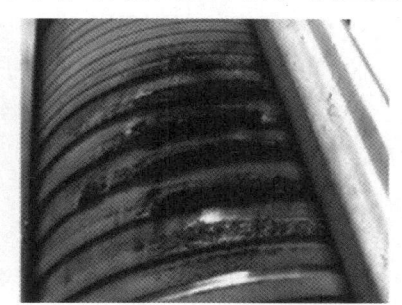

图3-57 短路导致失效的汇流环

2. 断路失效

断路失效主要表现在电缆、连接器焊点等部位的连接断路，内部电刷与导电环的脱离，以及烧损引起的断路等。详细的断路失效原因有以下几种。

（1）电缆在使用过程中由于挤压或走线干涉导致破损甚至断裂。

（2）连接器插芯与电缆焊接存在虚焊或焊点脱落、断裂，以及连接器插芯松脱会造成断路失效。

（3）采用金丝电刷的汇流环，如果某一环电刷发生跳丝，则在造成相邻环路短路的同时，由于发生跳丝的环路没有电刷与导电环接触，也可能导致该环路断路失效。

（4）发生拉弧烧损，导致电刷、端子、电缆等被烧毁，造成该环路断路失效。

3. 接触不稳定失效

接触不稳定失效主要表现在汇流环内部电刷与导电环的接触上，通常是由于各种多余物夹杂在电刷与导电环之间产生失效，详细的接触不稳定失效原因主要有以下几种。

（1）采用金丝电刷的汇流环长期未维护导致电刷磨屑过多，造成电刷与导电环接触不稳定。

（2）导电环或电刷表面附着其他异物，当异物夹在电刷与导电环之间时，会偶发断路，造成接触不稳定。

3.8.2 防护措施

为有效降低汇流环失效率，针对各种失效形式做以下防护。

1. 短路、绝缘超差失效防护

为避免或减少短路、绝缘超差失效，应加强防护及生产过程的质量管控，同时注意按要求进行周期性维护，主要措施有以下几种。

（1）加强电缆走线防护，采用电缆套管、绑扎固定等方式，同时走线路径上的结构件注意避免锋利的倒角。

（2）采用防水连接器、内部灌胶等防水措施。

（3）汇流环本体部分加强三防设计。

（4）按要求对汇流环进行定期清洁维护，去除电刷磨屑。

（5）注意装配过程中的质量控制，金丝电刷不得与绝缘环摩擦，以避免工作中电刷受挤压跳动发生跳丝。

2. 断路失效防护

为避免或减少断路失效，应加强防护及生产过程的质量管控，同时注意按要求进行周期性维护，主要措施有以下几种。

（1）注意走线设计，避免工作过程中电缆与其他结构件干涉、挤压。

（2）电装过程中严格按规范操作、加强检验，避免焊点出现虚焊、松脱等现象。

（3）注意装配过程中的质量控制，金丝电刷不得与绝缘环摩擦，以避免工作中电刷受挤压跳动发生跳丝。

3. 接触不稳定失效防护

接触不稳定失效防护主要在于通过周期性维护及冗余设计提高电刷与导电环的接触稳定性，主要措施有以下两种。

（1）按要求对汇流环进行定期清洁维护，去除电刷磨屑。

（2）金丝电刷采用多刷并联冗余设计，以加强工作中的可靠性。

3.9 使用维护

汇流环在使用过程中，电刷与导电环之间存在不间断滑动摩擦，电刷摩擦会产生磨屑，如果磨屑附着在导电环、绝缘环、电刷表面，会对信号传输的稳定性造成一定的影响，严重时可能导致汇流环信号传输中断、打火等故障。因此，当磨屑可能会影响汇流环正常工作之前需要进行清洁维护，一般采用定期维护的方式，维护周期应根据工作中可能产生的磨屑量进行评估确定。

汇流环在转动系统中常安装在转台内部，维护时需要根据现场实际操作空间判断是否拆卸汇流环。

1．维护人员需求

对汇流环结构较熟悉的技术人员或装配人员。

2．维护器材需求

无水乙醇（浓度大于95%）、干净的绸布、无尘布。

3．维护注意事项

（1）维护、拆卸汇流环前，必须确认装备处于断电状态，不得带电操作。

（2）维护过程中要注意汇流环输入/输出端线缆的保护，不得用力拉扯，避免线缆受损。

（3）如果汇流环内部磨屑量较多，可先用吸尘器进行除尘，操作时注意避免吸尘器吸头直接接触导电环、电刷等部件表面。

（4）擦拭清洗时，应优先采用干净的绸布或无尘布，蘸取适量无水乙醇擦拭，直至绸布或无尘布基本不发黑。注意，无水乙醇不能过多，避免磨屑随无水乙醇流淌，环芯和电刷的维护示意图分别如图3-58和图3-59所示。

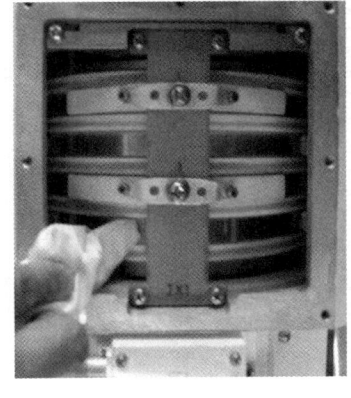

图3-58 环芯的维护示意图

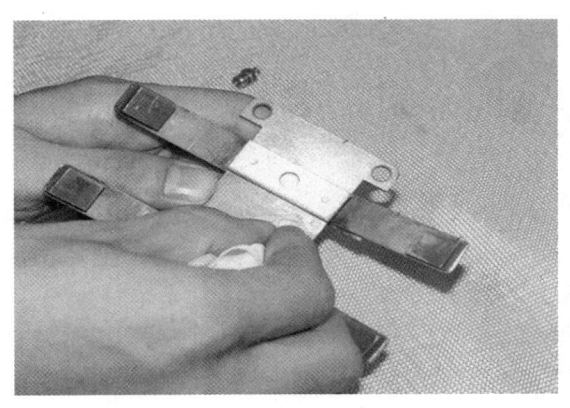

图3-59 电刷的维护示意图

（5）清洗时应保证环芯一周全部清洗干净。

（6）清洗过程中可借助毛刷、镊子等工具，但需要注意避免用尖锐工具划伤导电环表面。

（7）清洗结束后应检查汇流环内部、环芯及电刷组表面，不得残留任何多余物。

（8）汇流环清洗维护结束后，应进行通断、绝缘等基本性能检查。

3.10 新型结构汇流环

传统汇流环的电接触副为滑动副，所以又称滑动汇流环、滑环，与之相对的，采用滚动副的汇流环称为滚动汇流环，滚动汇流环的产生源于国际空间站、卫星等特殊领域上功率传输的迫切需求，其应用的电信号/功率传输装置是由球轴承和电传输技术演变而来的。

目前，具备各型滚动汇流环研制能力的厂商主要是美国 Diamond 公司，该公司研制的滚动汇流环广泛应用于各型雷达、空间站、医疗设备等多个领域，该公司研制的某滚动汇流环如图 3-60 所示。国内中船九江精达科技股份有限公司与上海航天技术研究院合作十余年，共同开发的滚动汇流环在我国航天装置中得以实际应用，该滚动汇流环完全自主研发，理论在轨寿命可达 15 年。

图 3-60 美国 Diamond 公司研制的某滚动汇流环

3.10.1 工作原理

滚动汇流环由两个内外嵌套的金属导电环和中间的弹性环形成滚动接触，实现内导电环与外导电环在相对旋转过程中的信号传输，传输原理如图 3-61 所示。在理想的工作条件下，滚动汇流环的滚动摩擦副是一种理论上的纯滚动，不会对电接触材料造成磨损。与传统的滑动汇流环相比，滚动汇流环具有接触电阻低、信号噪声小、性能可靠、免维护及寿命长等优点，特别适合应用在空间站、卫星、风力发电机等需要长时间工作、难以进行现场维护的设备上。根据每个通道内弹性环的个数，滚动汇流环可分为单环和多环等。

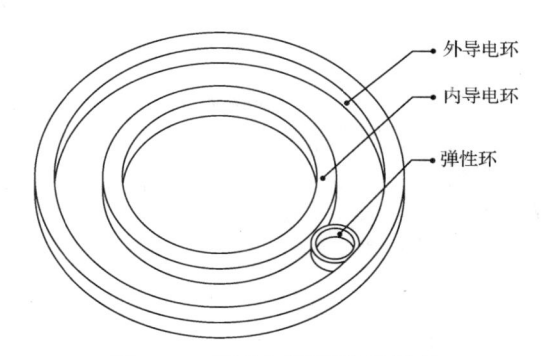

图 3-61　滚动汇流环传输原理

与传统的滑动汇流环相比，滚动汇流环具有以下优点。

1．接触电阻低

滚动汇流环使用至少一个弹性环与内、外导电环接触，代替滑动汇流环形式的电刷和环槽，以表面间的滚动接触代替滑动汇流环的滑动接触，因而摩擦力矩显著减小，电阻波动也小。

2．信号噪声小

一个带有两个弹性环的滚动汇流环常规条件下的信号噪声一般低于 20mΩ，如果再增加一个弹性环，则信号噪声可降低到 10mΩ 以内。

3．摩擦转矩小

滚动汇流环的摩擦转矩仅仅源于保持定子和转子相对运动的轴承摩擦力矩，因此其比滑动接触形式的摩擦转矩要小得多，在数值上可低 2 个数量级左右。

4．免维护

由于弹性环与导电环之间采用滚动接触形式，材料磨损非常小，并且无磨损碎片，因此在很大程度上避免了因磨屑而发生机构短路的可能，从而可实现较长时间的免维护。

5．寿命长

弹性环与内、外导电环之间的运动理论上为纯滚动，在理想情况下不存在接触材料的磨损，因此滚动摩擦副的寿命较长。美国 Diamond 公司研制的应用于交通管制雷达的滚动汇流环的寿命最长可达 2.4 亿转。

3.10.2　典型结构

滚动汇流环典型结构包括内导电环、外导电环、弹性环、惰轮和惰轮导轨，如图 3-62 所示。通过将弹性环嵌在内、外导电环之间来实现转动内环和固定外环之间的电流和信号传输，通过在相邻弹性环之间放置惰轮，避免各弹性环之间的轴向蹿动和相互摩擦，惰轮依靠弹性环的定位和预紧作用沿惰轮导轨内缘自转、公转。

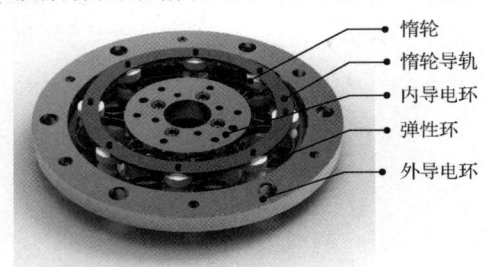

图 3-62　滚动汇流环典型结构

3.10.3　结构设计

弹性环、惰轮和内、外导电环的尺寸匹配关系、接触力配置、材料的选择情况将直接影响滚动摩擦副的工作状态，进而影响滚动摩擦副的电传输性能。

1．滚动摩擦副结构设计

为避免弹性环与内、外导电环之间发生滑动摩擦，需要从各部件结构尺寸上保证接触副的纯滚动。在运动过程中，弹性环之间需要惰轮约束，惰轮导轨与内导电环固连，并引导惰轮运动，惰轮的内、外缘分别与相邻弹性环和惰轮导轨边缘接触，以此避免弹性环之间发生运动干涉或影响滚动摩擦副的电传输性能。滚动摩擦副结构示意图如图 3-63 所示。

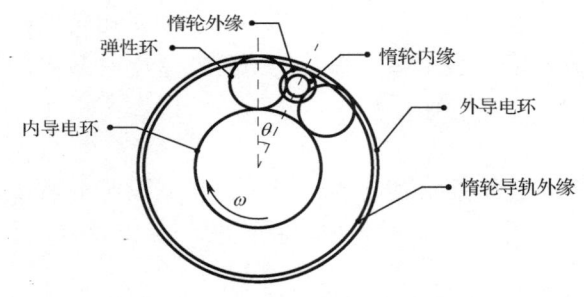

图 3-63　滚动摩擦副结构示意图

滚动摩擦副运动学模型中存在两个基本的传动链，如图 3-64 所示，分别记作 T_1（内导电环—弹性环—外导电环）和 T_2（惰轮运行中心 OO_A—惰轮—惰轮导轨）。

假设各部件在接触点处为纯滚动，对于传动链 T_1 和 T_2，有如下关系：

$$\begin{cases} T_1: \begin{cases} \dfrac{\omega_1 - \omega_H}{-\omega_H} = -\dfrac{R_0}{R_1} \\ \dfrac{\omega_1 - \omega_H}{\omega_1} = -\dfrac{r}{R_1} \end{cases} \\ T_2: \dfrac{\omega_3}{\omega_1 - \omega_H} = \dfrac{R_B}{R_A} \end{cases} \quad (3\text{-}14)$$

式中，R_1 为内导电环半径；R_0 为外导电环半径；R_B 为惰轮导轨半径；r 为弹性环半径；R_A 为惰轮外缘半径；ω_1 为内导电环及惰轮导轨转动角速度；ω_H 为弹性环及惰轮公转速度；ω_3 为惰轮自转速度。

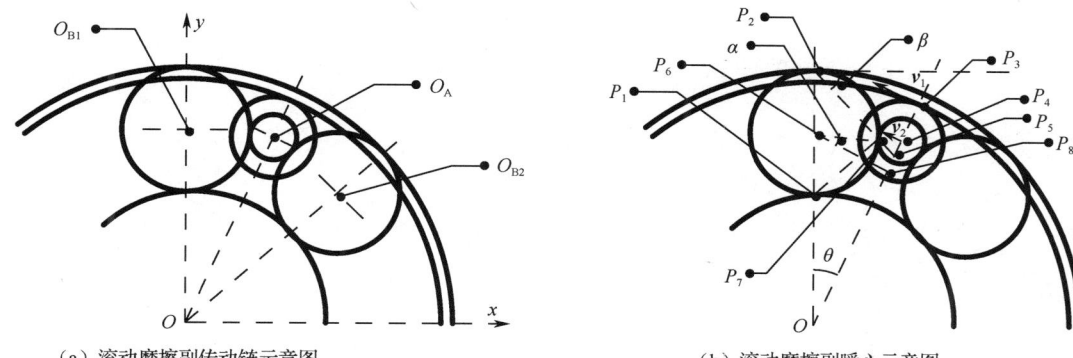

（a）滚动摩擦副传动链示意图　　（b）滚动摩擦副瞬心示意图

图 3-64　滚动摩擦副运动学模型

传动链 T_1 和 T_2 具有共同转速 ω_H，故二者在啮合点处的速度匹配条件为

$$R_R \omega_3 = -r\omega_2 \tag{3-15}$$

式中，R_R 为惰轮内缘半径；ω_2 为弹性环自转速度。

在图 3-64（b）所示的瞬心坐标系中，记 P_3 点速度矢量为 $\boldsymbol{v}_1$，P_4 点速度矢量为 $\boldsymbol{v}_2$，P_2 点为弹性环和外导电环的运动瞬心，则弹性环上 P_7 点处的速度方向沿直线 $\overline{P_7P_1}$，故惰轮上 P_7 点处的速度方向必然也沿着直线 $\overline{P_7P_1}$。结合惰轮瞬心 P_5 点的位置，可得如下关系：

$$\frac{\boldsymbol{v}_2}{\boldsymbol{v}_1} = \frac{\overline{P_5P_4}}{\overline{P_5P_3}} = \frac{\overline{OP_4}\omega_H}{R_B\omega_1} \tag{3-16}$$

$$\begin{cases} \beta = 45° + \dfrac{\theta - \alpha}{2} \\ \alpha = \arccos \dfrac{(R_1 + r)\sin\theta}{r + R_R} \end{cases} \tag{3-17}$$

式中，α 为直线 $\overline{P_4P_6}$ 与 $\overline{P_6P_8}$ 所夹的锐角；β 为直线 $\overline{P_2O}$ 与 x 轴所夹的锐角；θ 为直线 $\overline{P_2O}$ 与 $\overline{OP_5}$ 所夹的锐角。

同理，直线 $\overline{P_2P_5}$、$\overline{OP_5}$ 和 $\overline{P_4P_6}$ 的解析形式为

$$\begin{cases} \overline{P_2P_5}: y - (R_1 + 2r) = -\tan\beta \, x \\ \overline{OP_5}: y = \cot\theta \, x \\ \overline{P_4P_6}: y = -\tan(90° + \alpha)x + (R_1 + r) \end{cases} \tag{3-18}$$

由式（3-14）、式（3-15）、式（3-17）、式（3-18）可得直线 $\overline{P_4P_6}$ 和 $\overline{OP_5}$ 交点 P_4 坐标 (x_4, y_4) 与直线 $\overline{P_2P_5}$ 和 $\overline{OP_5}$ 交点 P_5 坐标 (x_5, y_5) 为

$$\begin{cases} x_4 = \dfrac{R_1 + r}{\cot\theta - \cot(90° - \alpha + \theta)},\ y_4 = \dfrac{(R_1 + r)\cot\theta}{\cot\theta - \cot(90° - \alpha + \theta)} \\ x_5 = \dfrac{R_1 + r}{\cot\theta + \tan((90° - \alpha + \theta)/2)},\ y_5 = \dfrac{(R_1 + r)\cot\theta}{\cot\theta + \tan((90° - \alpha + \theta)/2)} \end{cases} \tag{3-19}$$

由式（3-19）可得式（3-16）的解析形式为

$$\begin{cases} \dfrac{R_1+r}{\cot\theta-\cot(90°-\alpha+\theta)}=(R_A-R_B)\sin\theta \\ R_A-R_B=-\dfrac{2(R_1+r)^2 R_B}{(R_1+r)R_1+R_B(R_1+2r)\left[\tan\left(\dfrac{90°-\alpha+\theta}{2}\right)+\cos\theta\right]} \end{cases} \quad (3\text{-}20)$$

式（3-20）中隐含了变量 R_B 和 R_A，考虑在已知 r 和 R_1 两个设计参数的前提下，根据式（3-19）用拟牛顿法等数值解法求解 R_B 和 R_A。

在不考虑弹性环运动自适应性的情况下，基于外部接口尺寸，根据上述内容完成了内导电环、外导电环、弹性环、惰轮及惰轮导轨组成的滚动摩擦副的尺寸设计，据此保证滚动摩擦副各部件在接触点处为纯滚动，最大限度地降低滑动摩擦，减少磨屑的产生。

2. 弹性环设计

弹性环是工作在交变压缩变形下的导电零件，其应主要满足以下条件。

（1）与内、外导电环保持可靠的电接触，滚动汇流环在工作寿命期限内弹性环与导电环接触电阻变化均能满足使用需要（一般要求≤10mΩ）。

（2）具有高的疲劳强度，滚动汇流环在工作寿命期限内，弹性环不会发生断裂及永久变形，一般滚动汇流环寿命均要求在 10^7 转以上。

为保证接触的稳定性，弹性环需要以一定的压缩量卡在内、外导电环之间。理论上弹性环压缩量越大，接触电阻越小，传输效率越高，但疲劳寿命会降低，摩擦磨损会增大，磨屑也将增加，因此弹性环压缩量不宜过大，也不宜过小。

弹性环径向变形 δ 与环体所受径向压缩力 F 之间存在以下关系：

$$F=\dfrac{\delta E_1 I}{2r^3\left(\dfrac{\pi}{8}-\dfrac{1}{\pi}\right)}=\dfrac{\delta E_1 I}{0.149 r^3} \quad (3\text{-}21)$$

式中，E_1 为弹性环材料的弹性模量；r 为弹性环半径；I 为弹性环对自转中心的惯性矩，$I=\dfrac{bt^2}{12}$，t 为弹性环的厚度，b 为弹性环的宽度。

$$\delta=0.149\dfrac{Fr^3}{E_1 I} \quad (3\text{-}22)$$

参考式（3-22），结合加工、装配工艺能力及材料性能，合理设置弹性环压缩量。

3. 接触电阻

接触电阻是由收缩电阻和膜层电阻组成的总电阻。由于接触斑点面积小于名义接触面积，电流通过接触面之间的"α 斑点"传导时电流线收缩，电阻增大，该电阻为收缩电阻。另外，接触表面的污染膜增大了"α 斑点"的电阻，该电阻为膜层电阻。影响接触电阻的因素比较复杂，如滚动摩擦副材料、接触形式、接触面粗糙度、接触压力、表面膜状态等，单个弹性环与内导电环的接触电阻为

$$R_{12} = \frac{\rho_1 + \rho_2}{4}\sqrt{\frac{\pi}{A_r}} \tag{3-23}$$

式中，ρ_1、ρ_2 分别为弹性环和内导电环材料的电阻率；A_r 为接触面真实接触面积，$A_r=\pi ab$，a 为弹性环与内导电环的接触斑点长度，b 为弹性环的宽度。

根据赫兹接触理论，圆柱体弹性赫兹接触的接触斑点长度为

$$a = 2\sqrt{\frac{F}{\pi b}\frac{\frac{1-\mu_1^2}{E_1}+\frac{1-\mu_2^2}{E_2}}{\frac{1}{r_1}+\frac{1}{r_2}}} \tag{3-24}$$

式中，E_1、E_2 分别为弹性环和内导电环材料的弹性模量；μ_1、μ_2 分别为弹性环和内导电环材料的泊松比；r_1、r_2 分别为弹性环和内导电环的半径；F 为弹性环的径向压缩力。

根据材料力学可知，弹性环的变形量 Δ 与径向压缩力的关系为

$$\Delta = \frac{Fr^3}{EI}\left(\frac{\pi}{4}-\frac{2}{\pi}\right) \tag{3-25}$$

式中，E 为弹性环材料的弹性模量；r 为弹性环半径；I 为弹性环对自转中心的惯性矩。

在大功率滚动汇流环中，单层滚动汇流环的多个弹性环并联，因此单层滚动汇流环的总电阻为

$$R_{to1} = \frac{2R_{12}}{N} \tag{3-26}$$

式中，N 为单层滚动汇流环的弹性环数量。

根据式（3-23）～式（3-26），结合现有工艺能力及材料表面抗压性能，取弹性环的变形量小于 0.5mm，可得大功率滚动汇流环的单层接触电阻小于 1mΩ。通过多个弹性环并联，实现空间大功率的电传输，使滚动汇流环具有更小的热耗和更高的传输效率。

4．疲劳寿命分析

在运动过程中，弹性环受力分析示意图如图 3-65 所示。

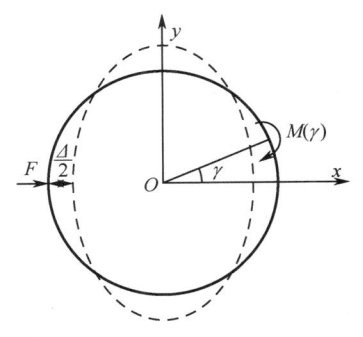

图 3-65 弹性环受力分析示意图

假设弹性环在运动过程中保持圆形不变，根据材料力学中静不定结构的相关分析，弹性环任意截面的弯矩 M 和最大应力 σ_{max} 分别为

$$M(\gamma) = Fr\left(\frac{1}{\pi} - \frac{\cos\gamma}{2}\right) \tag{3-27}$$

$$\sigma_{\max} = \frac{Mt}{I} \tag{3-28}$$

式中，γ 为弹性环某一截面与 x 轴正方向之间的夹角；r 为弹性环半径；F 为弹性环的径向压缩力；t 为弹性环的厚度；I 为弹性环对自转中心的惯性矩。

根据式（3-25）、式（3-27）、式（3-28），可得弹性环任意截面的最大应力为

$$\sigma_{\max}(\gamma) = 2\frac{Et\Delta}{r^2(\pi^2 - 8)}(2 - \pi\cos\gamma) \tag{3-29}$$

在弹性环沿顺时针方向旋转的过程中，截面的弯矩和最大应力呈周期性变化。当弹性环旋转 0°时，周期性变化的应力达到最小值；当弹性环旋转 90°时，周期性变化的应力达到最大值。根据图 3-66 所示的铍青铜材料的疲劳寿命曲线（S-N 曲线），对弹性环的疲劳寿命进行分析。

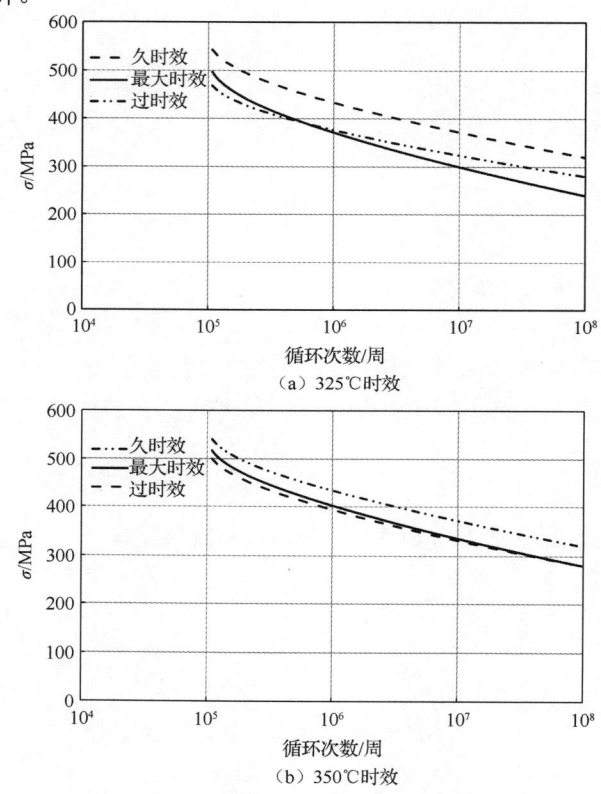

图 3-66　铍青铜材料的疲劳寿命曲线

在弹性环的结构设计中，最大应力需要小于材料循环寿命 10^8 转对应的应力，这样就能够实现弹性环优于 10^8 转的工作寿命。

3.10.4　制造与装配

滚动汇流环的主要零部件包括弹性环、内导电环、外导电环及惰轮等，其材料的选

用和制造工艺非常重要，会极大影响滚动汇流环的疲劳寿命和接触电阻等性能。为满足不同的电流密度、电压、电流、电噪声和疲劳寿命等需求，滚动汇流环的设计过程变得复杂，开发新型电接触材料、提高零部件制造工艺水平、优化滚动汇流环结构是提高滚动汇流环质量的有效途径。滚动电接触副的材料选择需要考虑长周期交变应力疲劳性能，相关部件的推荐材料选择及处理工艺如表 3-3 所示。

表 3-3 相关部件的推荐材料选择及处理工艺

部　件	推荐材料牌号	热处理方式
内、外导电环	H62	表面镀 AuCo 合金处理
弹性环	QBe2Y	固溶时效热处理
惰轮	PEEK	—
惰轮导轨	40Cr	淬火

滚动汇流环中的核心部件弹性环为精密薄壁件，尺寸精度要求严格，为实现弹性环结构强度的全寿命设计，除应选取合适的表面粗糙度外，还应对弹性环进行淬火、渗氮、氮化等热处理或化学处理，使表层得到强化，或者经滚压、喷丸等机械处理，使表层形成预压应力，减小容易引起裂纹的工作拉应力，以提高弹性环的持久极限。热处理过程中应将弹性环固定在专用夹具中，防止变形和保证精度。

内、外导电环需要良好的导电、导热性能，选用铜合金材料精密加工成形，为实现抗交变压应力能力，在表面进行镀硬金处理（如 AuCo 合金），镀层要求导电性能好，与导电环基体结合力强。

为保证较好的结构刚度和尺寸稳定性，惰轮导轨选用结构钢 40Cr 精密加工成形，淬火硬化处理。与弹性环和惰轮导轨接触的惰轮，其材料需要同时满足与铍青铜和惰轮导轨的良好的摩擦磨损匹配性能及绝缘可靠性，推荐选择非金属固体自润滑材料，如聚醚醚酮。

滚动汇流环装配前需要用有机溶剂彻底清洁各零部件，确保没有油污、灰尘或其他污染物。在安装弹性环时，可使用专用夹具将弹性环撑开，使弹性环某个位置的径向产生一定的压缩变形，然后将弹性环送入预定轨道。在安装过程中，务必使弹性环始终处于弹性范围之内，避免产生永久变形。配置装配工装，对回转轴承进行调心、消隙处理，一般保证回转精度优于 0.02mm。

参考文献

[1] 许良军, 芦娜, 林雪燕, 等. 电接触理论、应用与技术[M]. 北京：机械工业出版社, 2015.
[2] 张永振, 宋克兴, 杜三明. 载流摩擦学[M]. 北京：科学出版社, 2016.
[3] 胡长明. 电子设备伺服传动技术[M]. 北京：电子工业出版社, 2021.
[4] 平丽浩, 黄普庆, 张润逵. 雷达结构与工艺[M]. 北京：电子工业出版社, 2007.

[5] 中国航空材料手册编辑委员会. 中国航空材料手册[M]. 北京：中国标准出版社，2002.
[6] 刘军涛. 导电滑环接触材料摩擦磨损特性研究[D]. 大连：大连理工大学，2013.
[7] 刘文科. 汇流环结构形式及选型探讨[J]. 火控雷达技术，2015（1）：94-98.
[8] 汤锋. 某直升机载雷达汇流环的设计[J]. 电子机械工程，2010（1）：30-32.
[9] 邓书山. 汇流环关键材料选用探讨[J]. 电工材料，2014（1）：39-42.
[10] 答邦宁. 差动汇流环制造工艺与质量控制[J]. 电子机械工程，2007（4）：53-55.
[11] 汤锋. 汇流环绝缘失效分析及绝缘材料选用[J]. 电子机械工程，2016（4）：32-34.
[12] 黄志杰. 高CTI值改性工程塑料在电子电器中的应用[J]. 塑料工业，2006（S1）：313-315.
[13] 薛萍. 电滑环中的导电环和电刷[J]. 光纤与电缆应用技术，2012（1）：11-13.
[14] 李超. 功率汇流环的设计及应用[J]. 电子机械工程，2005（5）：41-43.
[15] 张军立. 差动汇流环制造技术[J]. 电子机械工程，2001（1）：56-58.
[16] 陆伟琴. 汇流环新材料配对试验与分析[J]. 电子机械工程，1999（2）：14-18.
[17] 周世雄. 复合中频汇流环[J]. 电子机械工程，1990（2）：12-18.
[18] 郑传荣，赵克俊. 滚环中弹性环设计技术研究[J]. 电子机械工程，2011，27（3）：24-27.
[19] 胡杨，戴恒震. 一种新型滚动集电环的设计研究[J]. 机械设计与制造，2021，9：18-22.
[20] JACOHSON P E. Multi-hundred kilowatt roll ring assembly[J]. NASA STI/Recon Technical Report N，1985，89（4）：24-29.
[21] MICHAEL T H. Maintenance free alternatives to brush-based electrical transfer systems capable of increased power handling across a rotary in-ter face[J]. Diamond-Roltran，LLC，Roll-Ring White Paper，2009（3）：6-9.
[22] 刘自立，贾海鹏. 面向空间应用的新型滚动汇流环关键技术与启示[J]. 航天器环境工程，2016（2）：72-76.
[23] JACOBSON P. Rolling electrical transfer coupling improvements：EP1490930B1[P]. 2004-12-29.
[24] 李兆，钱志源，王治易，等. 空间大功率长寿命滚环电传输装置技术研究[J]. 载人航天，2015，21（5）：498-502.
[25] 杨金川，田茂君，姚智慧，等. 滚动汇流环装配力学特性分析与优化设计[J]. 工程设计学报，2016，23（4）：364-370.
[26] 邓军，张林，吴海红，等. 滚动电旋转传输技术研究[J]. 机械设计与制造，2017（2）：37-39.
[27] 马春生，李俊帅，李瑞琴，等. 一种新型汇流环装置的接触应力与动态特性分析[J]. 机械设计与制造，2017（7）：74-77.
[28] 刘自立，侯欣宾，王立，等. 新型空间大功率滚环热分析[J]. 航天器工程，2017，26（4）：52-59.
[29] 刘承山，陈秀群，钱志源. 空间大功率长寿命滚环摩擦副研究[J]. 航天器工程，2019，28（1）：60-68.

第4章 流体交连

【概要】

本章首先简要介绍了流体交连的分类和技术指标，分别对机械密封流体交连和柔性密封流体交连的工作原理、典型结构、主体结构、动密封副、制造与装配等内容进行了论述；详细介绍了流体交连的性能测试、漏液检测与回收技术；机电设备的使用环境具有一定的特点，就此论述了其环境适应性设计的内容；详细说明了流体交连的典型失效形式、故障分析和维修维护方法等。

4.1 概述

流体交连又称为流体关节，通过动密封实现动、静构件之间的流体传输，广泛应用在化工、核电、海洋及复杂电子装备领域，传输的介质包括冷却液、液压油、气液混合物、泥浆等。针对不同的使用需求，流体交连在结构形式、密封副配对材料、密封结构参数等方面具有一定的差异性。

密封技术几乎涉及各个行业，密封种类繁多，大致分为两大类：静密封和动密封。静密封是指两个相对静止零件接合面之间的密封，如各种容器、设备和管道法兰接合面之间的密封、阀门的阀座、阀体，以及各种机器机壳接合面间的密封等；动密封是指两个相对运动零件接合面之间的密封，如阀门的阀杆与填料之间的密封，泵、压缩机的螺旋杆、旋转轴或往复杆与机体之间的密封等。

静密封主要有垫片密封、胶密封、填料密封、O形环密封、硬面密封和螺纹密封六大类。根据工作压力，静密封又可分为中低压静密封和高压静密封，中低压静密封常用材质较软较宽的垫片密封、胶密封、填料密封、非金属O形环密封；高压静密封则用材质较硬、接触宽度很窄的金属垫片密封、硬面密封和金属空心O形环密封。

动密封根据运动件相对基体的运动方式分为往复密封和旋转密封两种基本类型；按密封件与其做相对运动的零部件是否接触，可分为接触型密封和非接触型密封两大类。一般来说，接触型密封可以消除密封面间的间隙，能够达到很高的密封性，但密封面间会因运动摩擦而导致发热和磨损,因此接触型密封适用于密封面线速度较低的场合。非接触型密封的密封件不直接接触,无摩擦和磨损问题,工作寿命长,适用于密封面线速度较高的场合。

复杂机电装备的流体交连为低压、低转速的动密封设备,可靠性要求较高,泄漏率必须控制在较小的范围内,甚至在某些场合不允许出现任何泄漏,因此常采用寿命长、可靠性高的复合式柔性动密封或机械动密封等接触型密封。

4.1.1 分类

流体交连可按多个维度进行分类,按动密封形式机理分为柔性密封流体交连和机械密封流体交连;按结构形式分为柱式流体交连和盘式流体交连;按运动形式分为旋转流体交连和直线流体交连;按接触形式分为接触式流体交连和非接触式流体交连。流体交连分类图如图 4-1 所示。本章按动密封机理分类进行介绍。

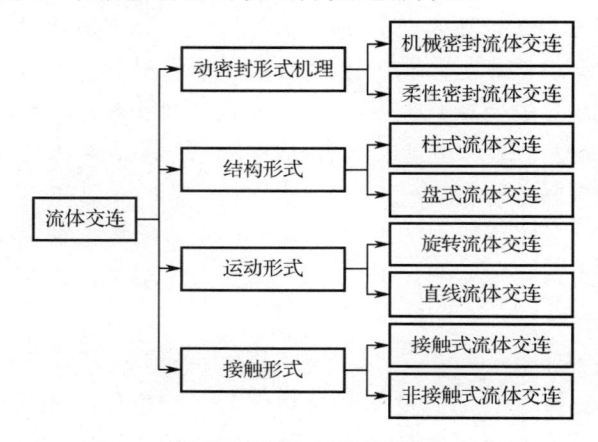

图 4-1 流体交连分类图

4.1.2 技术指标

流体交连的主要技术指标包括通流面积、流量、耐压、流阻、泄漏量、Pv 值、寿命、启动力矩等。

1. 通流面积

通流面积指流体交连内流体通道最小截面积,是流体交连的重要指标之一,主要由进、出水口处及内环与外壳之间形成的空腔的截面积确定。通流截面示意图如图 4-2 所示。

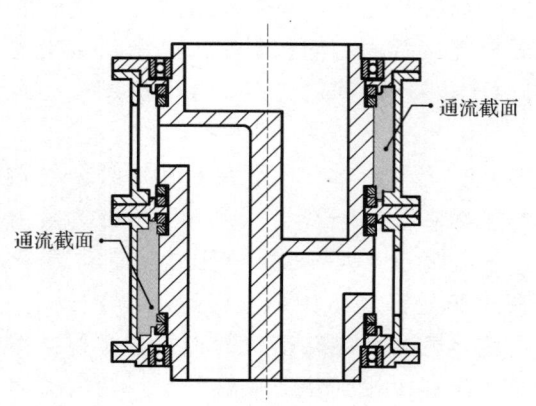

图 4-2 通流截面示意图

通流面积的确定通常分成两种情况，如图 4-3（a）所示，流体直接从外壳入口进入内环入口，此时通流面积与内环和外壳之间形成的截面积无关，通流面积按外壳入口和内环入口的较小面积计算。如图 4-3（b）所示，当内环入口与外壳入口出现交错时，流体从外壳进入流道内将会向两边流动，再在内环入口处汇合，因此通流面积取外壳入口、内环入口和内环与外壳之间的截面积的 2 倍三者之间的最小值。

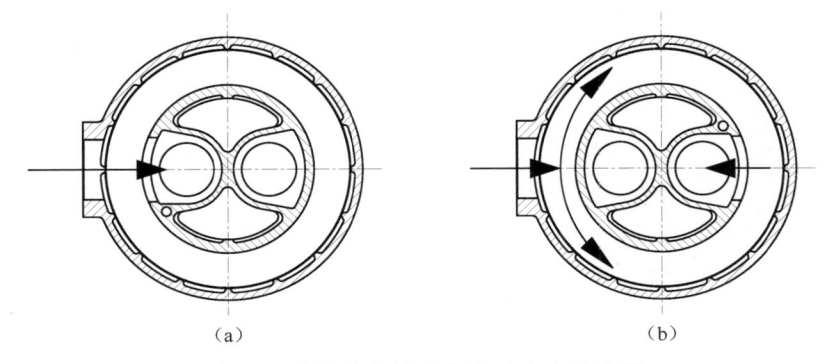

图 4-3 流体在交连内部流动方向示意图

通流直径也是常用来表征通流面积的参数，通过简单的面积求解公式即可换算。

2．流量

流量是表征流体交连通流能力的基本参数，分为体积流量和重量流量，通常用体积流量来表示，计算公式为

$$Q = V \cdot A \tag{4-1}$$

式中，Q 为体积流量，单位是 m^3/h；V 为流体速度，单位是 m/s；A 为通流面积，单位是 m^2。

由式（4-1）可以看出，流量不仅与通流面积相关，而且与系统的流体速度相关，因此用流量评价流体交连时还需与系统参数相结合。

3．耐压

耐压是指流体交连所能够承受介质压力的能力，是流体交连的重要指标，分为额定压力和峰值压力，单位为 MPa 或 Pa。耐压主要取决于密封副材料和形式选择，以及支撑结构件的强度。

（1）额定压力：流体交连在正常工作时所承受的介质压力。

（2）峰值压力：流体交连所承受的瞬时最高压力，一般不小于额定压力的 2 倍。

例如，雷达冷却系统常用的流体交连额定压力一般为 0.8~1MPa，峰值压力为 1.6~2MPa。

4．流阻

流阻指流体交连进、出水口之间的压力差，即流体通过交连产生的压力损失，它是流体交连的重要指标，单位为 MPa 或 Pa。影响流阻的因素包括等效通流面积的大小和

通流截面的形状、变化率、流道的内表面粗糙度等。雷达冷却系统常用的流体交连的流阻一般小于 0.15MPa。

5．泄漏量

泄漏量指流体交连在静止或运行时被密封介质的外漏量，一般通过单位时间内介质泄漏的体积进行衡量，是描述密封性能的主要参数。

据统计，机械密封中 80%~90%的泄漏由端面密封副所致。柔性密封的泄漏主要发生在密封件与金属件接触部位，泄漏原因一般为密封件或金属件磨损失效。

根据我国 JB/T 4127.1—2013《机械密封 第 1 部分：技术条件》规定，当被密封介质为液体时，接触式机械密封平均泄漏量规定如下。

（1）轴（或轴套）外径大于 50mm 时，平均泄漏量不大于 5mL/h。

（2）轴（或轴套）外径不大于 50mm 时，平均泄漏量不大于 3mL/h。

6．Pv 值

通过压力和密封面线速度来表征的参数称为 Pv 值，是表征机械动密封副材料是否适用于工况的重要参数，是机械密封环材料选择的主要依据。Pv 值是一个衡量密封负载状况的度量值，包括 P_sv、P_cv 及 P_gv。机械密封的摩擦功耗、磨损、温升和工况参数都与 Pv 值有关，Pv 值是选择、使用和设计动密封的重要参数。其类似于材料的许用应力，通过计算实际使用工况的 Pv 值，对照相应材料的许用 Pv 值进行配对材料的选择，从而保证动密封的使用寿命。

各种 Pv 值校核的侧重不同，主要的 Pv 值介绍如下。

（1）P_sv 值是密封介质（或系统）压力 P_s 与密封端面的平均线速度 v 的乘积，极限 P_sv 值是密封失效时的 P_sv 值，表示机械密封的密封性能，可以用来表征密封技术的发展水平。例如，目前机械密封最高的技术水平 P_sv 值已达到 1000MPa·m/s。也可以用来进行动密封选型和材料配对选择。

（2）P_cv 和 P_gv 值是密封端面比压 P_c 和载荷 P_g 与密封端面的平均线速度 v 的乘积，说明机械密封工作时密封副单位面积上总载荷和微凸体承载能力的大小。

依据 Pv 值评估使用寿命：流体交连通过密封端面比压与平均线速度的乘积 P_cv 与许用[P_cv]值的比较来表征寿命指标，P_cv 值表征密封材料的工作能力，表明动密封的使用条件、工况和工作难度，过高的转速、过高的压力都会对动密封寿命产生较大的影响。影响许用[P_cv]值的因素主要有密封副配对材料、密封端面比压和工作转速。

柔性动密封也有 Pv 值的概念，其含义、计算和作用与机械动密封相同。

7．寿命

流体交连的寿命指从开始工作到密封失效累计运行的时间，常用在额定压力、流量下的运转圈数来表征。作为重要的设计指标，寿命的主要影响因素包括介质的种类和压力、密封副自身材料、密封面的接触压力、运行时的线速度、运行时密封面的温升情况等。其中流体交连设计首要考虑所使用材料是否能够耐受密封介质，这是保证其寿命的前提条件。

一般机械密封流体交连的寿命取决于机械动密封副的使用情况,评估的主要指标是磨损率。磨损率是表征机械动密封副配对、弹簧比压、密封端面比压设计是否合理的重要技术参数,是机械密封设计的依据。

密封副磨损是运转过程中发生摩擦的必然结果,也是机械密封的主要失效形式,是寿命最为直观的表现,它决定着密封的寿命和性能。机械密封的主要发展方向之一就是在泄漏量允许的范围内寻找磨损和润滑的平衡点。

密封副通常处于轻微磨损状态,因此磨损相当均匀,对于设计良好的密封,其密封面的磨损占主导地位的是轻微的黏着磨损。黏着磨损是由于黏着作用使两个表面的材料由一个表面转移到另一个表面而引起的机械磨损,因此磨损寿命可根据典型的工作数据来预测。掌握磨损规律,设法延长使用寿命是一个极其重要的问题,需探索磨损的机理、类型和其他影响因素,其中最重要的参数是磨损率 γ 和磨损系数 ΔW。

$$\Delta W = K_w FL/H \tag{4-2}$$

式中,K_w 为磨损系数;F 为法向载荷,单位是 N;L 为摩擦路程,单位是 m;H 为硬度,单位是 N/m^2。

利用磨损系数计算可得到磨损率。令周速 $v=L/t$、载荷 $F=P_c A$ 和线度磨损 $\Delta L=\Delta W/A$,可得到磨损率为

$$\gamma = \frac{\Delta L}{t} = \frac{K_w P_c AL}{AtH} = \frac{K_w P_c v}{H} \tag{4-3}$$

式中,A 为机械密封接触表面面积;t 为机械密封运行时间。

$$\gamma = \frac{K_w}{H} P_c v \tag{4-4}$$

根据上述公式,利用已知的 K_w/H 值和已求得的 $P_c v$ 值,可计算得出磨损率。

8. 启动力矩

启动力矩指流体交连由静止到运转所需要的最大驱动力矩,主要由密封副和轴承两方面的摩擦力组成,一般轴承的摩擦力矩可以忽略。影响密封副摩擦力矩的主要因素包括密封副配对材料摩擦系数、摩擦表面正压力。其中摩擦系数是接触式密封的一个重要的参数,其值的获取有三种途径:利用模拟实验或材料的摩擦系数实验获得、查询已有的公开数据和通过理论公式计算。下面具体介绍一下摩擦系数的计算获取方法。

在正常情况下,交连密封处于混合摩擦状态,摩擦系数 f 由流体摩擦系数 f_f 与接触摩擦系数 f_c 组成,可由式(4-5)计算:

$$f = x_f f_f + x_c f_c \tag{4-5}$$

式中,f 为摩擦系数;x_f 为流体膜承载比;x_c 为微凸体接触承载比,x_f 和 x_c 满足 $x_f + x_c = 1$。

由流体黏性产生的摩擦力 F_f(流体黏性剪切摩擦力),可由式(4-6)计算:

$$F_f = F \cdot x_f \cdot f_f \tag{4-6}$$

式中,F 为密封端面正压力,单位为 N。

由密封端面微凸体接触摩擦产生的摩擦力 F_c(密封微凸体接触摩擦力),可由式(4-7)计算:

$$F_c = F \cdot x_c \cdot f_c \tag{4-7}$$

总摩擦力 F' 包括流体黏性剪切摩擦力 F_f 和密封微凸体接触摩擦力 F_c 两部分，可由式（4-8）计算：

$$F' = F_f + F_c = F \cdot f \tag{4-8}$$

摩擦力矩为总摩擦力与力作用点到旋转中心的距离的乘积，可由式（4-9）计算：

$$M' = \int_{L_0}^{L_1} F' \cdot dL \tag{4-9}$$

式中，L_0 为最内侧力作用点到旋转中心的距离；L_1 为最外侧力作用点到旋转中心的距离；L 为力作用点到旋转中心的距离。

当摩擦系数和表面粗糙度一定时，流体交连的启动力矩可以表征动密封装调的合理性，即若启动力矩偏小，则流体交连在使用过程中会出现泄漏情况；若启动力矩偏大，则流体交连在使用过程中易造成过度磨损而影响寿命。

4.2 机械密封流体交连

如前所述，流体交连按结构形式分为柱式流体交连和盘式流体交连，下面分别进行介绍。

4.2.1 柱式流体交连

1. 工作原理

采用机械密封作为动密封副用来密封流体介质的交连称为机械密封流体交连。其中机械密封又称为端面机械密封或机封，基本原理为依靠弹性补偿元件和介质压力将动、静环密封端面压紧，使其在相对运动过程中始终保持贴合，实现对介质的密封，机械密封原理图如图4-4所示。机械密封流体交连具有寿命长、磨损自动补偿，以及在某些应用环境下免维护等优点，可应用于核辐射、电磁辐射、腐蚀等各种环境条件下，但存在结构复杂、零部件多、大尺寸机械动密封副制造难度大等缺点。

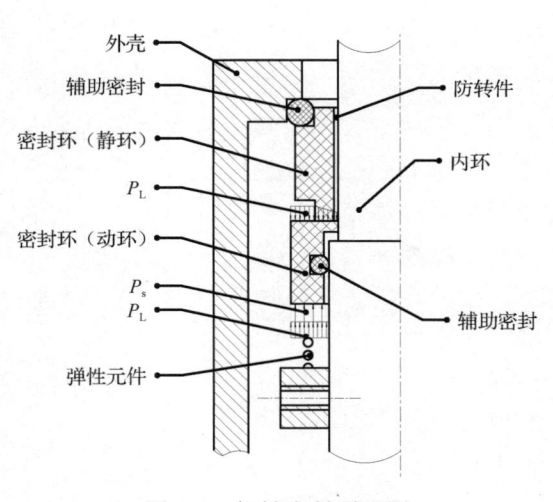

图4-4 机械密封原理图

图4-2 中就是采用四对这类机械动密封副形成了两个相对独立的密闭腔体实现双通道。

2. 典型结构

根据使用环境、密封介质和安装空间的不同,机械密封流体交连结构形式多种多样。

按照机械动密封副分割形成的密闭腔体数量可分为单通道流体交连和多通道流体交连。

(1) 单通道流体交连:由一对或两对机械动密封副可形成一个密闭腔体,称为单通道流体交连,当单向传输同种介质时,可采用此类形式。

(2) 多通道流体交连:由三对及以上机械动密封副可形成两个及以上独立密闭腔体,称为多通道流体交连,它可以传输不同温度、压力、品种的介质。

柱式机械密封流体交连密封副沿轴向分布,形成单个或多个轴向分布的独立通道。柱式机械密封流体交连基本组成图如图4-5所示。

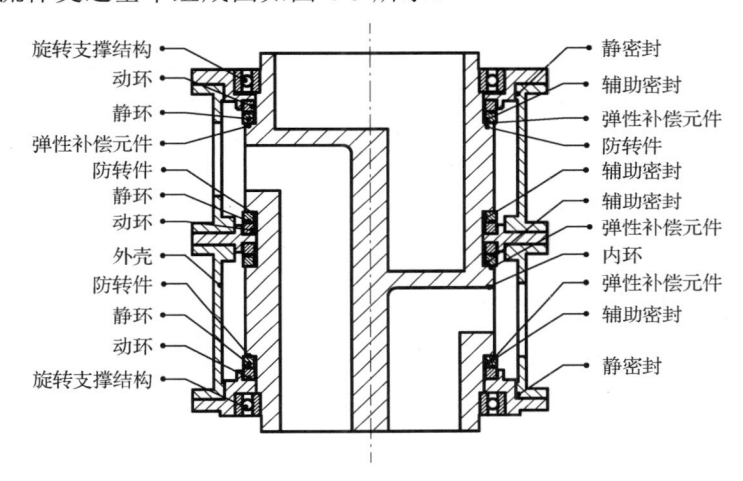

图4-5 柱式机械密封流体交连基本组成图

一种典型的柱式双通道流体交连如图4-6(a)所示,使用四对机械动密封副形成两个独立的密闭腔体用于传输不同压力的介质。其结构组成涵盖了机械密封流体交连必备的结构要素,即外壳、内环、旋转支撑结构、机械动密封副、弹性补偿元件、防转件、辅助密封等。

上述典型的柱式双通道流体交连在安装空间紧张且传输同种介质时,为充分利用空间、提高结构件刚度,可将中间两对相邻的机械动密封副合并为一对,形成三级两腔布局,如图4-6(b)所示,即通过三对机械动密封副,形成两个独立的密封腔体,此时两个密封腔体共用一对机械动密封副。但当两个密封腔体内的介质压力差小于0.2MPa时,在两个通道间存在内漏的风险。

由四对机械动密封副的柱式双通道流体交连简化为三对机械动密封副的柱式双通道流体交连,简化前后机械动密封副结构尺寸、密封参数等完全相同。这种简化既能很好满足工程应用,又能有效减小交连的轴向尺寸、生产周期和成本,同时减少外部干扰因素对交连的影响,有利于性能优化和可靠性提升。但它不适用于两种不同介质的旋转传输。

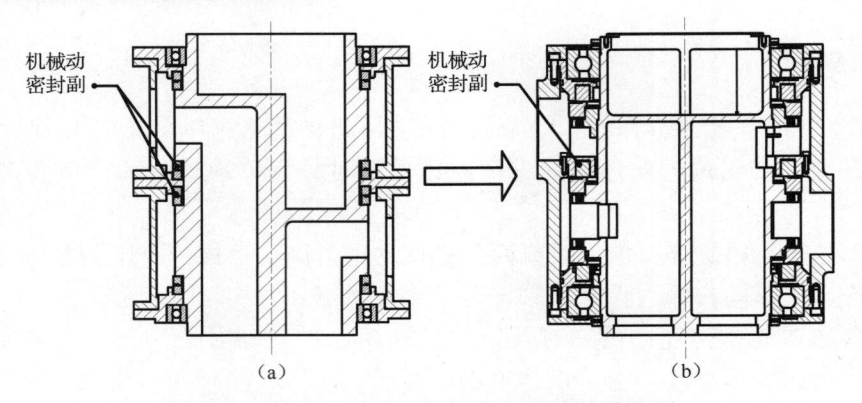

图 4-6　典型柱式双通道流体交连结构简化图

柱式流体交连均由主体结构、旋转支撑结构、机械动密封副、弹性补偿元件、防转件、辅助密封等组成。

3. 主体结构

内环和外壳是流体交连的主体结构件，也是构成流体交连的基本骨架，内部均设有流体通道，除具有支撑功能外，同时兼顾流道功能。内环、外壳均具有水管连接接口，外形如图 4-7 所示。

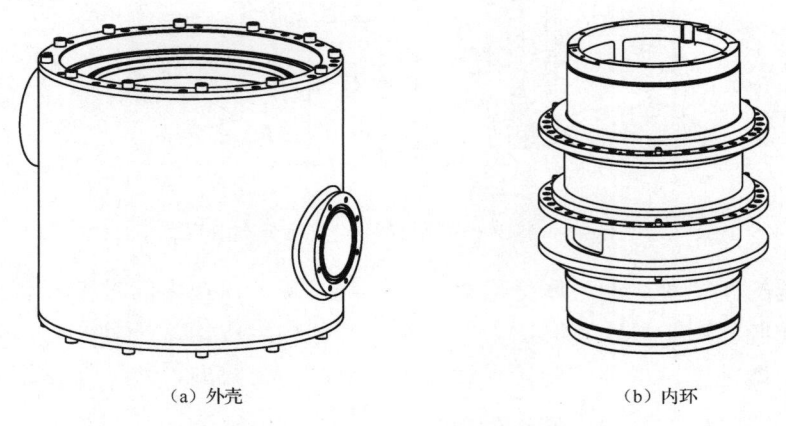

(a) 外壳　　　　　　　　　　　(b) 内环

图 4-7　主体结构件典型外形图

主体结构件是流体交连的基本骨架，是确保机械动密封副的位置、形状、精度的基础。其刚度与密封环在运行过程中的变形直接相关，进而影响动密封可靠性和使用寿命。由于机电装备中的流体交连一般安装在设备中心，维护、维修和更换均较为困难，因此大部分设备提出了在装备全寿命周期内免维护的要求，而主体结构件的刚性是其中关键的影响因素，在设计中需要重点关注，设计时还要关注主体结构件的刚强度和重量之间的矛盾、材料的耐腐蚀性、材料与密封介质之间的相容性问题、控制异种材料间的热膨胀系数差异引起的变形和应力、满足安装空间等要求。

1）刚强度设计

流体交连设计时应首要考虑主体结构件的刚强度。机械动密封副配合精度达到微米量级，且需要在动态时保证如此高精度的配合，对主体结构件的变形量应严格控制，结构设计需以刚度为主，强度为辅。

复杂机电装备对重量要求愈加严苛，流体交连在确保精度的情况下，需要考虑轻量化的设计方法。例如，采用薄壁筋板等框架结构，运用有限元分析软件 ANSYS 等工具进行力学仿真获得最优结果、利用流道结构兼做结构支撑，即结构功能一体化方法，能够有效解决刚强度与轻量化之间的矛盾。

2）材料的耐腐蚀性设计

采用轻质材料（如钛合金、铝合金、碳纤维等）能解决轻量化问题，但需要注意材料与密封介质之间的相容性，以及适应使用环境的问题。

不锈钢材料因其自身优良的防腐性能而在流体交连结构件中普遍应用，但若采用焊接或铸造成形工艺，必须考虑焊后酸洗和铸件表面氧化皮引起的腐蚀生锈问题。常用工艺处理方法包括对焊接部位进行再加工、对非加工铸造表面进行喷砂或喷丸去除氧化皮等。

选用其他材料时，应根据交连所处工作环境、密封介质等因素进行防腐设计，防腐设计应兼顾考虑材料种类及牌号、表面涂层的选择、阻断电化学腐蚀途径等。

3）异种材料的热膨胀系数影响

流体交连中的机械密封环一般为陶瓷材料，与金属材料或非金属材料的主体结构件及钢质轴承之间，均存在热膨胀系数的差异。如果在公差配合设计中未考虑热膨胀系数差异的影响，在实际工况的边界温度条件下会出现由此引起的附加应力，将造成陶瓷环挤压破碎、陶瓷与结构件之间密封失效、运动干涉和轴承卡滞等故障。

由此可见，异种材料热膨胀量的计算是必不可少的，可按式（4-10）计算：

$$热膨胀量 = \alpha \times L \times T \quad (4\text{-}10)$$

式中，α 为热膨胀系数；L 为基体的结构尺寸；T 为最大温差。

根据不同材料的热膨胀系数分别计算出极限温度时的尺寸变化量，两者相减即可得到配合公差的变化量，高温和低温时需要分别计算。例如，某设备的正常工作温度范围为-60～80℃，以 20℃为基准，达到低温-60℃时，温度变化量为 20-（-60）=80℃；达到高温 80℃时，温度变化量为 80-20=60℃；计算由于材料热膨胀系数差异引起的配合公差变化时，需特别注意变化的方向性——是增加过盈量还是减少过盈量，是增加间隙还是减少间隙，是由过盈配合变为间隙配合还是由间隙配合变为过盈配合。

陶瓷材料的机械密封环与金属结构件的材料热膨胀系数差异较大，外形直径尺寸约为 300mm 的机械密封环在设计时，需确保在边界温度时与金属结构件之间的间隙不小于 0.1mm，否则将造成陶瓷密封环开裂，如图 4-8 所示。

图 4-8 高低温试验后碎裂的陶瓷密封环

4．旋转支撑结构

流体交连中的内环和外壳存在相对运动，但两者又是一个有机整体。实现释放旋转自由度，同时限制其他自由度功能的装置称为旋转支撑结构，根据流体交连的承载情况，一般选用轴承作为旋转支撑。流体交连对旋转支撑的要求是转动稳定性好、精度高、摩擦力小，而承载无须过大。

轴承一般成对使用，常选择轻系列较高精度等级的角接触球轴承。角接触球轴承可通过消隙处理提高旋转支撑刚度；P5 以上的精度等级能够保证旋转的精度需求；球轴承的摩擦力较小，即使进行消隙处理后摩擦力增大有限，也能够满足流体交连的使用要求；选用较轻系列的轴承在满足使用要求的同时，有利于实现轻量化。

流体交连在角接触球轴承使用过程中需要注意以下事项：轴承必须成对使用且进行消隙处理，消隙后轴承的轴向游隙一般在-0.01～0.01mm；同时两个轴承选用背对背配置增加支撑点跨距，从而有效提高支撑抗弯能力。

对于轴向尺寸受限，无法成对使用轴承的工况，可采用单个转盘轴承代替成对的角接触球轴承。单个转盘轴承能够同时承受径向、轴向及倾覆力矩，可以大幅度减小装置的轴向尺寸。在流体交连中使用的转盘轴承应该选用负游隙、旋转精度高的型号，游隙具体指标可以根据实际使用工况进行选择。

轴承与结构件之间的配合可参考轴承手册和相关国家标准。

流体交连属于小载荷，但是内圈旋转还是外圈旋转需要根据设备需求确定，轴承与内轴和轴承座的配合推荐值分别如表 4-1 和表 4-2 所示。

表 4-1　轴承与内轴的配合推荐值

载荷情况	轴承公称内径/mm	推荐公差带
内圈承受旋转载荷或方向不定载荷	≤18	h5
	18～100	j5
	100～200	k5
	>200	m5
内圈承受固定载荷	所有尺寸	h6
		j6
仅有轴向载荷	所有尺寸	j6、js6

表 4-2　轴承与轴承座的配合推荐值

载荷情况	公差带
外圈承受固定载荷	H7
方向不定载荷	J7
外圈承受旋转载荷	J7

轴承与内轴和轴承座的配合要符合推荐值，否则配合较松将导致轴承跑圈影响轴承寿命、旋转精度无法满足使用要求；配合较紧可能导致轴承摩擦力和转动力矩骤增，以及轴承装配困难。当内轴和轴承座与轴承为异种材料时，还需要考虑在不同温度时配合公差的变化情况，合理选用配合公差以保证使用温度范围内均能满足要求。

由于流体交连轴承所承受的载荷较小，一般根据结构尺寸进行选取。疲劳寿命是流体交连轴承的主要校核指标，由于流体交连一般选用角接触球轴承，因此在疲劳寿命计算时，按式（4-11）计算：

$$L=\left(\frac{C}{P}\right)^3 \tag{4-11}$$

式中，L 为额定疲劳寿命（10^6 转）；P 为当量动载荷，单位是 N；C 为基本额定动载荷，单位是 N。

5．机械动密封副

机械动密封副是指接触端面存在相对滑动的高硬度环状密封件，属于动密封执行元件，也是机械密封中最容易发生泄漏甚至破坏的部件。

机械动密封副的动、静环在运行过程中会产生相对滑动，因此配对材料的选择和润滑状态是决定其密封性能和寿命的关键。

机械动密封副一般选用陶瓷等高硬度耐磨材料，具有磨损小、使用寿命长、全寿命周期内免维护等优点，但缺点是不易加工，生产成本较高。

机械动密封副设计时需根据密封介质的压力、转速、密封性和使用寿命要求，选择合适的类型和密封环配对材料，具体的选用规则在后续章节中详细叙述。

1）结构分类

机械密封按平衡比分为非平衡式和平衡式，平衡比与密封副结构尺寸直接相关，是机械动密封副设计时最先需要确定的参数。

（1）非平衡式。

非平衡式定义：介质压力变化引起的密封端面比压变化值与介质压力变化值之比大于或等于 1，即载荷系数 $K \geq 1$，选取此范围的载荷系数时，密封端面比压会随介质压力增加而加速增加。

在介质压力较小或波动较小的情况下，一般采用非平衡式，可提高机械密封的可靠性。

（2）平衡式。

平衡式定义：介质压力变化引起的密封端面比压变化值与介质压力变化值之比小于 1，即载荷系数 $K<1$，选取此范围的载荷系数时，密封端面比压会随介质压力增加而缓慢增加。

在介质压力较大或波动较大的情况下，一般采用平衡式，能够减小磨损、延长机械密封使用寿命。

机械密封按介质压力与弹性补偿元件产生的压力方向一致还是相反，分为内装式和外装式，如图 4-9 所示。

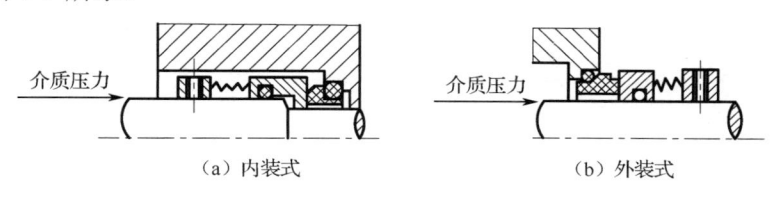

图 4-9 机械密封基本结构图 1

由图 4-9 可以看出，弹簧压力与介质压力之间的关系，以及对补偿弹簧的要求如下：内装式机械密封的介质压力与弹簧压力相同，密封可靠性较高，但弹簧浸泡在介质中，对弹簧提出较高的防腐要求；外装式机械密封的介质压力与弹簧压力相反，密封可靠性较低，但由于弹簧在介质外部，因此对弹簧的防腐要求不高。

综合前述提到的非平衡式、平衡式、内装式和外装式，机械密封可分为：内装式非平衡型、内装式平衡型、外装式非平衡型、外装式平衡型四种状态。介质压力、弹簧比压和密封端面比压的关系、具体结构布局如图 4-10 所示，图中各符号定义如下：d_0 为平衡直径，单位是 mm；D_1 为密封环接触端面内径，单位是 mm；D_2 为密封环接触端面外径，单位是 mm；P_L 为介质压力，单位是 MPa；P_s 为弹簧比压，单位是 MPa；P_p 为密封环接触端面平均压力，单位是 MPa。

（a）内装式非平衡型　　（b）外装式非平衡型

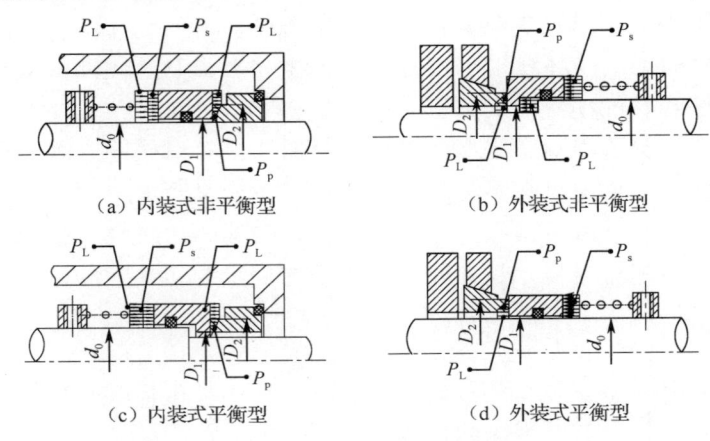

（c）内装式平衡型　　（d）外装式平衡型

图 4-10　机械密封基本结构图 2

内装式非平衡型机械密封：弹簧压力与介质压力方向一致、陶瓷环密封端面比压随介质压力增大而快速增大，因此其密封可靠性高，但是使用过程中陶瓷环磨损严重，因此适用于介质压力较小且变化不大、转速不高的工况。载荷系数推荐值为 1.15～1.3，另外弹簧浸泡在介质中，对弹簧材料的耐腐性能提出较高要求。

内装式平衡型机械密封：弹簧压力与介质压力方向一致、陶瓷环密封端面比压随介质压力增大而缓慢增大或基本不变化，因此可以同时兼顾密封可靠性和磨损。但当介质压力过小时，密封性会有所下降甚至造成泄漏，因此为提高密封可靠性，可以适当提高弹簧比压。内装式平衡型机械密封同样存在弹簧材料的防腐问题。内装式平衡型机械密封适用于介质压力大或变化剧烈、转速高的工况。载荷系数推荐值为 0.55～0.85。

外装式非平衡型机械密封：弹簧压力与介质压力方向相反、陶瓷环密封端面比压随介质压力增大而缓慢增大，密封可靠性较低，但弹簧等元件不与介质接触，易于解决材料耐蚀性问题，且便于对机械密封进行检查、安装和维修。外装式非平衡型机械密封适用于介质具有较强腐蚀性、需要经常更换密封组件的工况。载荷系数推荐值为 1.2～1.3。

外装式平衡型机械密封：弹簧压力与介质压力方向相反、陶瓷环密封端面比压随介质压力增大而减小，密封可靠性低，但便于对机械密封进行检查、安装和维修。外装式平衡型机械密封适用于介质具有较强腐蚀性、需要经常更换密封组件的工况。载荷系数推荐值为 0.65～0.8。

从以上分析可知，关注密封可靠性时选用内装式，耐蚀性较难解决时选用外装式。

2）结构设计

密封副结构设计主要包括外形尺寸、公差配合及与金属件的连接方式等。外形尺寸的设计就是将理论计算的密封端面比压、载荷系数等参数在密封环物理形态上进行实现，即通过尺寸 d_0、D_1、D_2 保证设计所需的性能参数。

3）材料选择

(1) 通用要求。

① 物理性能：弹性模量大，密度小，导热性好，热膨胀系数低，耐热裂和热冲击性好，材料对温度不敏感。

② 化学性能：对各种腐蚀介质有足够的耐蚀能力，抗溶胀，抗老化，耐烧蚀。

③ 机械性能：机械强度高，自润滑性好，摩擦系数低，能承受短时间的干摩擦，耐磨性好，适合使用工况的硬度。

④ 其他：抗射线能力好，机械加工性能优良，来源方便，摩擦副配对材料相容性好。

为了保证机械密封装置中的密封环正常运转，从减磨、耐腐蚀和防止咬合等方面考虑，将作为密封副的一对密封环常常配置成硬度不同的硬环和软环。其中密封副中窄环设置为软环，宽环设置为硬环，这样配置的原因是保证在运行过程中主要磨损位置发生在窄环表面，宽环基本不会出现磨损。否则，宽环磨损形成的凹槽将导致窄环在旋转过程中与凹槽边缘磕碰造成窄环蹦角损坏，掉落的碎片进入密封面后会发生泄漏、过度磨损和异响故障。

不断提升的使用寿命和免维护要求促进了机械密封技术水平的长足发展。密封副中的硬环和软环已不再根据绝对硬度进行软-硬匹配，在某些特定工况下可以采用"硬-硬"配副，但两个硬度绝对值均较高的密封环之间仍然需要有一定的硬度差。例如，碳化硅和 B_4C 在一般机械密封中均作为硬环材料使用，与之配对的软环材料为石墨等。碳化硅相较于 B_4C 硬度偏低，因此碳化硅与 B_4C 也可以作为一种配副，这就是"硬-硬"配副。这种配副可以实现极少的磨损，除能够提升使用寿命外，还可应用于介质中有固体颗粒或对密封介质洁净度有较高要求的场合。

(2) 软环材料。

① 碳-石墨。

碳-石墨具有自润滑性、化学钝性、较高的化学耐蚀性及相对低的消耗等优点，广泛用作软材料。相对于硬材料，石墨被摩擦后，在其表面会很快形成一层相当薄的膜，在摩擦过程中，这层膜对控制温度上升起着重要的作用。普通碳-石墨的使用温度在 200～260℃范围内变化，用金属或无机盐作浸渍剂时，其使用温度可在 300～500℃范围内变化。但是在上述变化的条件下，碳-石墨容易出现结疤、气泡的问题。

② 铜合金。

与碳-石墨相比，铜合金强度高，刚度好，但耐蚀性差。因其无自润滑性，易烧损，主要用于低速的油中。

③ 填充聚四氟乙烯（PTFE）。

PTFE 具有无色、无毒、化学钝性、耐低温和摩擦系数低的优点。但其导热系数小，耐热性差，大多用于低负荷条件。PTFE 的作用是增加润滑、提高耐磨性，但在选择时必须注意具体配方中含有的填充物在给定条件下是否能够满足耐腐蚀要求。

（3）硬环材料。

① 硬质合金。

碳化钨硬质合金（WC-Co）是摩擦副材料中的传统硬环材料。它强度和硬度高，同时具有优良的耐磨性和耐热性等特点，在实际生产中得到了广泛的应用。为了提高材料的耐腐蚀性能，又相继出现了 WC-Ni、WC-Cr、WC-Ni-Mo 等硬质合金。

钢质硬质合金由于具有可以焊接、热锻、高硬度、高耐磨、机械加工性能良好的优点，已被应用于在高温、腐蚀、高应力等苛刻环境下工作的机械密封中。

② 工程陶瓷。

碳化硅（SiC）陶瓷是现今使用最广、发展最快的硬环材料。它的硬度仅次于金刚石、碳化硼（B_4C），具有优良的导热性、耐蚀性、耐热性。它的物理性能比硬质合金稍差，但作为摩擦副材料不易发生热裂。硅化石墨也是一种特殊的碳化硅，目前已推广应用在氯碱、制盐、造纸、氮肥和磷肥等机械密封中。

氧化铝陶瓷（主要成分：Al_2O_3、SiO_2）常用于温度变化不大的机械密封中。它的硬度较高、耐磨性好、导热性较好、热膨胀系数小，氧化铝含量高的陶瓷除氢氟酸和热浓碱外，能够耐受其他各种腐蚀性介质，但弹性模量较高、抗拉强度较低、耐热冲击系数小、易发生热裂。其热裂主要是由于温度变化引起的热应力达到了材料的屈服极限。通过反应烧结法生产的氮化硅（Si_3N_4）陶瓷的应用较多，化学稳定性高，能耐除氢氟酸以外的所有无机酸及 30%的碱溶液。其热膨胀系数小，导热性好，抗热冲击性能优于氧化铝陶瓷，其硬度只低于几种超硬材料，且摩擦系数小，有一定的自润滑性。

③ 表面覆层材料。

随着表面工程技术和摩擦学的发展，机械密封材料也发展到了通过表面技术来改进材料性能的阶段。

a．密封表面堆焊硬质合金。

目前机械密封上使用的自熔性合金主要有钴基合金、镍基合金和铁基合金。这类合金具有自熔性和低熔点的特性，有良好的耐磨和抗氧化特性，但不耐非氧化性酸和热浓碱，比较适宜在中等负荷的条件下作摩擦副材料。

b．喷涂陶瓷。

将高熔点的陶瓷喷涂在基体金属上，其表面可以获得耐磨、耐蚀的涂层，涂层的厚度一般在几十微米到几毫米之间，此方法得到的密封环材料兼顾基材的韧性、涂层的耐蚀及耐磨性，可以大幅降低密封环的成本，在某些条件下使用性能很好。

c．烧覆碳化钨层。

在不锈钢或碳钢的表面烧覆碳化钨而获得耐磨层，国外称为 RC 合金，它既缩短了加工时间，又节省了碳化钨，使成本大大降低。其中 RC 合金比 WC-Co 合金有更好的热稳定性，不易发生热裂，主要应用于油类、海水、盐类、大多数有机溶剂及稀碱溶液等流体介质，而 WC-NIP 合金主要是针对大多数材料不耐非氧化性酸而提出的，在碱溶液、水及其他介质中与 RC 合金和 WC-Co 合金的耐腐蚀性能相近。

对应于雷达等机电装备中转速较低的流体交连，为进一步提升其使用寿命，摒弃常规密封副配对使用的碳石墨材料，采用硬硬配副组合，推荐采用 SiC 与 B_4C 材料作为密封副配对材料。同时为保证密封副运行可靠性，推荐采用热压烧结工艺成形，两种材料的力学性能如表 4-3 所示。

表 4-3　SiC 与 B_4C 材料的力学性能

材料牌号	密度/(g/cm^3)	抗弯强度/MPa	抗压强度/MPa	硬度/(HV0.5)	热导率/[W/(m·K)]
SiC	≥3.15	550	2200	2500	120
B_4C	2.52	556	2900	2800	26

SiC 和 B_4C 均为硬质陶瓷，其中 B_4C 化学稳定性好，硬度仅次于金刚石，耐磨性能优良；SiC 质量小、比强度高、摩擦系数小，具有一定的自润滑性，化学稳定性、耐热性及热传导性能优异；且两者存在一定的硬度差异，一方面可以满足机械密封环宽、窄环硬度差异性要求，另一方面两者摩擦时不会产生大量磨屑，污染密封介质。

密封副（静环、动环）采用陶瓷等高硬度耐磨材料的机械密封是目前性能较优、可靠性较高、寿命较长，能够实现免维护的旋转动密封形式之一。但机械密封结构复杂、影响因素众多，若设计参数选取或使用不当，则会导致过早失效。

6. 弹性补偿元件

由于机械密封的各部分零件在制造、安装等过程中都会产生误差，且在机械动密封运转过程中，密封端面（静环和动环之间）会产生磨损，若安装产生的误差和运行中产生的磨损无法弥补，则机械密封将出现泄漏。为了解决上述问题，在机械密封的结构中设置补偿机构。

最常用的补偿机构为弹簧和金属波纹管等弹性补偿元件，其补偿原理如下：在装配时，给弹性补偿元件施加预紧力，当机械密封正常运转时，弹性补偿元件可以吸收来自轴向振动造成的冲击，起到缓冲作用；当密封端面磨损时，动环或静环在轴向的位置发生变化，通过弹性补偿元件来推动动环或静环回到磨损之前的轴向位置。这类补偿机构较为简单，主要包括柱形弹簧、波形弹簧或波纹管。

通过磁场也可实现陶瓷环自动补偿，其原理是通过磁场施加预紧力从而保证密封环保持贴合和磨损后的自动补偿，但磁场受到外部电磁环境影响较大，存在突然失效的风险，因此还未在工程上广泛应用。这类补偿机构主要由永磁铁、与陶瓷环固接的导磁金属件组成。由于该技术尚不成熟，这里就不再赘述，下面主要介绍弹性补偿元件。

1）弹性补偿元件类型

弹性补偿元件提供的弹力、密封腔内介质的压力和辅助密封圈的摩擦力共同作用，使得密封副（动环和静环）之间达到平衡，可以起到保护密封环的作用，同时最大限度地保证机械密封性能的稳定性。在机械密封结构设计中需正确地选择弹性补偿元件，一般要求结构简单，抗疲劳能力高，材料需耐腐蚀和耐磨损。

传统的机械密封中弹性补偿元件选用圆柱螺旋压缩弹簧、波形弹簧、锥形弹簧、金属波纹管等，如图 4-11 所示。

（a）圆柱螺旋压缩弹簧

（b）波形弹簧

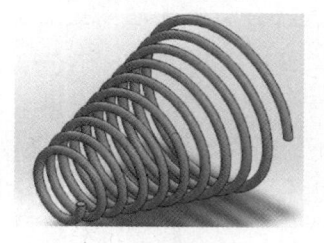

（c）锥形弹簧

（d）金属波纹管

图 4-11　弹性补偿元件类型

圆柱螺旋压缩弹簧：结构和成形最为简单，弹簧压力与压缩距离呈线性变化，弹簧比压计算最为便捷，因此是机械密封中最为常见的弹性补偿元件。在小型的机械密封装置中采用单个圆柱螺旋压缩弹簧作为弹性补偿元件，可以简化结构、减小密封装置结构尺寸；在大型、超大型机械密封装置中一般采用成组圆柱螺旋压缩弹簧，这种排布方式可以使密封环轴向受力均匀，减少运行过程中密封表面的变形。

波形弹簧：通过较小的轴向尺寸变化产生较大的轴向力，其结构复杂，刚度较大，需较大的结构尺寸，一般单件使用。

锥形弹簧：通过调节弹簧锥度，得到在轴向尺寸变化时所需的弹簧刚度，实现等刚度设计，但设计较为复杂。

金属波纹管：通过波纹管的轴向变形提供轴向补偿力，其特点是轴向力较大、变形范围较小。一般金属波纹管与陶瓷环基座焊接为一体，将一般机械密封中会产生微小移动的辅助密封圈转变为静密封圈，使得密封更为可靠、密封环的浮动性能更为出色。但金属波纹管的加工和装配较为困难。一般应用于中小型流体交连中。

2）弹性补偿元件材料选择

（1）弹簧材料。

流体交连机械密封中的弹簧多用 4Cr13、1Cr18Ni9Ti（304 型）、1Cr18Ni12Mo12Ti（316 型）等不锈钢材料，在腐蚀性弱的介质中，也可用碳素弹簧钢，磷青铜弹簧在海水、油类介质中使用良好，60Si2Mn 和 65Mn 碳素弹簧钢用在常温无腐蚀性介质中；50CrV

用于高温油泵中较多。3Cr13、4Cr14 铬钢弹簧钢适用于弱腐蚀介质；1Cr18Ni9Ti 等不锈钢弹簧钢在稀硝酸中使用。对于强腐蚀性介质，可采用耐腐蚀合金（如高镍铬合金等）或弹簧加 PTFE 保护套或涂覆 PTFE，来保护弹簧使其不被介质腐蚀。

（2）波纹管材料。

波纹管材料主要有金属、塑料和橡胶等，作为流体交连中的弹性补偿元件，金属波纹管被广泛使用。其材料可以用奥氏体不锈钢、马氏体不锈钢、析出硬化性不锈钢（17-7PH）、高镍铜合金（Monel）、耐热高镍合金（Inconel）、耐蚀耐高温镍铬合金（Hastelloy B 及 C）和磷青铜，以及 0Cr18Ni9Ti 和 1Cr18Ni9Ti 不锈钢等。

3）弹性补偿元件设计要点

（1）弹簧设计。

机械密封中应用最为广泛的是单根大弹簧和多点分布小弹簧（圆柱螺旋压缩弹簧）布局。在设计中应着重考虑下列问题。

① 应根据具体工作条件和用途正确选择弹簧比压。

② 选择弹簧材料时不仅要考虑到强度和弹性，还应考虑腐蚀和疲劳性能。

③ 轴径小于 70mm 时可采用集中大弹簧，为了缩短轴向距离和保证软环磨损时弹簧压力降低不多，采用圈数较少、节距大的螺旋弹簧。为了使弹簧压力均布和不受离心力影响，轴径大的机械密封采用多点分布小弹簧。当软环承磨凸台全部磨损时，弹簧产生的比压应变化不大，经验法则是此时弹簧产生的比压降低不应超过 18%。

④ 弹簧两端必须与轴线垂直，因为端部歪斜会造成密封环偏磨，为了保证支承面与中心线垂直，使弹簧的弹力均匀，两端各需要不少于 3/4 圈并紧的支承圈，并磨平其端面，其表面粗糙度应不低于 $Ra3.2\mu m$，且两端并圈位置错开。

⑤ 弹簧的工作压缩量应为极限压缩量的 2/3～3/4。

⑥ 当小弹簧径长比太小，超过弹簧设计许用值时，会因弹簧柔度超过极限值而丧失稳定性，可以将每根小弹簧套在导向销上解决失稳问题，具体结构如图 4-12 所示。

（2）波纹管设计。

波纹管作为机械密封的弹性补偿元件，在设计中需要遵循一般弹性补偿元件的设计准则。

① 机械密封用金属波纹管按敏感类波纹管进行设计计算。

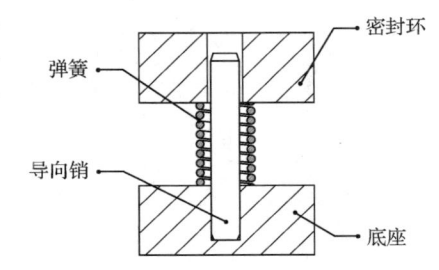

图 4-12 导向销与弹簧结构示意图

② 采用能量法计算单层波纹管轴向刚度、单波轴向压缩刚度，总刚度为有效波数与单波刚度的乘积。

③ 波纹管有效直径与其波形有关，直接决定机械密封载荷系数大小，是波纹管设计的重要参数。波纹管允许内部存在压力，但在设计时需对内部压力进行校核。

④ 波纹管要具有足够的抗疲劳工作能力，以承受较大的振动载荷，其可靠工作寿命范围为 30000～300000 次。

⑤ 波纹管装配时要求处于自由状态，既不受压也不受拉，有助于控制密封端面比压。

7. 防转件设计

流体交连旋转工作时，密封组件与支撑结构件之间需要设计防转结构，常采用过盈配合、胶结防转、销钉防转、传动套防转等。

1）过盈配合

硬质合金、陶瓷等材料的密封环与密封环底座间采用过盈配合传递运动，可节省费用和尺寸空间。设计时需要注意控制配合的过盈量，过盈产生的应力不能超过密封环和密封环底座的许用应力极限。在温度变化较大的环境中使用时，应注意热胀系数差异引起的松动或由此导致过盈量过大而密封环碎裂的情况。为了使密封环能够装到密封环底座底部，在密封环底座上需设计退刀槽。

图 4-13 所示的过盈配合连接方式解决了密封组件与金属基座之间的防转问题，可根据使用要求选配硬质材料的密封环，配对的金属环也可采用通用的结构尺寸，但是过盈量的大小设计非常重要，往往受到材料、工作温度等条件的限制，如果配合选取不当，易引起镶嵌的密封环松脱或断裂，因此必须正确选用密封环和配对金属基座的过盈量。从传递扭矩的角度考虑过盈值应足够大，从环的变形的角度考虑过盈值不可过大。综合起来，在密封环和金属基座传递扭矩的情况下，取小的过盈值。同时从使用环境温度对过盈量的影响的角度考虑，应尽可能选热膨胀系数接近的密封环和金属基座材料。

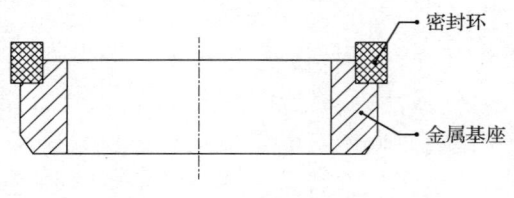

图 4-13　过盈配合示意图

2）胶结防转

密封环与连接件之间的密封和防转通过黏结剂实现，取消了密封圈和销钉结构。由于采用了黏结剂，因此使用温度、介质及寿命都会受到黏结剂性能的限制。

3）销钉防转

在密封副配对环的尾部设置开口，将防转销插入此缺口，起到防转的作用。该结构简单，安装方便，密封副配对环的浮动性好，因此得到广泛的应用。根据安装位置，防转销可分为轴向和径向两种，其中轴向安装防转销用得较多，防转销安装方式如图 4-14 所示。

（a）轴向安装防转销结构　　　（b）径向安装防转销结构

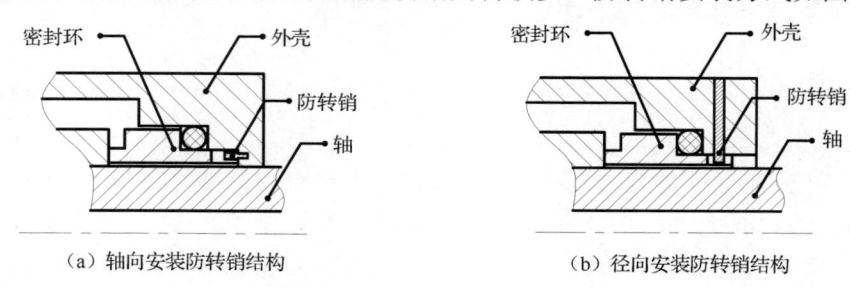

图 4-14　防转销安装方式

轴向安装防转销结构：通过调整防转销孔的形状或配合公差，可同时或分别控制径向和圆周切向的间隙。

径向安装防转销结构：限定圆周切向的间隙，释放了径向和摆动自由度，密封环的浮动性更好。

4）传动套防转

在图4-15所示的弹簧座上，"延伸"出一个薄壁圆筒（传动套），以传递转矩。此结构工作稳定可靠，并可利用传动套把零件预装成一个组件而便于装拆。传动套侧壁冲成防转凹槽，在密封环上开槽，二者配合可以防转从而传递扭矩。该结构较为简单，制造成本较低，但在含有悬浮颗粒的介质中使用时，可能出现堵塞现象。

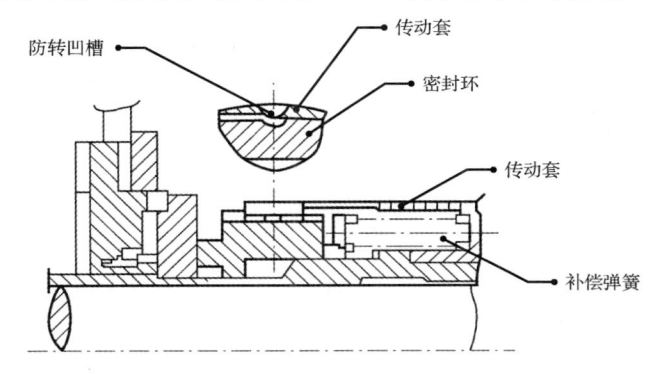

图4-15 密封环传动套结构示意图

复杂机电装备所用的流体交连，其密封组件在工作中经常随着装备正反转动，还存在宽温域、振动、冲击等苛刻工作条件，对密封环与环座间的传扭结构设计提出了特殊的要求。常规的机械密封传扭结构，在频繁正反转时无法保证传扭受力均匀，特别是在振动冲击条件下陶瓷材料与传扭件的接触位置极易发生破坏，导致密封失效。因此，过盈配合、胶结防转和传动套防转结构无法满足复杂使用工况，在防转销结构设计中需根据实际工作温度、振动条件等进行合理设计。

8．辅助密封

辅助密封指机械密封以外的其他部位密封，一般选用O形密封圈、V形密封圈、矩形密封圈、楔形密封圈或梯形密封圈。它们的作用主要是防止动环与旋转轴、静环与结构件之间的泄漏和补偿密封表面的偏斜与振动，保证动、静环端面良好的贴合。

1）密封圈形式选用

辅助密封一般选用O形密封圈，O形密封圈是使用最为广泛、成本相对较低的密封件。O形密封圈设计需要考虑的主要参数为压缩率和截面直径。

（1）压缩率。

压缩率是O形密封圈设计的重要指标，不同于动密封件，其手册上关于压缩率的确定较为简单，结合工程经验，在此稍做介绍。O形密封圈的压缩率包括两部分：初始压缩率和工作压缩率。初始压缩率主要是表征O形密封圈在装入沟槽时产生的压缩率。

该指标主要考虑 O 形密封圈的制造公差引起的安装问题。若孔用密封圈初始压缩率过小，则将导致内轴无法安装，如图 4-16 所示；若孔用密封圈初始压缩率过大，则孔用密封圈在沟槽内会出现扭曲的情况，其状态不稳定，存在密封失效的隐患。

轴用密封圈初始压缩率也会影响使用性能：初始压缩率过大会导致轴用密封圈过度拉伸，密封圈截面直径减小，工作压缩率不能满足设计要求，密封失效；初始压缩率过小会导致密封圈无法装入沟槽内。因此，初始压缩率的设计原则是：根据密封圈的尺寸公差按最小初始压缩率选取。

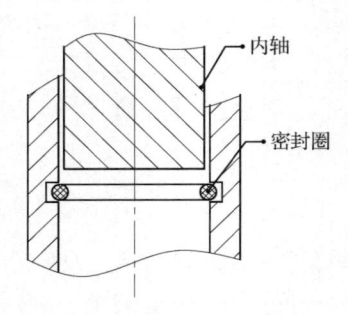

图 4-16 密封圈小于内孔直径示意图

工作压缩率过大，密封可靠，但密封圈变形增大，易出现永久变形；工作压缩率过小，易出现泄漏风险。因此，在一般工况下，工作压缩率的选择需要遵循以下原则：在保证密封可靠的情况下，尽可能使用最小的推荐工作压缩率，特殊情况下，可根据实际使用要求调整工作压缩率。

（2）截面直径。

减小密封圈的截面直径可以减小密封圈与密封面之间的摩擦力，在相同使用条件和压缩率的情况下，截面直径较小的密封圈比截面直径大的密封圈所受的摩擦力小。

从柔性密封可靠性的角度看，在相同的压缩率的情况下，截面直径较大的密封圈自身的密封可靠性更高。

密封圈材料主要有弹性体（如橡胶）、塑料（如聚四氟乙烯）、纤维（如石棉、碳纤维）、无机材料（如膨胀石墨）和金属（如铜、铝、不锈钢等）。密封圈材料的物理和机械性能要求与密封面材料有关。

2）密封圈材料选择

（1）合成橡胶。

橡胶 O 形密封圈是使用最广的一种辅助密封圈。常用的橡胶密封圈材料有丁腈橡胶、氟橡胶、硅橡胶、乙丙橡胶等。合成橡胶的特性和适用范围如表 4-4 所示。

表 4-4 合成橡胶的特性和适用范围

材料名称	材料简介	材料优点	使用禁忌
丁腈橡胶（NBR）	丁腈橡胶是丁二烯和丙烯腈的共聚物。根据丙烯腈含量的多少，丁腈橡胶分成若干种：低丙烯腈（丁腈-18）、中丙烯腈（丁腈-26）和高丙烯腈（丁腈-40）。丙烯腈含量越高，丁腈橡胶的耐油性越好，抗张强度、硬度越高，耐磨性、耐水性越强，透气性越弱。随之而来，它在极性溶剂中的溶解度增大，耐蚀性也受到影响，弹性和耐寒性也会变差。丁腈橡胶抗撕裂性较差。一般丁腈橡胶密封圈中的丙烯腈含量为 26%～50%	丁腈橡胶对矿物油、动植物油脂、脂肪烃有优良的耐蚀性，广泛用于接触汽油及其他油类的设备。它能耐碱和非氧化性稀酸腐蚀。氢化丁腈橡胶（HNBR）的性能优于丁腈橡胶，使用温度范围为 –40～150℃，耐油性比丁腈橡胶好，耐硫化氢性比氟橡胶好，在 200℃蒸气中使用性能仅次于乙丙橡胶	不耐氧化性酸（如硝酸、铬酸等）、芳烃、脂、酮、醚、卤代烃等腐蚀；不耐磷酸酯系液压油

续表

材料名称	材料简介	材料优点	使用禁忌
氟橡胶（FPM）	氟橡胶是含氟烯烃共聚物，主要有 23 型氟橡胶和 26 型氟橡胶。 23 型氟橡胶是由偏氟乙烯与三氟乙烯在常温及 3.3MPa 左右压力下用悬浮聚合法制得的一种无定形橡胶状共聚物。23 型氟橡胶相当于国外的 Kel-F 氟橡胶，可用于强酸。 26 型氟橡胶有两种：氟橡胶-26，系偏氟乙烯与六氟丙烯的乳液共聚物，相当于国外的 Viton 氟橡胶；氟橡胶-246，系偏氟乙烯、六氟丙烯与四氟乙烯的三元共聚物。 全氟橡胶（FFKM 全氟高聚弹性体）的抗老化性能优良，在 260℃下使用 112 天后无明显老化现象，抗张强度仍保持在原来的 90%左右，可在 288℃下连续使用，310℃下短时使用	氟橡胶具有耐高温、耐油、耐化学腐蚀等优点，在浓硫酸、硝酸、磷酸、烧碱等介质中均可采用，但随着温度升高其耐蚀率下降，最高使用温度为 200℃。 全氟橡胶（FFKM 全氟弹性体）的耐油性、耐磨性和耐混合有机物腐蚀性能良好，但其膨胀系数接近于丁腈橡胶的两倍（320×10^{-6}/K）	氟橡胶不耐氨水、强碱、有机酸、浓醋酸、丙酮、醚、醋酸乙酯
硅橡胶（MVQ）	硅橡胶是由二甲基硅氧烷与其他有机硅单体，在酸性或碱性催化剂存在下聚合成的一种极性高分子聚合物，一般可在 200～300℃下长期使用。硅橡胶无毒、无味，对人体无不良影响。硅橡胶的扯断强度较低，扯断伸长率较小（只有丁腈橡胶的 1/3）	硅橡胶的耐高温性和耐低温性都很好，安全使用温度范围为-100～350℃，在稀硫酸、盐酸、醋酸、烧碱、乙醇、矿物油等介质中，均无明显的腐蚀现象	硅橡胶有极性，易在酸碱作用下发生离子型裂解，耐蚀性差，不适宜用于石油系溶剂（如苯、甲苯等）、丙酮、酮、醚等有机溶剂
乙丙橡胶（EPM）	乙丙橡胶是由乙烯与丙烯聚合而成的，分为二元共聚物和三元共聚物	乙丙橡胶特别能耐磷酸酯系液压油、酮、醇溶液和酸碱，同时能耐高压蒸气，耐候性和耐臭氧性好	由于乙丙橡胶会在矿物油和二酯系润滑油中胀大，因此不能在这些介质中使用

（2）聚四氟乙烯（PTFE）。

聚四氟乙烯的耐热、耐油和耐腐蚀性能比一般橡胶好，在机械密封中常用它制成 V 形密封圈和楔形密封圈。与橡胶相比，聚四氟乙烯具有较大的刚度、较低的弹性和冷流性，但聚四氟乙烯的膨胀系数高，而且随温度变化较大，会妨碍它在辅助密封中的应用。然而，聚四氟乙烯有较大的耐温范围（-150～250℃），极低的摩擦系数（在低速下 f=0.05～0.1）和自润滑性，表面不黏结，化学稳定性好，能抗氯化物、三氟化氟硼、高沸点溶剂、酮、脂、醚、沸腾的硝酸、王水、氢氧化钠、氢氟酸等。唯一会侵蚀聚四氟乙烯的是熔融金属和处于高压的氟。在负荷作用下，任何温度都会发生蠕变（冷流），当温度超过 83℃时，会升华产生毒烟。

（3）其他材料。

用作辅助密封圈的其他材料有金属、填充聚四氟乙烯、膨胀石墨（柔性石墨）、石棉，以及橡塑复合材料等，这些材料主要用在高温场合。

鉴于流体交连机械密封面临的冲击振动、温度交变和电磁辐射等恶劣环境，要求浮动密封环能够保持优良的追随性，保持两个密封环端面之间的良好贴合，在端面之间维持合适膜厚的润滑薄膜。要达到上述目的，辅助密封圈和内环表面之间保持优异的摩擦学特性十分必要。

基于上述橡胶材料的适用特点，辅助密封采用橡胶 O 形密封圈，该密封圈既能防止冷却介质的泄漏，又能缓冲和补偿由外界扰动、轴跳动、加工安装引起的误差。橡胶密封圈应符合 GB/T 3452.1—2005。

O 形密封圈按 GB/T 3452.1—2005 选择匹配的截面直径与内径，避免选择过小的截面直径。

O 形密封圈的压缩量按 GB/T 3452.2—2007 选择，在国标中规定的压缩量为静密封状态下的推荐值，但作为浮动密封环的辅助密封圈，其并不是一个完全静止的状态，存在微小移动，压缩量过大将会导致浮动密封环卡滞，因此压缩量可以适当减少，一般可以控制在 8%～15%，具体数值可以根据介质压力进行选择。

9. 仿真计算

机械密封流体交连需开展三个方面的仿真分析和计算，分别为机械密封性能参数计算、流体性能仿真和力学仿真。其中力学仿真与一般结构件的仿真无太大差异，在此就不再赘述，后续重点介绍机械密封性能参数计算和流体性能仿真。其中机械密封性能参数关系到密封性和寿命，流量、流阻是影响设备整体通流性能的参数，力学性能控制着交连结构件强度、变形，是动密封稳定运行的基本保证。

1）机械密封性能参数计算

在机械密封动、静环上作用着各种载荷，这些载荷归结起来可分为两种力：一种是闭合力，另一种是开启力，正因有这两种力的存在，才能保持密封端面力的平衡。下面对机械密封进行轴向力平衡分析，密封副的轴向受力图如图 4-17 所示。

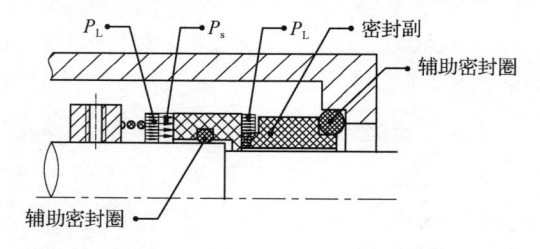

图 4-17 密封副的轴向受力图

（1）载荷系数 K。

载荷系数是载荷面积与接触面积的比值，是反映密封端面压力受介质压力的影响程度。计算公式如下：

$$K = \frac{载荷面积}{接触面积} = \frac{D_2^2 - d_0^2}{D_2^2 - D_1^2} \quad (内装式) \tag{4-12}$$

式中，K 为载荷系数；D_1、D_2、d_0 为结构尺寸，物理含义如图 4-10 所示。

$$K = \frac{载荷面积}{接触面积} = \frac{d_0^2 - D_2^2}{D_2^2 - D_1^2} \quad (外装式) \tag{4-13}$$

式中，K 为载荷系数；D_1、D_2、d_0 为结构尺寸，物理含义如图 4-10 所示。

载荷系数根据机械密封的分类有不同的推荐值，如表 4-5 所示。

表 4-5　载荷系数推荐值

机械密封类型	载荷系数 K 推荐值
内装式平衡型	0.55～0.85
内装式非平衡型	1.15～1.3
外装式平衡型	0.65～0.8
外装式非平衡型	1.2～1.3

（2）密封端面比压。

密封端面比压是表征在密封介质和弹性补偿元件共同作用下，密封接触面上的压强，其计算公式如下：

$$P_c = P_s + P_L(K - \lambda) \tag{4-14}$$

$$\lambda = \frac{2D_2 + D_1}{3(D_2 + D_1)} \tag{4-15}$$

式中，P_c 为密封端面比压；P_s 为弹簧比压；P_L 为介质压力；K 为载荷系数；λ 为反压系数。

λ 值不仅与密封端面尺寸有关，而且与介质的黏度有关，反压系数推荐值如表 4-6 所示。

表 4-6　反压系数推荐值

	内装式机械密封				外装式机械密封
介质	水	油	气	液化气	$\lambda = 0.7$
λ	0.5	0.34	0.67	0.7	

（3）弹簧比压。

弹簧比压是弹性补偿元件在密封接触面上产生的压强，在流体交连设计中根据流体介质特性进行针对性设计，弹簧比压推荐值如表 4-7 所示。

表 4-7　弹簧比压推荐值

密封类型	介质与条件	弹簧比压 P_s/MPa
内装式机械密封（平衡型与非平衡型）	一般介质，密封环平均线速度 $v = 10 \sim 30 \text{m/s}$	0.15～0.25
	低黏度介质，如液态烃 最高密封环线速度 $v_{高} > 30 \text{m/s}$	0.14～0.16
	最低密封环线速度 $v_{低} < 10 \text{m/s}$	0.25
外装式机械密封	载荷系数 $K \leq 0.3$	比介质压力高 0.2～0.3
	载荷系数 $K \geq 0.65$	0.15～0.25
	真空密封	0.2～0.3

2）流体性能仿真

流体交连是雷达冷却系统的重要组成部分，可以简单地看作一个通道，因此在设计中必须考虑流体动力学性能。

(1) 流体交连的流阻分析。

工程中的流体通常具有一定的黏性，由于黏性的存在，壁面处流体质点速度为零，自壁面向外速度逐渐增大，这样，流层间存在相对运动，从而产生黏性切力，这就是流体运动的阻力（以下简称流阻）。

流阻是流体交连设计时要考虑的重要指标，流阻的存在对流体交连的直接影响是，当流量一定时，流阻越大，需要的系统机组扬程越大，流体交连将无法满足实际工程的使用需要。

流阻会消耗流体的机械能，进而产生能量损失，能量损失一般分为沿程损失和局部损失。前者是指由于摩擦阻力而引起的能量损失，与流程长度成正比；后者是指流体流经局部障碍时，由于边界形状急剧变化，流体微团发生碰撞，形成边界层分离、产生旋涡等，引起的能量损失。

由流体交连的结构可知，其流阻主要来自局部损失，其计算公式为

$$\Delta p = \mu \frac{\rho v^2}{2} \tag{4-16}$$

式中，Δp 为流经局部障碍前后的压力差；ρ 为流体密度；μ 为局部阻力系数，与局部障碍的结构形式有关；v 为管中平均速度。

流体的基本方程是进行流体动力学仿真分析的基础，流体交连中的介质为黏性不可压缩流体，连续性方程如下：

$$\nabla \cdot v = 0 \tag{4-17}$$

式中，∇ 表示矢量微分算子。

黏性不可压缩流体的运动方程称为 N-S 方程，表达式如式（4-18）所示。

$$\nabla \frac{\varepsilon^2}{2} - v \cdot (\nabla \cdot \varepsilon) = F_m - \frac{1}{\rho} \nabla \rho + \nabla^2 v \tag{4-18}$$

式中，ε 为流体运动黏度；F_m 为质量力；ρ 为流体密度；v 为流体速度。

工程计算中直接求解 N-S 方程非常困难，通常进行雷诺平均处理，雷诺平均 N-S 方程如式（4-19）所示。

$$\frac{\partial}{\partial t}(\rho \mu_i) + \frac{\partial}{\partial x_i}(\rho \mu_j \mu_i) = -\frac{\partial \rho}{\partial x_i} + \frac{\partial \sigma_{ij}}{\partial x_i} + \frac{\partial}{\partial x_j}(-\rho \mu'_j \mu'_i) \tag{4-19}$$

式中，ρ 为流体密度；μ_i、μ_j 为分别为 x_i、x_j 方向上的流体平均速度分量；σ_{ij} 为表示应力张量分量；$-\rho \mu'_j \mu'_i$ 为表示雷诺应力项。

雷诺应力项的存在导致雷诺平均 N-S 方程不封闭，因此人们引入了湍流模型来封闭方程组。

黏性流体定常流的伯努利方程表示为

$$Z_1 + \frac{P_1}{\rho g} + \frac{\alpha_1 v_1^2}{2g} = Z_2 + \frac{P_2}{\rho g} + \frac{\alpha_2 v_2^2}{2g} + h_f \tag{4-20}$$

式中，Z 为位置水头；$\frac{P}{\rho g}$ 为压力水头；$\frac{\alpha v^2}{2g}$ 为速度水头；α 为动能修正系数；h_f 为水头损失。

注：下标 1 表示位置 1 处的参数；下标 2 表示位置 2 处的参数。

湍流模型的计算主要归结为湍流黏性系数的计算，在流体阻力仿真系统中，常用的是 $k\text{-}\varepsilon$ 和 $k\text{-}\omega$ 模型。

迄今为止，湍流模型在工程上应用最为广泛，积累经验也最多。仿真软件一般都可提供该湍流模型，适合的流动类型比较广泛，包括腔道流动和边界层流动等。

（2）CFD 仿真模型。

通过上述章节的理论分析，可以获得流阻分析的数学模型，在此基础上形成的有限元分析方法可以通过计算机数值计算和图像显示，对物理样机进行分析，通过改变数学模型的参数来预测样机的性能及变化趋势。以某流体交连为例，采用有限元分析方法对流体交连的压力损失进行分析，仿真分析的边界条件如下。

① 流体交连入口处压力为 0.8MPa。

② 流体交连入口处流体流速为 3m/s。

③ 液体介质经过流体交连时的路径如图 4-18 所示。

静环上设有进水口和回出水口，动环与静环对应，设有出水口和回进水口。

静环的进水口与动环的出水口之间的流体通道为高压腔，动环上的回进水口与静环上的回出水口之间的流体通道为低压腔，即进水的压力高于回水的压力。

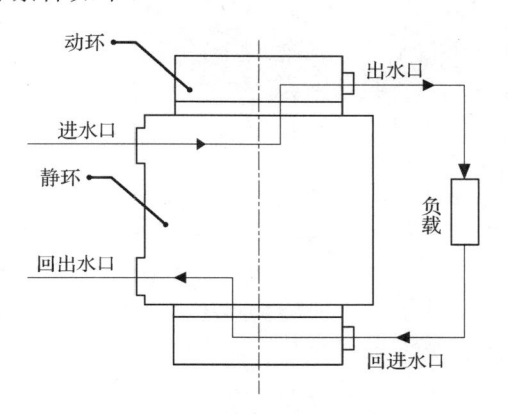

图 4-18 液体介质经过流体交连时的路径

液体介质流经通道时的流阻之和为流体交连的压力损失。该流体交连为双通道且对称分布，分析时只选用单通道进行分析。通过流体力学仿真分析软件 FloEFD 进行分析和仿真，结果如图 4-19 所示。

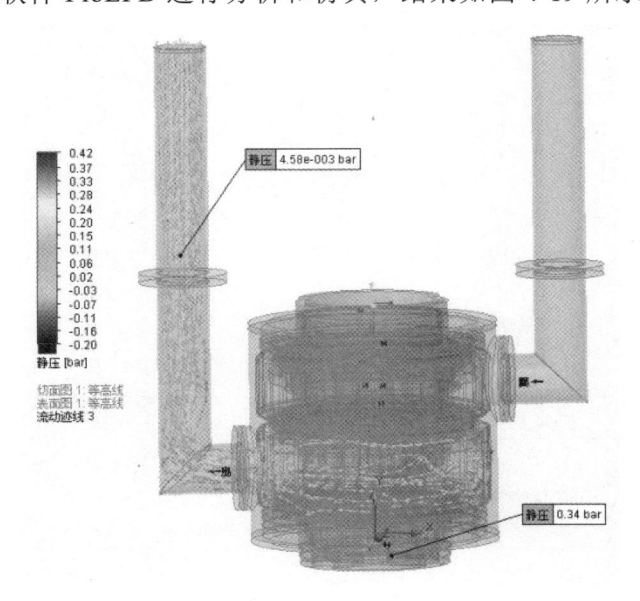

图 4-19 流体交连流阻分析图

10. 制造与装配

1）制造

机械密封流体交连广泛应用于各类泵、雷达、盾构机等设备，下面主要介绍机械密封流体交连主要零部件的制造方法和装配方式。

（1）密封环。

密封环为陶瓷材料，一般采用热压烧结、无压烧结、反应烧结等工艺方法制坯。机械密封环平面度要求达到 0.0009mm、粗糙度达到 $Ra0.2\mu m$，是制造精度最高的零件，需由专业厂商通过专用设备进行生产，方可达到设计要求，密封环实物如图 4-20 所示。

（2）结构件。

图 4-20　密封环实物

金属结构件选用的材料有不锈钢或者钛合金等耐腐蚀材料，根据结构形状，毛坯可采用锻件、铸件或者 3D 打印等方式获得。在结构件设计中，首先，要做到结构的合理，避免出现欠设计或过设计；其次，选取合理的结构精度，恰当分配零件的尺寸和形位公差，使其综合性能满足使用要求。

成形方法选择的主要依据是性能和经济性的综合评判：在满足使用要求的前提下，加工成本越低越好。针对不同的结构形式，同一种加工工艺成本不尽相同，因此在结构件设计之初就需要考虑最经济的成形工艺和相应的结构形式。

（3）辅助密封圈。

选择性能能够满足使用要求的胶料作为辅助密封圈的材料，在辅助 O 形密封圈设计时，为保证密封的可靠性，尽可能选用国标中较大的截面直径。橡胶密封圈的生产加工属于特殊工艺过程，可通过合理编排工艺、明确检验方法保证加工质量和状态稳定性。

2）装配

机械密封流体交连是通过机械动密封副实现动密封的，密封环、旋转支撑等装配要求与普通的结构装配存在较大差异，对装配过程的控制要求较高。所有的装配都是围绕着机械密封环满足设计要求开展的。机械密封流体交连装配及检验要求如表 4-8 所示。

表 4-8　机械密封流体交连装配及检验要求

装配阶段	检验要求
安装要求	1. 在装配时，重点关注装配后流体交连内环与外壳之间的轴向窜动和径向跳动数据，一般小于 0.2mm。 2. 明确机械动密封副安装部位的轴套径向跳动、表面粗糙度、尺寸公差

续表

装配阶段	技 术 要 求
装配前准备	1. 检查自制、外购的零件（特别是密封表面、辅助密封圈）有无损伤、变形、裂纹等现象，若有缺陷，则必须更换或修复。 2. 检查机械密封各零件的配合尺寸、表面粗糙度、平行度是否满足设计要求。 3. 使用小弹簧机械密封时，应检查每根弹簧的长度、刚度一致性是否满足设计要求
装配	1. 密封环装配时需测量密封环与结构件之间的配合间隙、径向间隙和圆周间隙。 2. 检查浮动环是否可以在补偿弹簧的作用下无卡滞地摆动。 3. 对轴承进行消隙处理，使其满足设计要求
装配后检查	1. 在流体交连内充满达到工作压力的流体后测量启动力矩，共测量两次：第一次为装配完成后，第二次为常温跑合后。 2. 静压检漏：在保证流体交连内部充满液体无空气的情况下加压，观察压力变化及流体交连的泄漏情况
跑合试验	1. 流体交连跑合前要对液冷源、压力表、阀进行检查，要求压力满足图纸及工艺要求，严禁流体交连在无供液情况下跑合。 2. 跑合过程中需确保进出水方向、压力、流体交连转动方向正确无误。 3. 将流体交连装入跑合台，按照工艺文件要求测量并调整流体交连端面跳动和径向跳动。 4. 流体交连进行低速转动，确保转动平稳、无振动后方可进行跑合试验，否则需立即停机

3）机械密封流体交连安装要求

机械密封流体交连安装在机电装备的旋转中心，为提高机械密封流体交连运行的稳定性和可靠性，需满足以下要求。

（1）安装精度要求：机械密封流体交连安装后旋转一周，径向跳动和端面跳动均应满足相应的精度要求，其数值需小于浮动连接件所能补偿的间隙。雷达用机械密封流体交连安装时，径向跳动和端面跳动一般要求小于 0.1mm，图 4-21 所示的示意图仅供参考。

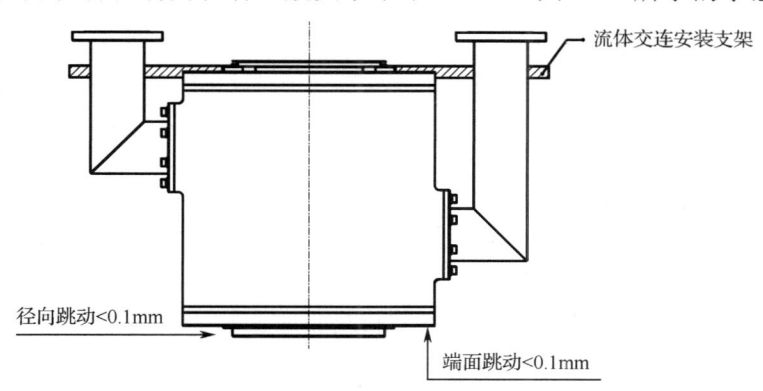

图 4-21 机械密封流体交连安装要求示意图

（2）安装方式：如果条件允许，机械密封流体交连外壳最好采用上下两端固定，内环采用一端浮动连接，另一端自由连接的方式。浮动连接可以使用十字拨叉、弹性柱销联轴器等。柱销联轴节托架需要具有较高的刚度，以保持机械密封流体交连旋转过程中的稳定性。

4.2.2 盘式流体交连

1. 工作原理

盘式流体交连的工作原理与柱式流体交连相同，均采用机械密封形式实现旋转动密封，区别在于机械密封环在交连中的相对位置有差异。

2. 典型结构

盘式流体交连是将密封副在同一平面内同轴分布，形成单个或多个径向分布独立通道的流体交连。与柱式流体交连结构组成基本相同，盘式流体交连仅在密封环布局和轴承选择上有所差异，其密封环为同轴径向分布，轴承通常选择转盘轴承，轴向尺寸相对更小，径向尺寸更大，单个轴承即可承受倾覆力矩。

盘式流体交连由主体结构、旋转支撑结构、机械动密封副、弹性补偿元件、防转件、辅助密封等组成，其简化结构如图4-22所示。

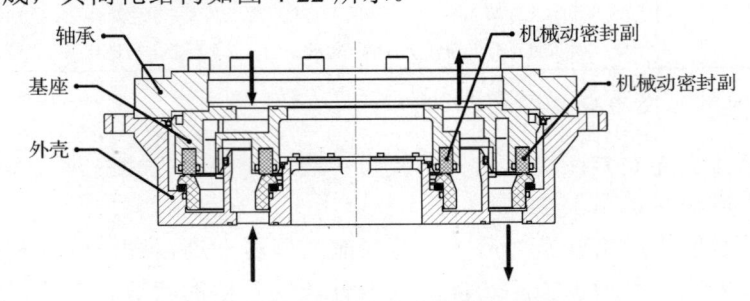

图4-22 盘式流体交连简化结构

盘式流体交连也可与柱式双通道流体交连进行相同的结构简化，把两路独立通道间的两对机械动密封副简化为一个机械动密封副，甚至在轻微内泄漏对系统影响不大的情况下，可以把简化后的一对机械动密封副改为更简单的柔性密封副，图4-22所示的中间密封副结构适用于外形尺寸要求严格、柔性密封的使用寿命能够满足产品需求且两个密封腔之间允许存在轻微内漏的场合，其优点如下。

（1）交连对外动密封为机械密封，在较大压差情况下仍然能够保证较长的使用寿命。

（2）两个密封腔之间的动密封为柔性密封，占用的空间较小。

（3）两个密封腔之间压差小，柔性密封可靠性相对较高，且当柔性密封失效时出现的泄漏为内漏，不会对交连外部设备造成影响和损坏。

当两个密封腔之间不允许存在内漏，或者柔性密封无法满足交连使用寿命时，两个密封腔之间应采用两道机械密封，并在两道密封之间设置泄漏通道，避免两个密封腔内的介质相互渗漏。

3. 结构设计

盘式流体交连的基本组成与柱式流体交连相同，只是外形有所区别，结构设计基本可参照柱式流体交连，这里就不再赘述。

盘式流体交连中的旋转支撑结构、机械动密封副、弹性补偿元件、防转件、辅助密封、环境适应性设计、制造与装配均与柱式流体交连类似。

4.3 柔性密封流体交连

按运动形式分，流体交连可分为旋转流体交连和直线流体交连。其中，直线流体交连一般为柔性密封形式，因此本书将直线流体交连放在柔性密封流体交连中进行介绍。

动静结构件为旋转运动的流体交连被称为旋转流体交连，如图4-23所示。

某些存在举升动作的机电装备在上升、下降时均需传输流体介质，且无管路绕曲的空间。为保证升降过程中流体的正常传输，人们提出了直线流体交连需求。直线流体交连是一种伸缩运动的流体传输装置，其特点是动静部分相对运动为轴向移动，如图4-24所示。

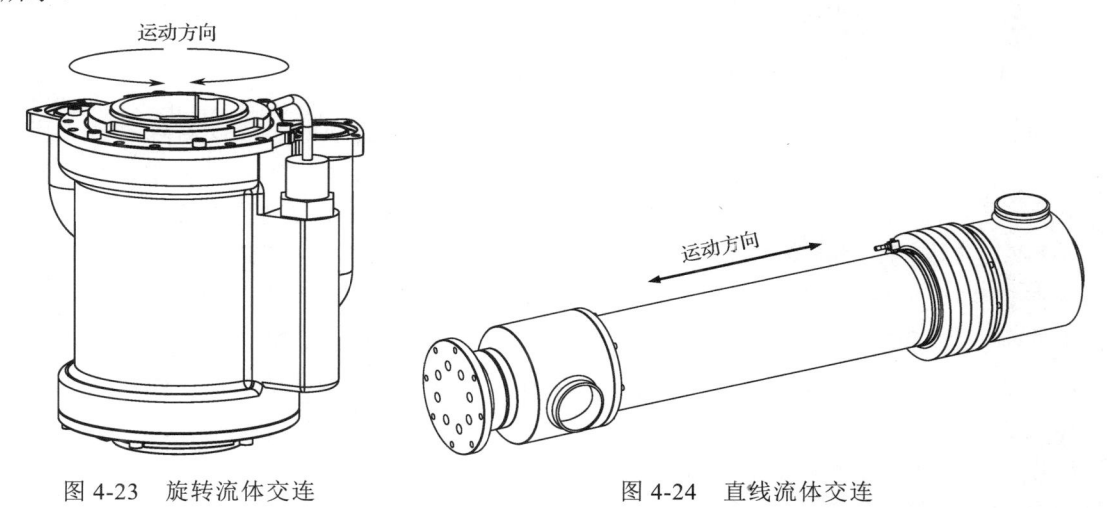

图 4-23　旋转流体交连

图 4-24　直线流体交连

4.3.1　工作原理

采用柔性密封作为动密封副实现密封流体介质的交连被称为柔性密封流体交连。柔性密封是解决相对运动机构之间密封问题的通用方法，基本所有动密封问题均能解决。

柔性密封的基本原理是依靠密封件预变形在密封界面产生的压力阻止介质泄漏。柔性密封具有结构简单、可靠性高的优点，但使用寿命相对机械密封较短且极度依赖动密封圈材料，以及与之配合的金属表面状态。柔性密封适用于回转次数较少、空间尺寸受限、要求寿命期内"零"泄漏的工况。

柔性密封结构简单，只有一个柔性动密封组件。柔性动密封组件有单个密封圈和组合式密封圈，如图4-25所示。

(a) 单个密封圈   (b) 组合式密封圈

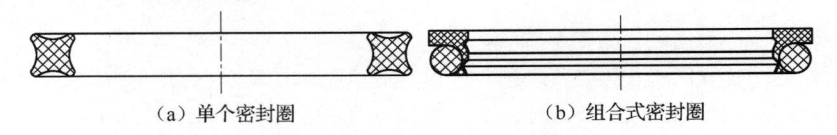

图 4-25 柔性动密封组件

4.3.2 典型结构

柔性密封流体交连根据运动方式的不同，可以分为旋转流体交连和直线流体交连。

旋转流体交连通常由两个相对运动的内环、外壳、密封件、轴承及其附件组成，通过轴承将内环、外壳连接为一体，可以实现正反向连续旋转运动。动密封圈设置在内环、外壳相对运动的间隙中，为保证轴承的高效运转和使用寿命，动密封圈安装的位置必须将密封介质与轴承隔开，旋转流体交连基本结构如图 4-26 所示。

外壳通过两个轴承支撑内环，同时保证外壳和内环相对的旋转精度。在内环的一端设置有两道动密封保证交连运行过程中的密封，第一道为主密封，第二道为辅助密封，主密封承受较大的介质压力；辅助密

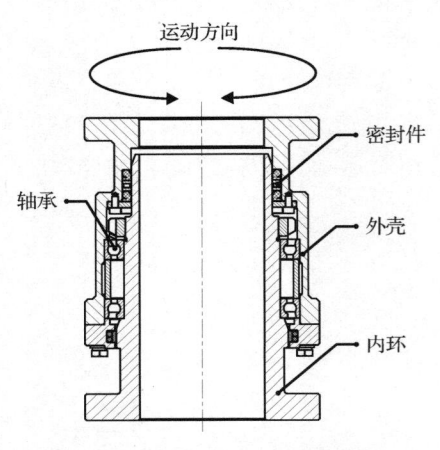

图 4-26 旋转流体交连基本结构

封基本不承受介质压力，可以采取较小的压缩量，从而保证其使用寿命高于主密封。同时两道密封之间设置有泄漏通道，当第一道密封出现较大磨损或微量泄漏时，漏液将流入主密封和辅助密封之间，此时可通过液位计检测到漏液。柔性密封流体交连基本布局如图 4-27 所示，齿形密封圈、格莱圈、内环、外壳将流体交连分成两个相互独立的密封腔，能实现不同品种、压力的介质的旋转传输功能。通过设计两道齿形密封圈，并在两道齿形密封圈之间形成集液腔，与液位计相连，一旦第一道齿形密封圈泄漏，漏液到集液腔，液位计可实时发出报警信号。

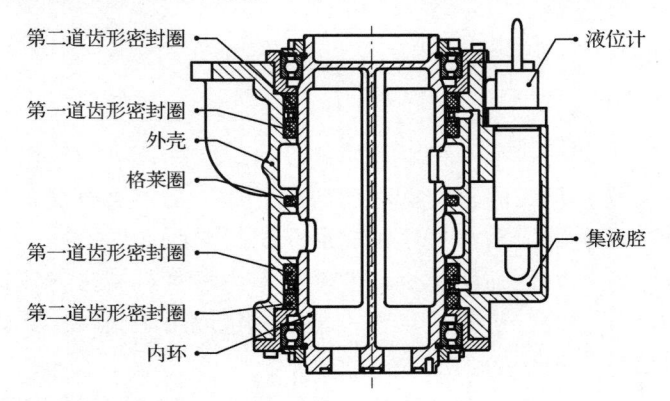

图 4-27 柔性密封流体交连基本布局

直线流体交连的内筒、外壳的运动方向为轴向，是可以沿轴向被动往复运动的流体交

连，其基本结构如图 4-28 所示，主要包括外壳和内筒，内筒插进外壳内并可来回伸缩运动。

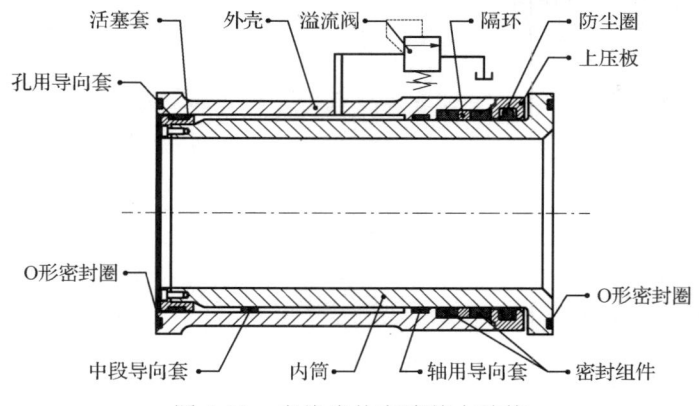

图 4-28　直线流体交连基本结构

图 4-28 所示为单级直线流体交连，多级直线流体交连就是在内筒和外壳之间再增加一个或多个伸缩筒，即在内筒内再设置多层内筒，内筒和内筒之间设置可以让密封介质流出的通孔，以及密封圈装置，从而实现多级伸缩。当为多级结构时，直线流体交连内部充满冷却液，在加压状态时，由于各级内筒受力面积不同，内筒将由内向外逐级向外伸展，而当装置内部处于泄压状态时，内筒内的冷却液通过外力驱动，可以实现由外向内一级一级地收缩，从而实现设备升降过程中，密封介质的连续传输。其基本结构形式与单级结构相同。

旋转流体交连更为常见，应用更为广泛，因此下面以旋转流体交连为例进行介绍。

4.3.3　主体结构

主体结构包括内环和外壳，两者作为液体旋转传输管道的一部分，直接与介质接触，一般选用不锈钢材料或铝合金，同时表面做阳极氧化处理。主体结构件要具有较好的刚性，在转动过程中不会产生变形。同时内环是动密封副组成的一部分，与密封件接触部位需选择与所选密封件相匹配的硬度和表面粗糙度。

1. 内环

与柔性动密封圈配合表面的粗糙度、硬度和形位公差直接影响密封性能和寿命，是设计中最为关键的参数。以车氏密封为例，与密封圈动态配合的内环表面设计要求如下。

（1）密封表面粗糙度≤$Ra0.2\mu m$。
（2）密封表面硬度≥HRC55。
（3）表面的圆度<0.01mm。
（4）轴承安装部位与密封面的同轴度≤$\phi 0.02mm$。
（5）材料一般为合金钢或不锈钢，根据不同的介质确定。

选用其他类型的柔性动密封圈时，相关参数会有所变化，具体数值需要与密封圈生产厂商沟通协商，特别需要注意的是表面粗糙度和硬度指标，需要与不同材料的密封件匹配，并非越高越好。

在产品重量限制的条件下，可选用轻质材料作为流体交连的结构件。而钛合金或铝合金等轻质材料无法通过热处理等方法提高表面硬度，难以满足密封表面高耐磨及高硬度要求。相关研究表明，可在钛合金或铝合金表面喷涂陶瓷，提高钛合金和铝合金的表面硬度，改善密封表面的状况，以满足实际使用对密封表面的苛刻要求，内环喷涂陶瓷表面示意图如图 4-29 所示。涂层与基体结合力大于 70MPa，喷涂面表面经磨削加工后，表面粗糙度可达 $Ra0.2\mu m$，满足了密封表面的苛刻要求。

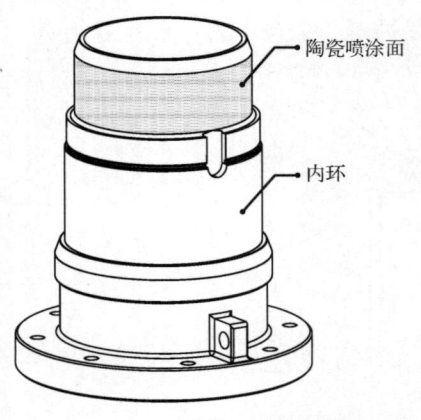

图 4-29　内环喷涂陶瓷表面示意图

2．外壳

在动密封为活塞杆形式的流体交连中，外壳与动密封圈之间为静密封，配合精度推荐如下。

（1）密封槽底和两侧的表面粗糙度 $\leqslant Ra0.8\mu m$。

（2）轴承安装内孔与密封槽底的同轴度 $\leqslant \phi 0.02mm$。

（3）材料一般为合金钢或不锈钢，根据不同的介质确定。

4.3.4　动密封副

柔性动密封副是指柔性动密封圈和与之接触配合的结构件，结构件的设计可见 4.3.3 节相关内容，这里主要介绍的是用于动密封的密封圈。密封圈是柔性密封流体交连的关键部件，根据工作特性，可分为挤压型密封圈、唇形密封圈和组合密封圈。

挤压型密封圈和唇形密封圈一般用于动压要求不高的场合，对于动密封要求较高的工况，一般采用组合密封圈，组合密封圈由弹性件和滑环组成，其中弹性件一般为 O 形密封圈或金属弹簧，而滑环常选用耐磨非金属材料。例如，采用 PTFE 材料，并通过共混、共聚或添加纤维、铜粉等形成性能优异的新型复合材料。通过这种材料复合，既发挥了 PTFE 的优异特性，又克服了 PTFE 的易蠕变和不耐磨等缺点，使 PTFE 复合材料具有减摩、耐磨、自润滑、耐蚀、耐热、耐老化、耐压缩、抗蠕变、尺寸稳定和线膨胀系数低等优点，并提高了材料的导热性和硬度，降低了成本。柔性密封流体交连中常采用泛塞和车氏两种类型的组合密封。

下面介绍柔性密封流体交连中常用的密封类型，如表 4-9 所示。

表 4-9　密封分类表

类　型		截 面 形 状	特点及适用工况
挤压型密封圈	O 形密封圈		特点：结构简单、易于成形。 适用工况：静密封。 不适用工况：动密封

续表

类　　型		截面形状	特点及适用工况
挤压型密封圈	X形密封圈		特点：有两个凸起，双重密封，可靠性高；摩擦阻力小，工作线速度较高，在沟槽中的位置较为稳定。 适用工况：静密封、转速较低的动密封
唇形密封圈	V形密封圈		特点：V形密封圈是唇形密封圈的典型结构，应用最早，耐压、耐磨性好，可以根据压力大小叠加使用，但体积大、摩擦阻力大。 适用工况：往复运动
	U形密封圈		特点：U形密封圈与V形密封圈相似，优点是结构简单、摩擦力小、耐磨性好，但唇口易翻转。 适用工况：低速水压、油压的往复运动
	Y形密封圈		特点：Y形密封圈具有较小的截面，可装入整体密封沟槽内。 适用工况：压力波动不大的场合，在压力较高的场合需要支撑环
	L形密封圈		特点：具有双唇口，可实现防尘和密封的一体化。 适用工况：中低压气液往复柱塞杆或者旋转运动密封
组合密封圈	弹簧与动密封滑环组合		特点：由弹簧与动密封滑环组成，在低压或零压力时，金属弹簧体提供主密封力，随系统压力升高，主密封力由系统压力提供，保证从零压至高压都是紧密的密封。 适用工况：各种压力情况下的动密封
	O形密封圈与动密封滑环组合		特点：由O形密封圈与动密封滑环组成，动密封滑环一般以PTFE为基材，添加铜粉、纤维等，以降低摩擦系数并增加强度。O形密封圈是动密封滑环与金属结构件之间起到静密封和为预压缩提供密封力的元件。 适用工况：各种压力情况下的动密封

柔性动密封组件的形式多样，常用的有泛塞、格莱圈、车式密封等。柔性动密封组件的选择没有统一的标准。除需要根据密封直径进行选择外，还需要根据使用工况按密封件生产厂商的选型手册选取合适的品种和型号。

以车氏密封的齿形密封圈及格莱圈为例，简要说明组合式动密封元件的组成和基本原理。组合式动密封元件如图4-30所示。

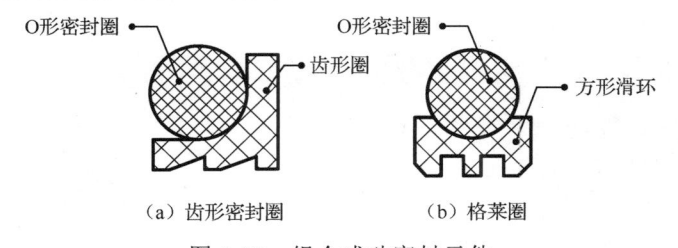

（a）齿形密封圈　　　　（b）格莱圈

图4-30　组合式动密封元件

齿形密封圈由齿形圈和O形密封圈组成，齿形圈采用高耐磨材料，以增加密封圈寿命，O形密封圈采用氟硅材料对磨损进行补偿。并且齿形圈设置有三道密封，大大提高了密封的可靠性。格莱圈由方形滑环及O形密封圈组成，用于内部两流道之间密封。格莱圈为对称结构，可双面承压，方形滑环采用高耐磨材质，以增加密封面寿命，氟硅材料的 O 形密封圈对磨损进行补偿。

为提高动密封可靠性，采用双道密封甚至三道密封，但设计时第一道密封、第二道密封、第三道密封在预压缩率、尺寸配合及方向上均有所不同，第一道密封通常与密封介质直接接触，按选型手册推荐的参数选取相关参数和尺寸；第二道、第三道密封按密封介质低压或无压条件选取参数和尺寸。

直线流体交连相对运动是沿轴向方向的，需选择专用于直线运动的柔性动密封圈，该类密封圈与旋转式密封圈外形相似，但仍然存在差异，不能混用，否则很容易在较短的时间内出现泄漏失效。

4.3.5 仿真计算分析

柔性密封流体交连的流量、流阻仿真和力学仿真与机械密封流体交连类似，这里就不再赘述。

柔性动密封圈在运行过程中与金属件摩擦产生较大的热量，使得柔性动密封圈温度急剧升高而影响寿命。对流体交连的内结构进行优化，通过密封介质适当地带走部分热量，从而降低柔性动密封圈的温度，延长其使用寿命、提升其密封性。

柔性动密封圈一般安装在沟槽内，不可避免地会出现流道截面急剧减小的情况，流体流速在柔性动密封圈附近会出现急剧变化，这对柔性动密封圈的性能产生较大的影响。因此，需对此工况进行仿真分析，优化局部结构，提升柔性动密封圈的密封性和使用寿命。

以某柔性密封流体交连为例，对柔性动密封圈安装沟槽处的流体流速进行有限元分析，沟槽附近的流体流速云图如图 4-31 所示，即当安装柔性动密封圈的沟槽布置在内环表面时，沟槽边缘处的流体流速最大；而当沟槽布置在交连外壳内壁上时，沟槽边缘处的流体流速最小。柔性密封在旋转过程中产生的热能是通过热传导与热对流的方式进行散热的。通过仿真分析可知，当沟槽布置在内环表面时，流体流速比沟槽布置在交连外壳内壁上时大，即在过流面积相同时，通过热对流和热传导所散发的热量越多，越有利于保持黏度的稳定性，使得柔性密封不容易产生摩擦磨损，从而提高旋转密封的使用寿命，降低泄漏的可能。因此，从密封稳定性和使用寿命角度出发，柔性动密封圈安装沟槽设置在内环上更为有利。

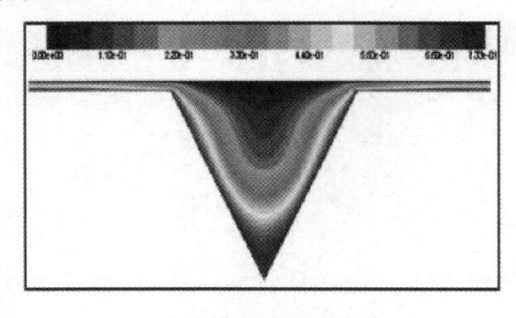

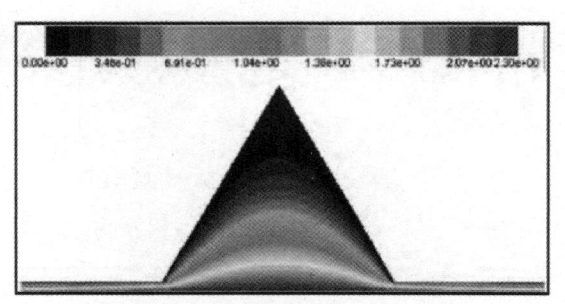

（a）沟槽布置在内环表面 （b）沟槽布置在交连外壳内壁上

图 4-31 沟槽附近的流体流速云图

4.3.6 制造与装配

柔性密封流体交连的制造与装配主要包含三方面内容：流体交连的结构件加工、流体交连装配、流体交连装入上级装备。

1. 制造

柔性密封流体交连结构简单，主要的密封件一般由专业厂商提供。为保证柔性密封流体交连的密封性能，零件制造精度和过程装配必须满足设计要求，特别是与密封件接触的表面硬度、表面粗糙度，以及装配路径中的倒角圆角必须满足设计规范。

与柔性动密封圈配合的金属表面可以采用表面镀铬、火焰喷涂陶瓷等方法提高表面硬度以达到HRC60；表面粗糙度通过磨削加工达到 $Ra0.2\mu m$。

柔性动密封圈安装路径上一般采用 20°倒角且倒角与直面之间还需倒圆角过渡，如图 4-32 所示。

2. 装配

柔性密封流体交连是通过柔性密封件实现动密封的，密封件的装配有特殊要求，装配过程控制要求较高，其余轴承等装配与普通传动装置无差异。柔性密封流体交连装配及检验要求如表 4-10 所示。

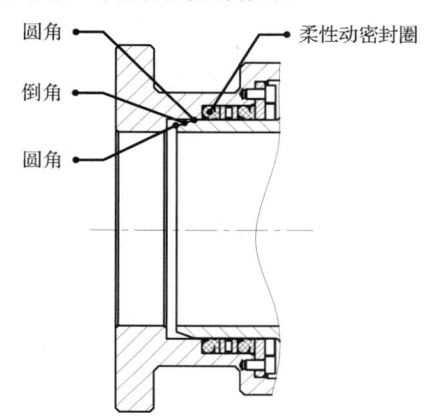

图 4-32 柔性动密封圈安装倒角示意图

表 4-10 柔性密封流体交连装配及检验要求

装配阶段	检验要求
安装要求	1. 在装配时，重点关注装配后流体交连内环与外壳之间的轴向窜动和径向跳动数据，一般小于 0.2mm。 2. 明确柔性密封件安装部位的轴套径向跳动、表面粗糙度、尺寸公差
装配前准备	1. 检查自制、外购的零件，特别是密封表面有无划痕、损伤、变形、裂纹等现象，若有缺陷，则必须更换或修复。 2. 检查柔性密封各零件的配合尺寸、表面粗糙度、平行度是否满足设计要求
装配	1. 柔性动密封圈装配时需测量与其配合的金属件直径，计算预压缩量是否满足设计要求。 2. 柔性动密封圈按其产品使用说明书进行安装，对于硬度较高的 PTFE 柔性动密封圈可以通过加热至 80～120℃，使其软化后再安装。 3. 对轴承进行消隙处理，使其满足传动精度要求
装配后检查	1. 在流体交连内充满流体后测量启动力矩，共测量两次：第一次为装配完成后，第二次为常温跑合完成后。 2. 静压检漏：在保证流体交连内部充满液体无空气的情况下加压，观察压力变化及流体交连的泄漏情况
跑合试验	1. 流体交连跑合前要对液冷源、压力表、阀进行检查，要求压力满足图纸及工艺要求，严禁流体交连无供液情况下跑合。 2. 跑合过程中需保证进出水方向、压力、流体交连转动方向正确无误。 3. 将流体交连装入跑合台，按照工艺文件要求测量并调整流体交连端面跳动和径向跳动。 4. 流体交连进行低速转动，确保转动平稳、无振动后方可进行跑合试验，否则需立即停机

3. 柔性密封流体交连安装要求

柔性密封流体交连装配合格后交付使用。柔性密封流体交连安装在机电装备的旋转中心，为提高柔性密封流体交连安装的稳定性，必须满足以下要求。

（1）柔性密封流体交连安装支架满足刚度要求。柔性密封流体交连安装后旋转一周，径向跳动和端面跳动均小于 0.1mm。柔性密封流体交连安装要求示意图如图 4-33 所示。

（2）如果条件允许，柔性密封流体交连最好采用外壳两端固定方式。

（3）柔性密封流体交连内轴一端固定连接，另一端采用十字拨叉或弹性柱销联轴器进行浮动连接。

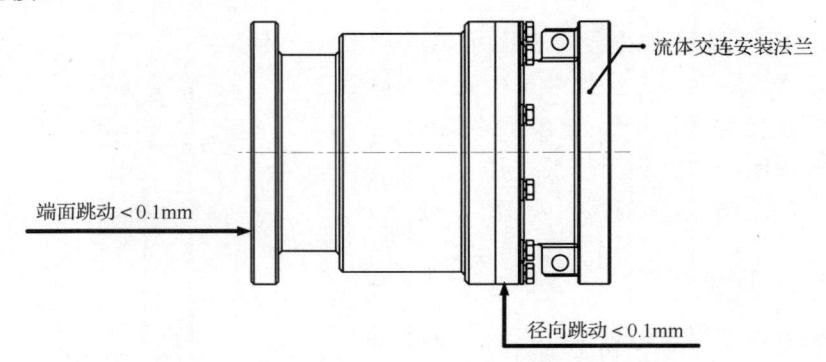

图 4-33　柔性密封流体交连安装要求示意图

柔性密封流体交连与装备结构件相比较，其承受载荷能力较小，轴承或导向套无法承受由安装误差造成的附加载荷；为保证密封的可靠性和使用寿命，对柔性动密封圈的压缩量和均匀性提出较高的要求，为此在一端固定连接、一端浮动连接的基础上，必须确保安装后的同轴精度。

4.4　环境适应性设计

环境适应性是流体交连重要的性能指标之一。流体交连在储存、运输和使用过程中，可能遇到各种自然和人工（诱导）环境条件，前者是自然界客观存在的，后者是由设备外部因素引起的，并激励（诱导）流体交连自身响应的各种影响因素的集合。流体交连应能承受相关的环境温度条件、振动、冲击条件，具有良好的防潮、防霉、防盐雾腐蚀等能力。

1. 防腐设计

随着机电产品应用范围的不断拓展，应以提高产品的环境可靠性为目标，内容包括防水、防潮、防湿热、防结露、防盐雾、防霉、防老化、防污染、防风沙、防积雪、防裹冰等。

流体交连中金属件常采用不锈钢材料，如果需轻量化，则采用钛合金材料，它们都有优良的耐腐蚀性能，可以适应多种不同的环境，满足高低温使用要求，甚至可用于腐蚀性介质的传输。

流体交连中非金属件常常采用氟硅橡胶、聚四氟乙烯等材料，几乎能耐所有的强酸、强碱和强氧化剂的腐蚀，除此之外，还有很高的耐热性和耐寒性，使用温度范围广，能够满足产品的使用要求。

2．减振缓冲设计

流体交连作为复杂电子装备中的重要设备，有可能应用于振动冲击环境。为了提高动密封的使用寿命，流体交连密封环选用硬度极高的陶瓷材料，但其易碎特性也较突出，为避免受到振动冲击时碎裂，必须对陶瓷密封环进行减振设计。机械密封原有补偿机构具有减隔振作用，但受弹簧比压的约束，其效果有限。因此，单纯依靠补偿弹簧有时无法满足隔振要求，采用胶垫+弹簧补偿阻尼组合结构可更为有效地解决问题，补偿阻尼组合元件结构示意图如图4-34所示。

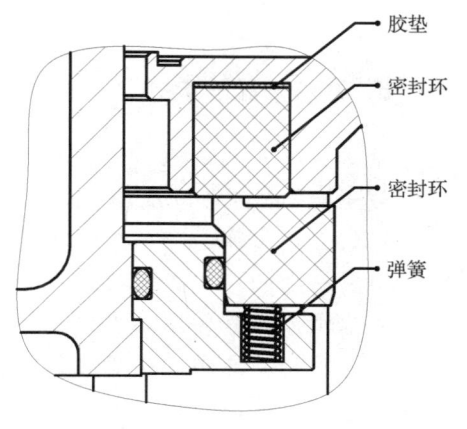

图4-34 补偿阻尼组合元件结构示意图

3．橡胶抗溶胀、老化设计

溶胀问题：流体交连中选用的胶料必须与密封介质、装配过程中接触的油脂、酒精、汽油等相容；使用温度范围能够满足实际工况，否则极易出现溶胀问题。氟硅橡胶、丁腈橡胶、三元乙丙橡胶均为较为常见的胶料，在设计时可以根据使用要求进行选择。对于柔性组合密封圈而言，耐介质能力不仅取决于组合中的主密封，还取决于组合中的辅助结构件，如泛塞密封圈中的弹簧、车氏密封和格莱圈中的O形橡胶密封圈。

老化问题：胶料的老化不仅仅是指温度交变或深冷或高温带来的老化，还有在密封介质、电磁辐射环境下产生的老化。氟醚橡胶（FFKM）不仅具有优异的耐高温、耐腐蚀，还具有良好的橡胶弹性，以及优异的气密性、耐等离子体性和耐辐射等性能，能在-55～320℃下长期工作。

结构设计：交变温度环境下胶垫与密封介质之间会出现较大温差，加速橡胶老化。为解决这类问题，在胶垫靠近密封介质侧加工导流槽进行热交换，减少胶垫的温度变化，延长使用寿命，胶垫冷却槽结构示意图如图4-35所示。

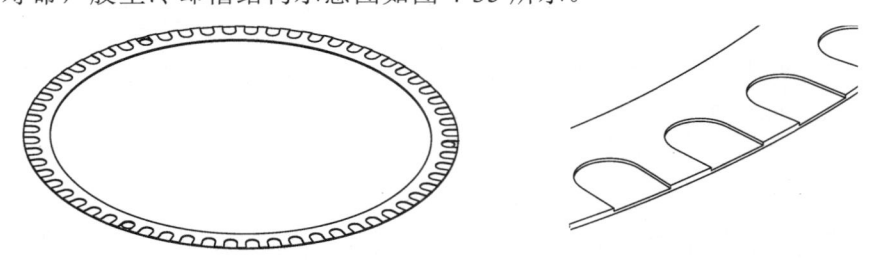

图4-35 胶垫冷却槽结构示意图

4. 耐高低温设计

机械密封流体交连中有金属材料、橡胶材料、陶瓷材料，各种材料的热膨胀系数各不相同，而作为密封设备，流体交连对配合公差变化较为敏感，因此在设计过程中需校核极限温度情况下的公差配合是否依然能够满足使用要求。这里所提及的温度是密封圈运行过程中所接触到的介质温度，有可能是密封介质的温度、交连所处环境的温度，以及运行过程中密封圈发热而出现的高温。在设计时需选择三者之间的极限温度作为选型依据。

5. 润滑油脂的选择

流体交连内部轴承、密封圈外表面在装配和使用过程中均需要润滑，其中轴承属于低承载工况，因此在润滑油脂选择时只需注意以下三点：①是否满足使用环境温度要求；②与密封介质和密封圈材料的相容性问题；③油脂的承载能力。

对于常用的乙二醇水溶液，流体交连可以使用中国石化润滑油有限公司生产的7012极低温润滑脂，其使用温度可满足-70～120℃使用要求，与乙二醇水溶液能够相容。

对于氟利昂介质，润滑油脂目前优选 Pareker 的 Super O-Lube 高级 O 形密封圈润滑油脂。这种油脂可以与氟利昂相容，同时不会引起三元乙丙橡胶的溶胀。

4.5 性能测试

流体交连性能测试是评判其是否达到设计和使用要求的重要手段，不仅在研制阶段具有较高的参考价值，在保证产品质量一致性和故障排查中也扮演着重要角色。

4.5.1 测试指标

流体交连完成总装后，需进行一系列的性能测试，考查产品本身是否满足性能指标要求。主要测试指标包括耐压能力、工作转速、启动力矩、工作流量、流阻、泄漏量和高低温适应性等。

4.5.2 测试方法

性能测试是每台设备均进行检测还是进行抽检，可根据实际产品要求确定。一般对于研制类产品，每台设备均需进行性能检测。

1. 测试原理

通过将流体交连接入能够模拟实际介质、流量、压力、转速等工况的测试系统中进行测试，获取其性能指标。流体交连测试原理框图如图 4-36 所示。

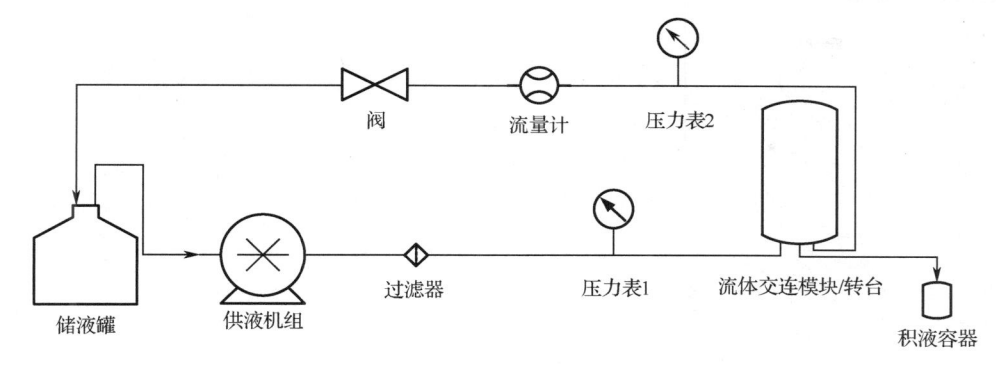

图 4-36 流体交连测试原理框图

2．测试仪表和设备

流体交连测试过程中除需选用合适量程的压力表、流量计、量杯、计时器等仪表外，还需要储液罐、供液机组和跑合台。

压力表的作用是检测系统压力及流体交连的腔内压力；流量计是监控系统流量是否达到实际使用工况的仪表；量杯和计时器结合使用来测试流体交连的泄漏率。

储液罐是测试系统中循环流体的存储设备；供液机组是流体循环的动力；跑合台是带动流体交连运行的设备。

除此以外，系统中还需要配备过滤器、阀等设备，保证流体的纯净度、系统压力和流量。

3．测试步骤及合格判据

按以上测试方法对流体交连性能指标进行测试，测试步骤及合格判据如表 4-11 所示。

表 4-11 测试步骤及合格判据

测试项目	测试步骤	合格判据
耐压能力	1. 流体交连接入测试系统。 2. 调节液冷源和阀使系统达到工作流量和峰值压力。 3. 流体交连不转动，静置 15min，收集、测量漏液体积，观察流体交连外观变形情况	1. 测试过程中流体交连外部、泄漏孔处均不得有漏液，一旦出现漏液可以判为不合格。 2. 流体交连外观不得有可见的变形，若存在明显变形，则判为不合格
工作转速	1. 流体交连安装于转台上，连接至测试系统。 2. 调节液冷源和阀使其流量和压力达到设计指标。 3. 调节转台转速达到产品要求转速，每个工作转速转动 2h，观察泄漏、振动和噪声情况	1. 通过流体交连的泄漏量和累计时间计算单位时间泄漏量是否满足指标要求。 2. 在泄漏率满足指标要求的前提下，若在转速使用要求的全程范围内，无振动、噪声等异常现象，则判为合格，否则判为不合格
启动力矩	1. 根据实际转动情况固定流体交连的内环或外壳。 2. 充入满足型号、温度和压力要求的冷却液。 3. 采用人工或电动方式驱动流体交连旋转，测量启动瞬间的转动力矩值。 4. 重复步骤 3，沿顺时针、逆时针方向分别随机选取 12 个点进行测试	若启动力矩平均值满足设计要求，则判为合格，否则判为不合格

续表

测试项目	测试步骤	合格判据
工作流量	1．将流体交连安装于转台上，接至测试系统。 2．调整转台转速至工作转速。 3．调节液冷源和阀，读取进液口处的压力表与回液口处的压力表的读数，计算流阻值（压力差值）是否达到设计要求。 4．读出流体交连的流量计显示值	在流体交连流阻小于或等于设计要求的情况下，若流量值满足指标要求，则判为合格，否则判为不合格
流阻	1．将流体交连接至测试系统。 2．转台不转动。 3．调节液冷源和阀使流量达到额定流量。 4．在压力表读数稳定后，分别读取流体交连进液口处的压力表和回液口处压力表的读数。 5．重复步骤3～4 5次。 6．转台按工作转速进行转动。 7．重复步骤3～4 5次	多次测量进液口和回液口压力差值，若压力差值的平均值不大于设计指标，则判为合格，否则判为不合格
泄漏量	1．将流体交连接至测试系统。 2．调节液冷源和阀使流量达到规定流量、系统压力分别达到额定压力和峰值压力。 3．流量计、压力表读数稳定后，流体交连不转动，静置24h，观察泄漏口漏液情况。 4．调节液冷源和阀使流量达到工作流量、系统压力分别达到额定压力和峰值压力。 5．在流量计、压力表读数稳定后，机械密封流体交连累计转动100h、柔性密封流体交连累计转动40h，观察泄漏口漏液情况。 6．流体交连内部充满密封介质后，将压力调为0MPa，静置24h，收集漏液，测量漏液体积	通过泄漏量和累计时间计算单位时间泄漏量，若跑合过程中记录的泄漏量均满足设计要求，则判为合格，否则判为不合格
高低温适应性	1．将流体交连接入测试系统。 2．将流体交连和转台放置在高低温试验箱内，控制系统和供液系统可以放置在试验箱外。 3．根据使用要求确定的最高、最低温度设置试验箱温度。 4．向流体交连内部通液。 5．调节系统压力和流量达到使用要求。 6．根据流体交连的体积、重量确定保温时间，保证流体交连内外温度达到平衡状态。 7．流体交连静止不动，保压2h，检测泄漏情况。 8．流体交连按工作转速进行跑合，每个转速跑合2h，检测泄漏情况	通过泄漏量和累计时间计算单位时间泄漏量，若试验过程中所有记录的泄漏量均满足设计要求，在转速使用要求的全程范围内，没有出现振动、噪声等异常现象，并且流体交连外部没有泄漏，则判为合格，否则判为不合格

4.6 漏液检测与回收

4.6.1 漏液检测技术

漏液检测的目的是及时了解流体交连动密封的健康状况，对泄漏进行预警，避免由泄漏引起更大的次生危害，一般通过检测漏液的液位变化实现。国内外早期的液位计一般利用机械原理进行液位测量，较为传统。伴随着电子技术、封装技术及测量技术的发展，涌现出了越来越多不同类型的液位计，如磁翻板式、浮球式、雷达式、电容式、音叉式等。流体交连中常用液位计分为接触式和非接触式两类，液位计除需满足高低温、振动冲击等环境要求，还需能够抵抗冷凝水及水汽等非泄漏因素的干扰，避免出现误报问题。

1. 接触式液位计

接触式液位计大多数较为传统，结构简单，由于经常要与待测液体接触，所以性能和使用寿命相对较差，无法用于一些高腐蚀、高温等恶劣测量环境中。常见的接触式液位计主要有浮子式液位计、磁致伸缩式液位计和电容式液位计等，如表4-12所示。

表4-12 接触式液位计

类 型	原理、组成与特点	外 形 图
浮子式液位计	浮子式液位计利用恒浮力原理进行液位测量，由浮球、转动部件、传感器、显示系统组成。其测量精度受环境、待测介质性质等多种因素影响	
磁致伸缩式液位计	磁致伸缩式液位计采用磁致伸缩材料制成，测量原理利用韦德曼效应，环向磁场和轴向磁场的叠加会形成扭转效应，继而产生扭转波。通过计算测量收、发脉波之间的时间间隔，即可计算出待测液体的当前液位，具有精度高、稳定性好等特点，常应用于加油站罐区的液位自动测量，但不适用于有压力、有腐蚀等恶劣环境的测量	
电容式液位计	电容式液位计通过检测电容值的变化来测量液位，一般由电容测量检测模块、传感器、单片机和液晶屏组成，常应用在石油、化工等场景，用于液位测量。与磁致伸缩式液位计一样，电容式液位计同样不适用于有压力、有腐蚀等恶劣环境的测量，且需现场标定，非线性误差大	

2. 非接触式液位计

非接触式液位计主要有超声波液位计、光纤液位计、微波雷达液位计等类型，如表 4-13 所示。

表 4-13 非接触式液位计

类 型	原理与特点	外 形 图
超声波液位计	超声波液位计利用超声波频率高、穿透力强、方向性好的特点，通过测量超声波发射时到接收时的时间差来测量液位，具有结构简单、安装维修方便、能够在低温环境下使用等优点	
光纤液位计	光纤液位计利用光学原理测量液位，当发出的光源通过光纤到达被测液体表面时，会产生反射和投射，反射的光经光纤接收返回光电器件，通过检测反射光量测量液位高度。光纤液位计具有适用性强、实时精确等优点，但在低温环境下的测量效果不佳	
微波雷达液位计	微波雷达液位计通过检测发射和接收电磁波的时间差来测量液位，具有易操作、稳定、精度高等优点，可在真空环境中使用，但低温环境下测量结果较差，且造价高、功能单一	

3. 常用液位计选择

流体交连的液位计选择需从环境适应性、可靠性、误码率和经济性等方面综合考虑，一般选用电容式液位计较为合适。液位计一般安装在流体交连的泄漏集液腔位置，如图 4-37 所示，某柔性密封流体交连为防止动密封圈磨损造成对外渗漏，设计时除常规的一级密封外，增设二级密封，在一、二级密封之间设计集液腔用于储存漏液，并加装电容式液位计，当漏液流到集液腔时，液位计可实时检测到漏液并发出报警信号。二级密封可对漏液进行暂时密封，液位计可实时反馈漏液情况。

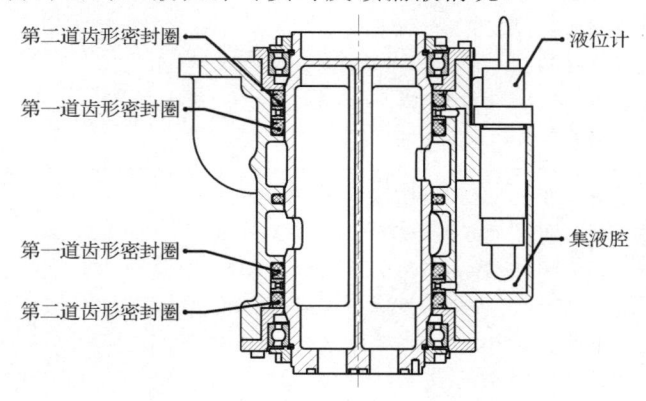

图 4-37 流体交连泄漏检测示意图

4.6.2 漏液回收技术

流体交连出现泄漏不仅会引起系统流量减少，降低液体传输能力，泄漏的介质也会污染周围的设备，影响产品可靠运行。特别当传输介质具有毒性或腐蚀性时，泄漏将引起人身、设备安全和环境污染。因此，在不允许泄漏的工况下，可以通过加固密封结构或增加漏液回收装置的方法实现对外零泄漏，其中漏液回收是一种更为经济的高可靠措施。

以雷达的冷却系统为例，冷却液通过流体交连输送到天线阵面，机械密封流体交连允许泄漏量在(0～5mL)/h，为使整个液冷管路形成零泄漏系统，减少冷却液损失、避免漏液对外部电子设备造成损坏，必须收集流体交连泄漏出的冷却液，并回收至液冷系统中循环使用。

1. 漏液回收原理

漏液回收系统的基本原理是利用流体交连泄漏回收通道和连接的管路，把密封副渗漏出的介质收集到回收箱中，通过设置在回收箱中上、下液位处的液位计，将液位信号传输到继电器从而控制继电器的通断，继而控制泵的启停，把存储在回收箱中的漏液泵回到系统的储液箱中，具体的原理框图如图4-38所示。

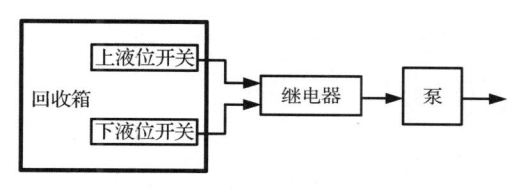

图4-38 漏液回收系统原理框图

2. 漏液回收系统组成

某机电装备典型的漏液回收系统主要由回收箱、泵控箱，以及相应的管路、电缆等组成。其中回收箱包括箱体、液位计；泵控箱包括继电器、泵。漏液回收系统结构框图如图4-39所示。

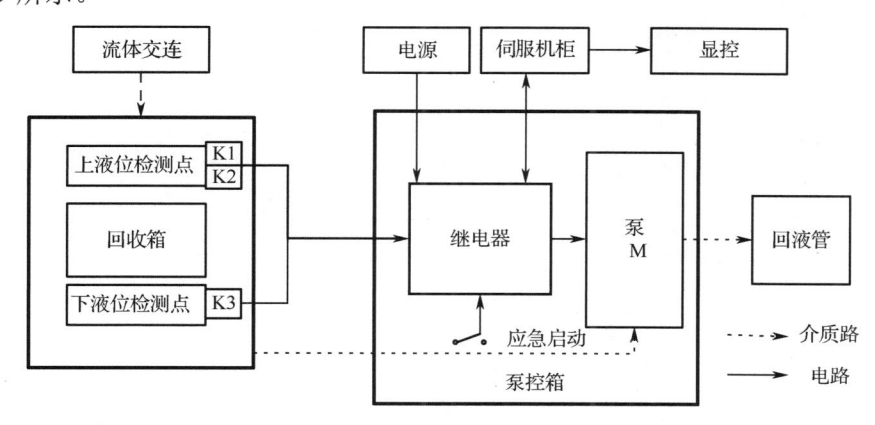

图4-39 漏液回收系统结构框图

漏液回收系统的工作流程：系统收集流体交连运行时渗漏的液体至回收箱，当回收箱中液位达到上液位时，上液位开关发送信号给继电器，控制泵启动将回收箱中的液体泵送至回液管；当液位下降至下液位时，下液位开关发送信号给继电器，控制泵停止工作；同时继电器启停信号通过伺服控制板发送给伺服机柜，对启动次数和启动时间进行记录。通过泵启动次数及工作时间来记录流体交连漏液速度与产品工作时间的关系，从而评估流体交连泄漏率。

3．漏液回收装置设计

漏液回收装置是流体交连的配套装置，主要包括回收箱、泵组件、信号电缆和供电电缆，回收箱和泵组件可设计成一个整体或分体式，其中泵组件自动排气、完成漏液回收，无源液位开关能够保证装置低功耗运行。

1）设计指标

漏液回收装置的设计指标主要包括回收箱有效容积和泵组件扬程。

（1）回收箱有效容积：根据流体交连正常的泄漏率、实际工作中的停机时间获得一次停机期间漏液体积，并结合安装空间等因素，确定回收箱的有效容积。

（2）泵组件扬程：根据泵出口处的背压情况确定最大扬程，以排液的时间确定泵的排量。

2）结构设计

回收箱一般放置在流体交连的正下方，进液口位于顶端，但要低于流体交连的漏液口，这样的布局有利于漏液顺利流入回收箱，并在回收箱中存储。回收箱采用外置开关与上液位开关串联，用于消除颠簸时上液位开关的误闭合。回收箱通过排液管与供液系统连接，其具体的连接位置与供液系统的布局有关，应优先选择连接到开式回收箱和补液箱的液面上方。回收箱组成、结构示意图如图4-40所示。

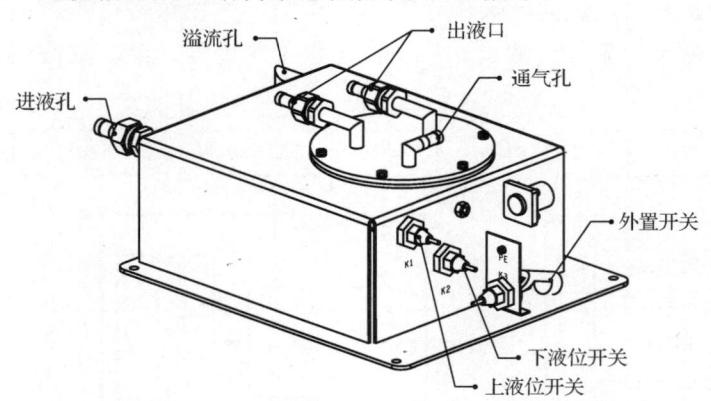

图4-40 回收箱组成、结构示意图

如果为泵组件配备不间断电源可保证全时段的自动监控、自动回收，则漏液回收装置采用无源的液位开关，通过继电器控制实现只有在泵启动时耗电，监控液位时段不需要通电。是否配备不间断电源需根据产品需求确定，对于在需要产品运输过程或者存储时完全不允许冷却液外漏且存储前未排空液冷系统中冷却液的设备，应给漏液回收装置配备不间断电源。

4.7 典型失效形式及故障分析

4.7.1 失效外部表现

流体交连采用的动密封分为机械密封和柔性密封,无论哪种密封形式,其失效的主要表象如下。

(1) 密封系统流体损失量超标,即通常所说的有过量流体从密封系统中流出。
(2) 密封系统内部压力无法保持在工作压力状态。
(3) 密封系统运行中有异响、抖动。
(4) 使用寿命短。

1. 密封失效的判定标准

失效标志的第一、二条均表征泄漏,但泄漏量多少才算失效?对于机械密封而言,机械行业标准 JB/T 4127.1—2013 中对平均泄漏量(密封液体时)规定如下。

(1) 轴(或轴套)外径大于 50mm 且小于 120mm 时,平均泄漏量小于 5mL/h。
(2) 轴(或轴套)外径小于或等于 50mm 时,平均泄漏量小于 3mL/h。

随着流体交连的传输流量越来越大,轴(或轴套)外径超过 120mm 的产品越来越多,标准已无法满足产品需求。因此,根据经验,一般接触式机械密封的泄漏量超出理论值的 250 倍时,可认为其失效。

对于柔性密封来说,只要出现泄漏就可认为已失效。

2. 异响、抖动故障的判定标准

无论是机械密封还是柔性密封,在运行过程中密封结构出现异响或抖动均说明动密封存在故障。异响和抖动往往是泄漏失效的前兆,当然有时也会伴随泄漏出现。

3. 密封过早失效的判定标准

密封过早失效是指寿命未达到设计指标要求,如果同型号产品均出现该故障,说明设计未满足设计规范,存在设计差错或缺陷;如果是偶发故障,需进行故障分析和定位。

尽管机械密封和柔性密封的失效表象类似,但其失效机理不完全相同,下面将分别叙述失效原因。

4.7.2 机械密封故障原因分析

机械密封流体交连失效主要表现为机械密封故障,而机械密封均位于设备内部,无法直接通过观察定位故障原因。因此,通过判定产品是批次性出现故障还是偶发故障,以及故障出现时的基本工况可以初步定位是设计原因、零件加工原因、装配原因还是使用原因。

1. 密封失效

当机械密封处于工作状态时，从外部特征可以观察和发现泄漏失效或即将失效前的常见特征。泄漏是机械密封失效的主要表现形式，从泄漏现象可以初步定位故障原因。机械密封流体交连典型泄漏故障定位如表 4-14 所示。

表 4-14 机械密封流体交连典型泄漏故障定位

泄漏现象	泄漏位置	故障定位
同型号产品个别台套出现泄漏	机械动密封副间	加工原因：端面平面度、粗糙度加工超标。 装配原因： 1. 密封端面存在异物。 2. 密封端面未贴合。 3. 浮动环无法正常浮动
同型号产品均出现泄漏	机械动密封副间	设计原因： 1. 端面平面度、粗糙度设计值不合理。 2. 密封环变形导致平面度设计值不合理。 3. 辅助密封间隙设计不合理，浮动环无法正常浮动
同时出现以下情况： 1. 同型号产品均出现泄漏。 2. 泄漏率与介质压力相关	机械动密封副间	设计原因：工作状态下密封端面压力过大或过小
同时出现以下情况： 1. 无论是否运行，泄漏现象始终存在。 2. 随着介质压力升高，泄漏率逐步增加	辅助密封	加工原因： 1. 辅助密封圈存在缺陷。 2. 与密封圈配合的金属表面存在缺陷。 3. 与密封圈配合的金属件尺寸未达到要求。 装配原因：辅助密封圈受损。 设计原因：辅助密封圈材料与密封介质不相容
	辅助密封	与辅助密封原因相同
	静密封	与辅助密封原因相同
一运行即出现泄漏	密封环本身	加工原因：密封环本身存在缺陷
前期无泄漏，运行一段时间后出现泄漏		设计原因：密封环运行过程中损坏

密封失效除了在流体交连运行时有所表现，在拆解交连后，通过对密封组件的观察也可探寻到失效痕迹，下面将详细叙述密封组件的失效表现形式。

1）机械损坏

（1）磨损损坏。

机械密封环正常工作，达到使用寿命的磨损不在此讨论范围内，这里所说的磨损损坏是指非正常情况。造成这类问题的原因主要包括配对材料选择不当、机械密封设计参数不合理导致密封表面润滑差、补偿环浮动不好、密封表面平面度差等。磨损损坏故障表现与故障定位如表 4-15 所示。

表 4-15　磨损损坏故障表现与故障定位

流体交连故障表现	密封组件故障表现	故障原因
泄漏量超标、有异响	宽环表面有凹槽、窄环边缘有蹦角	配对材料选择不当，未满足窄环稍软、宽环较硬的原则
泄漏量超标	密封环表面基本没有磨痕，或者有很浅的摩擦痕迹	密封端面比压过小
有异响	1. 密封环表面出现拉丝状条纹。 2. 窄环内侧边缘出现多处蹦角、密封表面有细小裂纹出现	密封端面比压过大
泄漏超标，同时伴随啸叫	1. 宽环和窄环表面存在较多拉丝状条纹。 2. 丝状痕迹并不是整圈都有，往往是局部有。 3. 窄环边缘蹦角，如图 4-41 所示	补偿环浮动不好

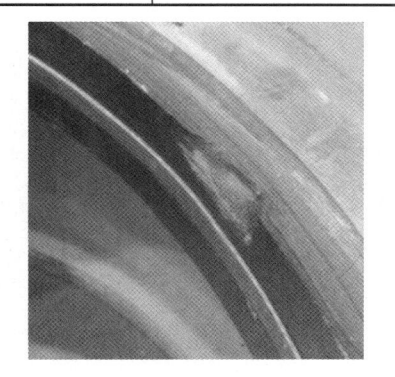

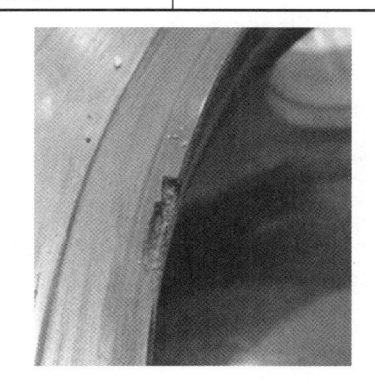

图 4-41　窄环边缘蹦角

（2）冲蚀和气蚀损坏。

流体交连密封的是流动的压力介质，较高压力（3MPa 以上）的流体冲击密封环会造成密封环局部损坏；在高转速运行时，大量泄漏的密封介质对密封环表面也会产生冲刷效应造成密封环损坏，拆解后可观察到明显的冲蚀痕迹。为防止此类磨损，应合理布局流道，避免流体直接冲击密封环；提高动密封可靠性，减少泄漏率。

（3）O 形密封圈损伤。

故障表现为泄漏超标，对故障密封件检查时可以看到 O 形密封圈上有缺陷或伤痕，也可能由于材料选择不合理，出现橡胶老化和龟裂等缺陷。

（4）摩擦力矩过大导致损坏。

故障表现为前期流体交连换向旋转时出现短暂的异响，随着运行时间增加，异响发生逐渐频繁，且不仅是在换向旋转时出现。拆解检查后可见防转销表面有明显压痕、防转销与金属基座之间配合松动。其产生的原因是密封表面润滑不好、密封端面比压过大等导致摩擦力矩过大，造成防转销上的非金属缓冲套损坏；或者防转销与金属基座配合由过盈转变为间隙配合。

2）腐蚀损坏

（1）弹性补偿元件损坏。

弹性补偿元件（弹簧、波纹管、隔膜、磁场）损坏的故障现象为突然出现泄漏增大且在泄压过程中泄漏量更大。弹性补偿元件被密封介质腐蚀或长时间承受应力，出现应力腐蚀而失效。易产生应力腐蚀的材料有铝合金、铜合金、钢及奥氏体不锈钢，一般应力腐蚀都发生在高拉应力工况，因此在弹性补偿元件设计中避免使用这类材料和应力状态。

（2）结构件腐蚀。

结构件腐蚀的故障现象为金属结构件出现渗漏，主要是选用的金属无法耐受密封介质和使用环境引起的腐蚀。在结构设计时需充分了解密封介质特性和使用环境条件，选择合适的材料和表面防腐处理方法，必要时可以开展环境适应性验证。除普通的表面腐蚀和点蚀外，特别需要注意缝隙腐蚀和电池腐蚀。

3）热损伤损坏

机械密封环因运行过程中产生较大热量引起环面过热而导致的失效为热损伤失效，最为常见的热损伤包括密封环端面热变形、热裂、炭化，弹性补偿元件的失弹，橡胶件的老化、永久变形和龟裂等。热损伤损坏故障表现与故障定位如表4-16所示。

表4-16 热损伤损坏故障表现与故障定位

流体交连故障表现	密封组件故障表现	故障原因
热变形引起的失效外部表现为不运行或运行前期泄漏不明显，工作时间稍长就会出现泄漏	1. 密封环端面出现许多细小的热斑点和独立的变色区。 2. 有时会发现密封环端面上有对称不连续的亮带。 3. 密封环端面内侧棱边有严重磕碰状损伤和蹦角现象。 4. 密封环端面摩擦痕迹为内侧磨损严重，越向外磨痕越浅	1. 密封端面比压过大、转速过低、密封介质缺乏等造成密封表面出现干摩擦。 2. 密封表面间隙、压力、速度在运行过程中波动过大造成密封副间无法形成稳定的液膜
由密封面产生的泄漏量急剧增加	常用的硬质合金、碳石墨、工程陶瓷等材料的密封环会出现径向热裂纹	
流体交连泄漏量超标	弹性补偿元件弹性降低或丧失	高温环境下弹性补偿元件弹性失效
	1. 橡胶密封件老化、龟裂和永久变形。 2. 橡胶变硬、强度和弹性降低	在高温流体中，橡胶密封圈有继续硫化的危险，最终使其失去弹性而密封失效

2. 异响失效

机械密封在运行过程中出现异响是较为明显的失效特征，异响基本都发生在机械动密封副相对运动的接触面。异响可以直接观察到，但不同状态的异响表征不同的失效原因。机械密封流体交连典型异响故障定位如表4-17所示。

表4-17　机械密封流体交连典型异响故障定位

异 响 现 象	故 障 定 位
同型号产品个别台套出现异响	加工问题：密封端面粗糙度过高或过低。 装配问题： 1．密封端面存在异物。 2．浮动环浮动性差、随动性差
同型号产品均出现异响	设计问题： 1．密封端面粗糙度设计不合理，过高或过低。 2．密封端面比压设计过大。 3．与浮动环浮动相关的设计参数不合理，导致浮动环无法正常浮动。 4．机械动密封副配对材料选择不合理，运行过程中出现干磨情况
同时出现以下情况： 1．同型号产品均出现异响。 2．异响发生频率与介质压力相关	设计问题：机械密封载荷系数设计过大，与密封介质正相关
1．转速低时有异响，转速提高后异响消失或减小，泄漏超标。 2．跑合一段时间后，全转速范围内异响消失，泄漏超标	设计问题：密封环浮动出现卡滞，导致密封环损坏
1．转速低时有异响，转速提高后异响消失或减小，无泄漏超标。 2．跑合一段时间后，全转速范围内异响消失，无泄漏超标	正常现象，非故障：密封环磨合不充分，充分跑合后情况好转，不属于故障
前期跑合无异响，运行一段时间后出现异响	设计问题：密封端面比压过大，环面润滑不充分，导致密封环出现热变形后损坏

3．密封过早失效（寿命短）

机械密封流体交连寿命短故障定位如表4-18所示。

表4-18　机械密封流体交连寿命短故障定位

寿命短现象	故 障 定 位
同一型号的机械密封流体交连都存在过早失效的问题	设计问题： 1．实际Pv值大于许用$[Pv]$值。 2．密封环配对材料选择不当。 3．辅助密封的O形密封圈材料选择不当，出现溶胀导致浮动环卡滞
偶发寿命大幅缩短问题	使用问题：密封介质中含有杂质和微小颗粒造成密封环剧烈磨损

4.7.3　柔性密封故障原因分析

柔性密封流体交连由于其密封原理与机械密封不同，因此尽管失效表象类似，但失效机理并不相同。柔性密封失效的外部特征主要为泄漏和密封过早失效，异响故障较为少见。

1. 密封失效

柔性密封相对于机械密封而言，结构简单、密封件组成少，泄漏情况易于判断，详见表 4-19。

表 4-19　柔性密封流体交连典型泄漏故障定位

泄 漏 现 象	泄 漏 位 置	故 障 定 位
同型号产品个别台套出现泄漏	密封副间	加工原因： 1. 金属件密封表面粗糙度加工超标。 2. 金属件密封表面尺寸超差。 安装问题：密封圈未安装到位。 使用原因：密封端面出现异物
同型号产品均出现泄漏		设计原因： 1. 金属件密封表面粗糙度设计不合理。 2. 金属件密封表面尺寸设计不合理
静压、运转均存在泄漏，且泄漏量与是否旋转无关	外壳与轴承盖	加工原因： 1. 与密封圈配合的外壳表面粗糙度超标；密封表面有损伤。 2. 密封圈制造质量问题。 3. 外壳与密封圈配合孔径超差
静压、运转均存在泄漏，但静止与运转时的泄漏量存在一定的差异	密封圈本身	加工原因： 1. 尺寸超差导致压缩率不够。 2. 存在错形、修边过量、流痕、凹凸缺陷、飞边过大等缺陷

柔性密封流体交连的密封处于交连内部，人们无法在运行过程中直接观察使用情况，但通过拆解检查并根据密封件的失效表现形式能准确判断失效原因。

1）动密封圈损坏

（1）磨损损坏。

对动密封圈进行检查，若动密封圈一周磨损均匀，与动密封圈配合的金属表面存在光亮带，但没有凹陷痕迹，说明是动密封圈磨损造成的泄漏，此时需要检查动密封圈材料性能和与之配合的金属表面涂层和表面粗糙度。

若动密封圈有磨损，同时与动密封圈配合的金属表面有凹陷，说明是金属表面硬度未达到要求而造成的泄漏，需复核金属表面硬度和涂层。

（2）装配问题。

动密封圈局部磨损严重，说明可能是内环、外壳装配不同轴造成的异常磨损，需检查零部件加工同轴度、轴承运行过程中的径向跳动和轴向跳动。

2）金属件损坏

金属件局部有磨损，说明内环、外壳装配不同轴或零件加工中存在同轴度超差的问题。

金属件有明显的腐蚀痕迹，说明金属材料无法耐受密封介质的腐蚀或无法耐受使用环境的腐蚀。

2. 异响失效

柔性动密封为非金属材料与金属材料之间的接触，正常情况下不易出现异响。但当动密封圈与金属件之间的接触应力过大时，会出现类似橡胶摩擦玻璃的尖锐异响；如果内环、外壳安装同轴度差，柔性动密封在圆周上压缩量不均匀，单侧过度磨损甚至动密封圈内部金属补偿件因局部磨损而暴露后与金属密封表面直接接触也会产生异响；如果相对运动的金属部件之间存在运动干涉，也会造成异响故障。

3. 密封过早失效

动密封圈过早失效一般是过度磨损造成的，可分为两种情况：同型号产品均出现密封过早失效故障、成熟产品突然出现个别台套或个别批次密封过早失效的情况。

1）同型产品均过早失效

这种情况出现的主要原因为动密封圈型号与工作压力、环境温度不匹配；动密封圈与其接触的金属表面处理方式、涂覆层种类，以及表面粗糙度、表面硬度与动密封圈不匹配；安装动密封圈的沟槽设计过小或配合直径公差选择不当导致动密封圈压缩量过大。

2）个别台套过早失效

由于批产产品已经过大量实装检验，因此可以排除设计不当引起的寿命减少。加工、密封件状态变化、装配，以及密封介质洁净度超标应为重点需要排查的问题，主要包括：相关零件加工是否存在尺寸超差、表面粗糙度和硬度未达到设计要求、密封件材料和尺寸是否改变、动密封圈装配是否合格、密封介质是否存在变化等。

4.7.4 预防性维护及维修

流体交连在使用前后需要进行正确的预防性维护和维修，才能使它有较好的密封效果及较长的使用寿命。机械密封流体交连和柔性密封流体交连在这方面有相同，也有区别。

1. 机械密封流体交连

机械密封流体交连预防性维护、维修主要包括以下内容。

（1）装配跑合阶段：机械密封流体交连在完成装配交付使用前，应通过一定时间的跑合，实现密封副的磨合。跑合前期的流体交连可能会出现泄漏量超标。对此类问题的处理方法是通过低压高速跑合，使转速高于实际工况的最高转速，逐步升高压力至工作压力，再逐步降低转速，解决泄漏问题。特别需要注意的是，跑合过程中必须避免流体交连的抖动和异响。

（2）交付使用阶段：流体交连装配后，应避免零件松动而发生泄漏，注意因杂质进入端面造成的过度磨损、发热现象，以及运转中有无异响等；运行过程中应避免流体交连无介质时的干磨，至少需要流体交连内部充满介质才能运行；避免安装问题引起流体交连装置出现振动现象。由于机械密封环采用陶瓷等脆性材料，尽管在设计时进行了减隔振处理，但是使用过程中还是需要尽量避免处于振动环境中。

（3）长期储存阶段：在长时间停止使用时，尽量在流体交连内部充满密封介质后再存放。不装机的备件放置5年以上，在使用前建议先充满介质，再进行低压高速跑合，逐步提升压力至工作压力、降低转速至工作转速，完成跑合后再重新使用。

2. 柔性密封流体交连

柔性密封流体交连预防性维护、维修主要包括以下内容。

（1）装配跑合阶段：柔性密封流体交连在装配完成后，不宜进行长时间跑合试验，一般进行2～3h的正反向跑合试验即可。跑合转速和介质压力均不能超过实际工况的最高转速和最高压力。

（2）交付使用阶段：流体交连装配后，应避免零件松动而发生泄漏，注意因杂质进入端面造成的过度磨损、发热现象，以及运转中有无异响等；运行过程中应避免流体交连无介质时的干磨，至少需要流体交连内部充满介质才能运行。

（3）长期储存阶段：在长时间停止使用时，尽量在流体交连内部充满密封介质后再存放。不装机的备件放置5年以内，在使用前建议先充满介质，再进行低压低速跑合，逐步提升压力和转速至实际使用工况。对于放置5年以上的流体交连，建议更换所有动静密封圈，完成静压和跑合试验后再交付使用。

参考文献

[1] 阿兰 O. 勒贝克（Alan O.Lebeck）. 机械密封原理与设计[M]. 黄伟峰，李永健，王玉明，等译. 北京：机械工业出版社，2016.

[2] 郝木明，李振涛，任宝杰，等. 机械密封技术及应用[M]. 北京：中国石化出版社，2014.

[3] 彭旭东，顾永泉. 不同相态机械密封的性能计算[J]. 流体机械，1994，22（8）：20-24.

[4] 张晓浩，王晓雷. 表面微凹槽对机械密封性能的影响[J]. 润滑与密封，2015，40（9）：63-67.

[5] 楼建铭，孟祥铠，李纪云，等. 浓度端面机械密封热流体动力润滑性能分析[J]. 润滑与密封，2016，41（2）：47-52，64.

[6] 戴庆文，李思远，王秀英，等. 不同密封副材料的表面结构设计及其润滑和密封特性[J]. 中国表面工程，2019，32（3）：21-29.

[7] 张幼安. 机械密封中的O形密封圈设计研究[J]. 电子机械工程，2018，34（3）：23-26，39.

[8] 宫燃. 传动装置动密封失效分析及试验研究[D]. 浙江：浙江大学，2008.

[9] 张幼安. 机械密封水交连端面比压影响因素浅析[J]. 现代雷达，2018，40（7）：87-90.

[10] 程香平. 大孔径端面机械密封性能的研究[D]. 浙江：浙江工业大学，2014.

[11] 盛业涛，李小瓯，陈志杰，等. 大直径高压密封的研制[J]. 润滑与密封，2012，37（1）：110-113.

[12] 孙见君，顾伯勤，魏龙. 弹簧比压对机械密封性能影响的分形分析[J]. 润滑与密封，2006，6：67-70.

[13] 贺立峰，朱汉华，范世东，等. 弹簧刚度对端面接触式机械密封振动的影响[J]. 润滑与密封，2010，35（6）：64-68.

[14] 胡长明，王廷玉，黄伟峰，等. 电子设备冷却系统非接触式机械密封性能研究[J]. 现代雷达，2020，42（6）：48-51.

[15] 陈汇龙，李同，任坤腾，等. 端面变形对液体动压型机械密封液膜瞬态特性的影响[J]. 化工学报，2017，68（4）：1533-1541.

[16] 罗显，秦锴，李新宇. 端面波度、锥度与槽型耦合密封特性数值分析[J]. 润滑与密封，2017，42（4）：17-22.

[17] 辛镝，谭庆昌，李玉潭. 端面密封的阻尼轴承动力特性分析[J]. 吉林工业大学学报，1996，3：87-90.

[18] 左松奇. 端面形貌对核主泵流线槽机械密封性能影响研究[D]. 成都：西华大学，2020.

[19] 肖云鹏. 干摩擦机械密封摩擦磨损机理及端面性能的研究[D]. 北京：北京化工大学，2019.

[20] 李香. 高参数下端面弧形浅槽机械密封的变形及控制研究[D]. 青岛：中国石油大学（华东），2008.

[21] 唐瑶，李军. 高压机械密封传动机构的失效分析及解决措施[J]. 机械，2016，1（43）：77-80.

[22] 王永乐，李鲲，吴兆山，等. 高压液体润滑典型深槽机械密封性能的试验研究[J]. 流体机械，2017，45（6）：6-9.

[23] 邹昕桓，陈庆. 关于常见机械密封磨损原因的探讨[J]. 电子元器件与信息技术，2020，4（1）：143-144.

[24] 顾永泉. 机械密封比压选用原则[J]. 石油化工设备，2000，29（2）：21-24.

[25] 顾永泉. 机械密封比压选用原则（续）[J]. 石油化工设备，2000，29（3）：33-36.

[26] 郑金鹏. 机械密封补偿机构丁腈橡胶/金属密封界面微动损伤行为研究[D]. 杭州：浙江工业大学，2015.

[27] 李双喜，蔡纪宁，张秋翔，等. 机械密封补偿机构中辅助O形密封圈的性能分析[J]. 摩擦学报，2010，30（3）：308-314.

[28] 李鲲，李香，张杰. 机械密封行业科技创新驱动发展战略探讨[J]. 液压气动与密封，2013，5：67-71.

[29] 丁雪兴，程香平，李国栋等. 机械密封混合摩擦微极流场数值模拟[J]. 石油化工高等学校学报，2008，21（2）：63-67.

[30] 陆锋，冯秀. 机械密封监控系统设计方案[J]. 流体机械，2011，39（11）：50-53.

[31] 魏炫宇，马咏梅，丁万，等. 机械密封摩擦副界面热流固耦合分析[J]. 机械设计与制造工程，2017，46（6）：89-94.

[32] 王云祥. 机械密封失效分析和延长使用寿命的研究[D]. 北京：北京化工大学，2015.

[33] 姚翠翠，王玉玲，惠英龙. 机械密封橡胶静环端面比压与变形量关系[J]. 润滑与密封，2015，40（4）：61-64.

[34] 魏龙，张鹏高，刘其和，等. 接触式机械密封端面摩擦系数影响因素分析与试验[J]. 摩擦学学报，2016，36（3）：354-361.

[35] 徐鲁帅，王赟磊，张帆，等. 扰变工况下不同表面结构机械密封瞬态特性分析[J]. 西安交通大学学报，2020，54（1）：56-63.

[36] 王秀英，李思远，戴庆文，等. 织构化机械密封的润滑与泄漏特性协调优化研究进展[J]. 表面技术，2019，48（8）：1-8.

[37] 李婕，蔡纪宁，张秋翔，等. 镶装式密封环过盈量的研究[J]. 润滑与密封，2009，34（11）：68-71.

[38] 莫丽，王军. O形圈动密封特性的有限元分析[J]. 机械科学与技术，2015，34（3）：386-392.

[39] 韩彬，鲁金忠，李传君等. O形密封圈的热应力耦合分析[J]. 润滑与密封，2015，40（1）：58-62.

[40] 秦自臻，周平，张斌，等. PEEK旋转密封环密封性能仿真和试验研究[J]. 摩擦学学报，2020，40（3）：330-338.

[41] 董峰，沈明学，彭旭东，等. 乏油环境下橡胶密封材料在粗糙表面上的摩擦磨损行为研究[J]. 摩擦学学报，2016，36（6）：687-694.

[42] 于涛，顾伯勤，陈晔，等. 芳纶表面处理对纤维增强橡胶基复合密封材料性能的影响[J]. 润滑与密封，2005（1）：70-72.

[43] 柳洪超，吴立军，尤瑜生，等. 氟醚橡胶的性能及其应用[J]. 化工新型材料，2007，35（4）：11-12，24.

[44] 黄兴. 国内外橡塑密封行业的现状及发展动态[J]. 液压气动与密封，2003，1：43-45.

[45] 谭晶，杨卫民，丁玉梅，等. 滑环式组合密封件的研究（Ⅰ）——方形同轴密封件（格莱圈）的分析[J]. 润滑与密封，2007，32（1）：53-55，95.

[46] 王伟，赵树高. 结构参数对橡胶O形密封圈性能的影响[J]. 润滑与密封，2010，35（1）：71-74.

[47] 吴庄俊. 径向唇形密封的密封性能研究[D]. 重庆：重庆大学，2012.

[48] 叶珍霞，叶利民，朱海潮. 密封结构中超弹性接触问题的有限元分析[J]. 海军工程大学学报，2005，17（1）：109-112.

[49] 刘莹，陈垚，高志，等. 三元乙丙密封材料不同工况下的摩擦性能[J]. 摩擦学学报，2010，30（5）：461-465.

[50] 张素娥，王子君，孙小波. 橡胶密封件性能现代检测技术研究[J]. 轴承，2015，9：21-25.

[51] 陆婷婷. 橡胶密封圈黏弹特性研究[D]. 北京：北京化工大学，2015.

[52] 张妙恬，李德才，索双富. 橡塑往复密封技术的研究现状与发展趋势[J]. 液压气动与密封，2021，3：1-5.

[53] 陈占清，詹永麒，朱昌明. 压缩率对 O 形橡胶密封圈密封性能的影响[J]. 流体传动与控制，2007，2：46-48.

[54] 王波，矫桂琼，赖东方，等. 真空结构橡胶密封圈的泄漏率分析[J]. 西北工业大学学报，2010，28（1）：129-133.

[55] 谭桂斌，范清，谭锋，等. 重大装备橡塑密封系统摩擦学进展与发展趋势[J]. 摩擦学学报，2016，36（5）：659-666.

[56] 王玺，仲健林，夏文嘉，等. 组合密封圈密封性能仿真研究[J]. 机械制造与自动化，2019，6：130-133.

[57] 卢俊伟，吴仁智，米智楠，等. 组合密封圈有限元分析[J]. 流体传动与控制，2017，2：36-38，41.

Chapter 5

第 5 章

射频交连

【概要】

本章首先介绍了射频交连的分类、技术指标；然后分别阐述了单通道射频交连、双通道射频交连、多通道射频交连的工作原理和典型结构，并对相关的元器件及支撑、传动结构进行了详细分析。在此基础上进一步讲解了射频交连的环境适应性设计；最后介绍了射频交连的典型故障分析。

5.1 概述

为了搜索和跟踪空中目标，雷达天线往往采用机械扫描方式，通常要求天线在方位上做 360°连续旋转，俯仰方向有限转动，信号传输就需要通过一种专用的微波连接器件——射频交连。射频交连是输入端口和输出端口可以相对旋转的一种微波器件，一般安装于天线座中，由转动部分和固定部分组成，其作用就是在天线转动的情况下确保馈线中电磁能量的正常传输，在旋转天线和固定设备之间建立可靠的连接通道。因此，它是机械扫描雷达中的重要部件之一。

这类器件通过在一定的转速下相对转动，实现微波信号连续传输，广义称为射频交连，也称为"旋转连接器""转动关节""转动交连"等。射频交连具有非常大的军用与民用市场，在军用市场中，机械扫描雷达中一般需要射频交连来实现信号的传输；在民用市场中，各种航管雷达、气象雷达、港管雷达等大量使用各种形式的射频交连，图 5-1 所示为典型的机械扫描雷达及射频交连。

射频交连主路也称为"主通道"，一般在多通道射频交连（指两路以上）中，通过微波传输一些特殊、重要的指标，其接口通常为波导法兰、同轴法兰。射频交连附路也称为"辅路"，指在多通道射频交连中，主路之外的射频通道。射频交连耦合缝指交连内、外导体间缝隙，它既是微波信号耦合通道，又是动静分界面，其缝长及缝宽尺寸精度影响交连在转动中的电性能稳定性。

（a）雷达　　　　　　　　　　　　（b）多通道射频交连

图 5-1　典型的机械扫描雷达及射频交连

5.1.1　分类

射频交连按通道数分为单通道射频交连、双通道（两通道）射频交连、多通道（三通道、四通道……）射频交连。

射频交连按结构特点分为两类：波导射频交连、同轴射频交连，其中同轴射频交连的范围较广，交连内部中心多为同轴圆孔，波导-同轴射频交连、微带-同轴射频交连、板线-同轴射频交连一般归属同轴射频交连。

射频交连按传输功率分为高功率射频交连、中功率射频交连和低功率射频交连。射频交连分类图如图 5-2 所示，无论其结构多么复杂，它都是由两个最基本的部分组成的，即转动部分和固定部分，两者之间靠滚动轴承支撑连接。

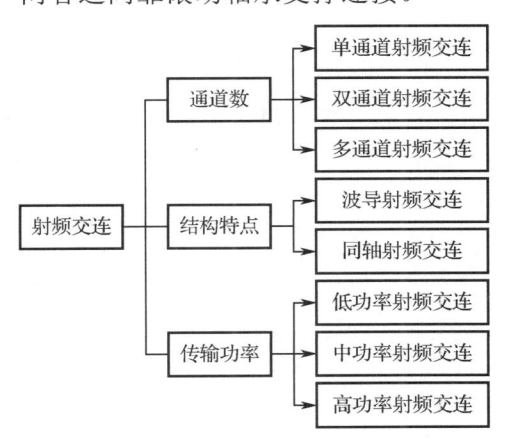

图 5-2　射频交连分类图

5.1.2　技术指标

射频交连的技术指标包括基本传输要求、电性能指标和结构相关指标三大类，主要有通道数、工作频段、电压驻波比、插入损耗、功率容量、结构尺寸、转速、转动力矩等。

1. 基本传输要求

通道数和工作频段是射频交连的基本传输要求,根据系统链路总体需求确定。

(1) 通道数:能够同时传输的射频信号路数,一路交连通道代表一路信号传输,一般根据系统链路中的射频信号路数确定,目前应用比较广的为单通道、双通道、四通道。

(2) 工作频段:系统链路传输的信号频率范围。根据系统链路总体需求确定,一般有 L 波段、S 波段、C 波段、X 波段等。

2. 电性能指标

电压驻波比、转动时驻波起伏、插入损耗、转动时损耗起伏(IL WOW)、转动时相位起伏(PHASE WOW)、回波损耗、隔离度、功率容量等是射频交连的主要电性能指标。下面主要介绍插入损耗、转动时损耗起伏、回波损耗、隔离度。

(1) 插入损耗:射频信号在射频交连传输过程中的射频能量损耗,即输出射频功率与输入射频功率比率的分贝数,一般要求不大于 1dB。公式如下:

$$IL = 10\lg\left(\frac{P_o}{P_i}\right) \quad (5-1)$$

式中,P_i 为输入射频功率;P_o 为输出射频功率。

(2) 转动时损耗起伏:射频交连转动过程中插入损耗的最大值与最小值之差,一般要求不大于 0.3dB。

(3) 回波损耗:又称为反射损耗,是指射频交连中的射频信号通过输入接口后,后向反射射频功率与输入射频功率比率的分贝数,回波损耗一般要求应不小于 0.1dB。

$$IR = 10\lg\left(\frac{P_i}{P_r}\right) \quad (5-2)$$

式中,P_i 为发送到输入端口的射频功率;P_r 为从输入端口接收到的后向反射射频功率,回波损耗应不小于 1dB。

(4) 隔离度:某个通道中的信号耦合到另一个通道的信号量。射频交连的隔离度一般可达到 30dB 以上。

$$L_{ij} = 10\lg(P_i/P_j) \quad (5-3)$$

式中,P_i 为 i 通道输入的射频功率;P_j 为 i 通道输入射频能量时 j 通道内的射频功率。

3. 结构相关指标

射频交连作为电传输的结构件,其结构指标主要包括结构尺寸、转动力矩、转速、接口、气压、密封性、工作环境等。

(1) 结构尺寸:主要包括射频交连的外形尺寸、安装配合尺寸、体积、质量等。

(2) 转动力矩:射频交连的启动力矩、正常转速下的摩擦力矩一般小于 1N·m。

(3) 转速:射频交连承受的最高转速,常规的射频交连转速均可达到 100r/min。

(4) 接口:对外接口型号要求(插座、插头、波导、电缆等),根据系统链路总体需求具体确定。

（5）气压：射频交连中充气的压力。
（6）密封性：在一定气压条件下的泄漏量。
（7）工作环境：工作温度、湿度、盐雾、振动条件等。

5.2　单通道射频交连

5.2.1　工作原理

单通道射频交连又称为同轴射频交连，是各种射频交连设计中结构树最简单的一种射频交连。由于它采用最低次 TEM 模工作，避免了低次模的抑制问题，因此能够获得很宽的工作频带。基本原理是通过扼流槽耦合进行高频信号传输。

对于单通道射频交连的设计，主要考虑两个问题：其一，要有良好的阻抗匹配，以免影响发射机的工作；其二，要防止功率从转动部分泄漏出去而影响接收机的工作，或者防止发生高功率打火问题。除此之外，从机械结构上主要考虑气密封问题。

5.2.2　典型结构

一种典型的单通道射频交连结构是门钮式过渡同轴旋转关节，如图 5-3 所示。它包括两个波导同轴过渡、非接触式扼流圈和支撑轴承。门钮过渡将矩形波导 TE10 模变换为同轴线 TEM 模。设计所需的功率容量受 TM11 模限制，即必须保持同轴线的直径足够小，以阻止其他高次模的产生。在整个工作频带内，射频交连都工作在最低次 TEM 模，因而能获得宽频带内的小驻波和低损耗，随射频交连旋转时发生的反射变化也最小。另外，还有一种典型的单通道射频交连结构是同轴旋转关节，如图 5-4 所示，由内导体、外导体、同轴接头、扼流结构和介质支撑组成。

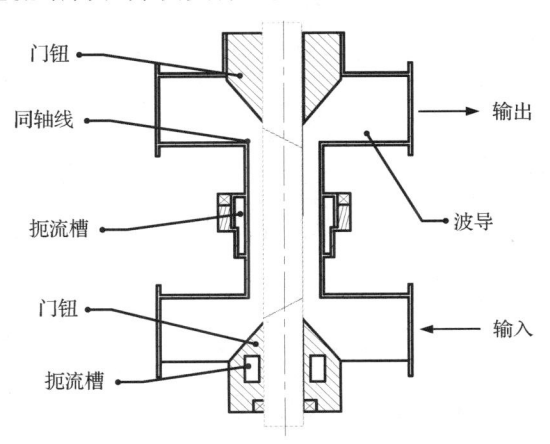

图 5-3　门钮式过渡同轴旋转关节

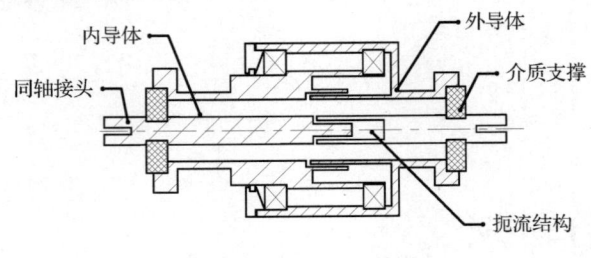

图 5-4　同轴旋转关节

5.2.3　设计方法

单通道射频交连设计的关键是同轴线直径及长度的选择、扼流槽尺寸的设计、阻抗匹配过渡的设计及高功率设计。

1. 同轴线直径的选择

同轴线直径的选择主要考虑两点：第一，保证在给定的工作频带内不产生相邻的高次 TE11 模；第二，保证足够的功率容量和低衰减。

为了保证同轴线中 TEM 模单模传输，其尺寸的选择必须满足下式：

$$\lambda_{\min} > \lambda_{cH11} = \frac{\pi\sqrt{\varepsilon_r}}{2.03}(D+d) \tag{5-4}$$

式中，d 为同轴线外导体内直径；D 为同轴线内导体外直径；$\lambda_{\min}$ 为同轴线中要传输的最小空间波长；λ_{cH11} 为相邻高次 H11 模的截止波长；ε_r 为导体间介质材料的相对介电常数。

由式（5-4）可得：

$$(D+d) < \frac{2.03\lambda_{\min}}{\pi\sqrt{\varepsilon_r}} \tag{5-5}$$

当介质为空气时，$\varepsilon_r=1$。

根据式（5-5）即可决定同轴线内外导体直径之和 $D+d$ 的取值范围。通常，最佳同轴线参数除了取决于内外导体直径之和 $D+d$，还取决于它们的比值 D/d。在实际应用中，常常采取折中的办法选取比值 D/d，需同时兼顾功率容量和衰减，其最佳设计参数为

$$\frac{D}{d} = 2.09 \tag{5-6}$$

同轴线的特性阻抗可由下式给出：

$$Z_0 = \frac{60}{\sqrt{\varepsilon_r}} \ln\left(\frac{D}{d}\right) (\Omega) \tag{5-7}$$

同轴线的功率容量可由下式计算：

$$P_{\text{击穿}} = 2.083 \times 10^{-3} E_{\max} d^2 \ln\left(\frac{D}{d}\right) (W) \tag{5-8}$$

式中，$E_{\max}$ 为介质的击穿电场强度，对于空气介质，该值为 3×10^8V/m。实际上为安全起见，可取用 $(1.5\sim2.0)\times10^8$V/m。必须指出，式（5-8）是当传输线上承载完全行波时的传输功率，实际应用中还必须取一定的安全系数。

2. 同轴线长度的选择

同轴线长度的选择,应尽量达到两个波导同轴变换器的反射相互抵消的目的,从而使关节在工作频带内的驻波最小。因此,同轴线长度必须选择适当,过长、过短都将对电气性能造成不利的影响。在同轴线中,当高次 H11 模的截止波长小于工作波长 λ 时,H11 模将被衰减,其衰减常数为

$$\beta = \frac{54.5}{\lambda_{cH11}} \sqrt{1 - \left(\frac{\lambda_{cH11}}{\lambda}\right)} (\text{dB/cm}) \quad (5\text{-}9)$$

式中,$\lambda_{cH11} = \frac{\pi}{2.03}(D+d)$,为 H11 模的截止波长;$\lambda$ 为工作波长。如果 H11 模衰减得不够,则合成的电磁场沿圆周方向是不均匀的,会引起同轴线功率容量下降,当关节旋转时,匹配性能将发生变化。为了获得良好的转动性能,通常同轴线对 H11 模的总衰减量应在 40dB 以上。如果同轴线长度为 l(从矩形波导与同轴线端口结合处测量),则对 H11 模的衰减则可由式(5-10)计算:

$$\alpha = \beta l = \frac{54.5l}{\lambda_{cH11}} \sqrt{1 - \left(\frac{\lambda_{cH11}}{\lambda}\right)} (\text{dB}) \quad (5\text{-}10)$$

根据经验,同轴线长度一般取 $\lambda/2$ 的整数倍为宜。

3. 扼流槽尺寸的设计

同轴旋转关节一般采用直接切断同轴线的方式来允许相对转动。由于同轴线内外导体被切断,为保持电气接触良好,切缝处必须设置扼流槽装置。如图 5-5 所示,外导体上所采用的是半波扼流圈。扼流槽终端短路,通过 $\lambda/2$ 变换,可使切缝处电气短路,而不影响关节中电磁能量的传输。为了避免切断同轴线内导体,在旋转门钮上也设置了半波扼流圈。

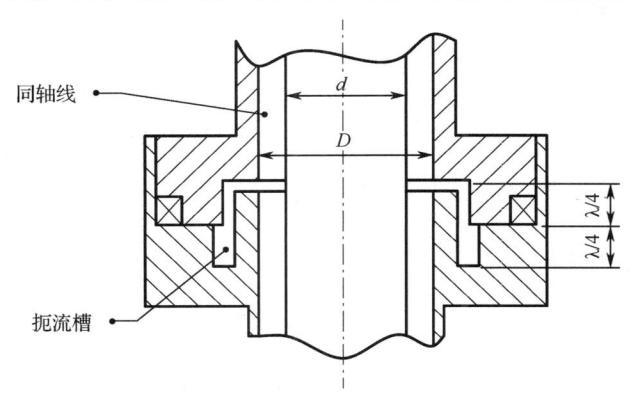

图 5-5 同轴线半波扼流圈

4. 阻抗匹配过渡的设计

波导-同轴阻抗变换器常用的匹配过渡形式有探针过渡、门形过渡和门钮过渡。高功率工作情况下,门钮过渡较为适用,因为它能够承受较大的功率容量。常用的门钮过渡

有平台门钮、双 R 门钮和截锥体门钮。

波导-同轴阻抗变换器尺寸的确定：一般先由理论估算出一个初步的设计尺寸，再根据实验结果确定最佳尺寸。

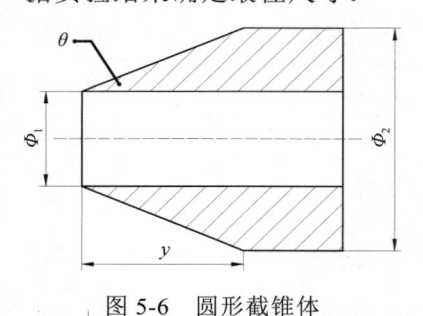

圆形截锥体如图 5-6 所示，其理论上的取值范围如下：

（1）截锥体底部直径近似为波导宽边的 0.9 倍。

（2）半锥角 θ 约为 25°。

（3）截锥体高度 h（图 5-6 中的变量 y）约为波导窄边的 0.7 倍。

截锥体特性阻抗计算公式如下：

$$Z_{\text{锥}} = 60 \ln \cot \frac{\theta}{2} \tag{5-11}$$

图 5-6　圆形截锥体

根据工程经验，可取截锥体底部直径为多种尺寸，并将截锥体设计成能够连续调节的结构形式，最后经实验选定最佳尺寸 y、Φ_1、Φ_2，由此可以计算出半锥角 θ。

5．高功率设计

1）功率容量与气压

功率容量与气压的关系式如下：

$$K_1 = \left(\frac{h}{h_0}\right)^m \tag{5-12}$$

式中，K_1 为功率下降倍数；h 为任意高度对应的气压（单位为 mmHg）；h_0 为标准大气压（单位为 mmHg）；m 为系数，在 8000m 高空时，m 取 1.5。

2）功率容量与驻波

假定系统驻波系数为 ρ，系统为无耗工作状态，入射波场强幅值为 E_0，可得系统传输线上驻波最大值处场强为

$$E_{\max} = E_0(1 + |T_L|) = E_0 \left[\frac{2\rho}{(1+\rho)}\right] \tag{5-13}$$

$$K_2 = \left(\frac{E_0}{E_{\max}}\right)^2 = \left(\frac{1+\rho}{2\rho}\right)^2 \tag{5-14}$$

式中，K_2 为功率下降倍数；T_L 为负载反射系数。

总功率下降倍数（射频交连耐功率）为

$$K = K_1 K_2 = \left(\frac{\rho + 1}{2\rho}\right)^2 \left(\frac{h}{h_0}\right)^m \tag{5-15}$$

表 5-1 给出了不同驻波系数对应的总功率下降倍数 K 的值。

表 5-1　驻波系数与总功率下降倍数 K 关系对应表

ρ	1.0	1.5
K	0.167	0.107
$1/K$	5.988	9.346

5.2.4 轴承设计

轴承是交连中非常重要的一个零部件。轴承自身的性能、安装及使用方式对交连的性能、使用、维护及维修的影响极大。因此，在轴承的选择、安装时必须高度重视。

交连中使用的轴承品种比较多，优先选用货架产品，定制轴承必须按照规范规定的内容进行检查、验收。交连内轴承选用一般根据电讯需求（含通道耦合形式、工作频段、电压驻波比、插入损耗、功率容量等）、结构总体设计任务输入（含安装尺寸、转速、转动力矩等），对交连进行结构排布，确定轴承内外圈尺寸范围；根据环境条件、载荷方向、载荷类型、转速等选择轴承基本类型、公差等级；根据所选轴承进行校核。

1．轴承排布

每个功能单元轴承排布成对使用，避免整个交连器件中布置单轴承结构。受尺寸限制，成对排布的轴承之间距离非常小，即便如此，成对排布的轴承仍然不允许直接接触，应该使用垫片将内外圈隔开，如图5-7所示。

轴承布置时，应尽量远离耦合缝和门钮位置，防止轴承润滑脂进入耦合缝，影响电性能及打火。

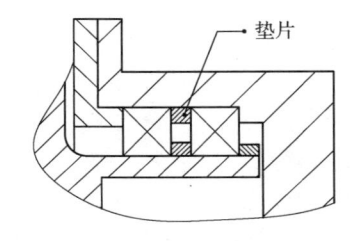

图5-7 短距离轴承布置示意图

2．轴承润滑

交连是微波馈线系统中非常特殊的器件，其内部为了保证电性能工作要求苛刻，必须保证干燥、无油污等良好环境。系统工作环境极其严酷，特别是高低温存储、工作，而轴承的运行环境必须含有充分的润滑油（脂），理想的交连轴承为符合要求的自密封含油轴承。

进口自密封含油轴承一般采用工业级，其低温极限温度为-20℃，温度条件不满足要求；国内有几家轴承企业已开展低温自密封含油轴承研究，但工程化应用尚有差距，因此交连采用开放式轴承，轴承润滑多采用低温润滑脂7012，在交连装配图纸技术要求中根据轴承大小明确规定润滑脂加入量，并根据环境使用情况明确润滑脂检查及添加周期。

3．轴承消隙

交连中使用的轴承通常有单列深沟球轴承及四点接触球轴承。特别是单列深沟球轴承，轴向游隙一般在0.1mm左右。而交连中的耦合缝隙一般为0.3～0.5mm，轴向窜动对交连电性能及使用影响很大，因此必须在装配时根据电测情况予以消隙。交连中轴承消隙一般采用对称消隙法，即成对的两个轴承同时对称消隙，保证耦合缝隙宽度的基本理论尺寸不变。

在交连装配图纸技术要求中注明轴承消隙要求，并保证轴承转动灵活无卡顿。

5.2.5 密封设计

交连中的密封设计包括静密封设计与动密封设计。交连内部工作环境必须干燥、干净，交连的密封设计是为了防止外部潮气、雨水及灰尘进入交连内部。大功率且有耐压要求的交连的气密要求更加严格，必须保证交连运转过程中内部保持一定的气压，良好的密封设计能保证交连可靠地运行。

交连的静密封多采用 O 形密封圈实现，结构简单，O 形密封圈材料应根据交连使用环境及相应产品结构设计规范选择。交连的动密封主要依靠橡胶油封实现。橡胶油封材料应根据交连使用环境及相应产品结构设计规范选择。交连中动密封结构设计主要包含以下内容。

1. 橡胶油封装配

交连中橡胶油封装配在交连旋转分界面处。一般依靠橡胶油封的内圈（唇）实现动密封。橡胶油封一般有 J 形无骨架橡胶油封、U 形无骨架橡胶油封、骨架式旋转轴唇形密封圈（简称骨架油封，又分为有副唇和无副唇两种）。推荐使用含副唇的骨架油封（FB 型，GB 9877.1—2008），如图 5-8 所示，骨架油封的外圈一般压入相应孔中，为便于今后交连维修、维护、检测，油封装配时采用可拆卸形式。

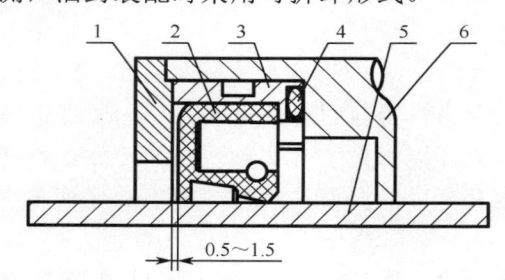

图 5-8 骨架油封装配示意图（单位：mm）

骨架油封（零件 2）先压入法兰（零件 3）内，注意油封副唇朝外，连同 O 形密封圈（零件 4）一起装入套筒（零件 6）内孔，装入旋转轴（零件 5），装上端盖（零件 1）后，旋转轴与骨架油封间可实现动密封。在维修、维护时，拆除端盖，油封可以方便更换。

2. 旋转轴设计

与骨架油封密封唇口有相对转动的旋转轴一般为交连的外导体。旋转表面耐磨且具有高光洁度。

（1）旋转轴的材料为铝材时，采用不锈钢镶套过渡。

（2）旋转轴的材料为铜材（纯铜 T2）时，采用不锈钢镶套过渡。

（3）旋转轴的材料为铜材（非纯铜 T2），且转速大于 30r/min 时，一般采用不锈钢镶套过渡。

3．公差选取

骨架油封基材为橡胶件，其尺寸公差波动范围较大，批次性差异大。与骨架油封外圈配合的法兰孔内径一般为 $\phi AD9$；与骨架油封内唇配合的旋转轴外径为 $\phi Ad9$。

当交连驱动力矩有严格要求时，在交连装配图纸技术要求中加注：允许修整与骨架油封内唇配合的旋转轴端面，并明确转动力矩要求，保证密封良好。

4．气密检查

交连具有气密性能，在交连装配图技术要求中规定：在 0.1MPa 大气压下，保压 5min 不漏气；在工艺文件中应有相应检查要求及检漏工装。

5.3 双通道射频交连

5.3.1 工作原理

双通道射频交连原理上是把两个波段旋转关节有机地结合在一起，简化了连接结构，既可降低通道的电压驻波比和插入损耗，又使得结构更加紧凑、可靠性更高。通过对两个转动通道扼流槽的特殊安排，有效地提高了通道间的隔离度。

5.3.2 典型结构

设计双通道射频交连时，考虑的因素包括功率容量、通道的电压驻波比和损耗、通道间的隔离度等。综合上述因素，一般采用图 5-9 所示的典型结构形式。该结构形式的优点是结构简单紧凑；缺点是两个通道之间的隔离度差，且同轴通道的尺寸较大，加工要求高、难度大。

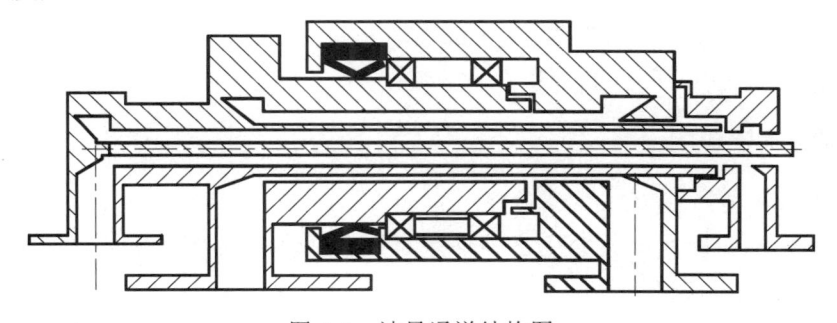

图 5-9 波导通道结构图

5.3.3 设计方法

双通道射频交连设计的关键是外导体扼流槽的设计、内导体扼流槽的设计及同轴线长度的选择。

1. 外导体扼流槽的设计

同轴旋转关节的切缝处必须设置扼流槽装置。外导体扼流槽原理图如图 5-10 所示，它由长度均为 $\lambda/4$ 的高阻抗线（Z_{01}）和低阻抗线（Z_{02}）组成。

$$Z_{01}= 60\ln(d_4/d_3) \qquad Z_{02}= 60\ln(d_2/d_1)$$

$$Z_B= jZ_{01}\tan\beta_1 \qquad Z_A =Z_{02}(Z_B+ jZ_{02}\tan\beta_1)/(Z_{02}+ jZ_B\tan\beta_1)$$

式中，β_1 表示输入衰减系数。

外导体扼流槽等效网络图如图 5-11 所示，其散射矩阵和驻波分别为

$$[S] = \begin{bmatrix} \overline{Z_A}/(2+\overline{Z_A}) & 2/(2+\overline{Z_A}) \\ 2/(2+\overline{Z_A}) & \overline{Z_A}/(2+\overline{Z_A}) \end{bmatrix} \tag{5-16}$$

$$\mathrm{VSWR} = (1+|S_{11}|)/(1-|S_{11}|) = 1+|Z_A| \tag{5-17}$$

式中，S_{11} 为端口 1 的反射系数，表示输入匹配特性。

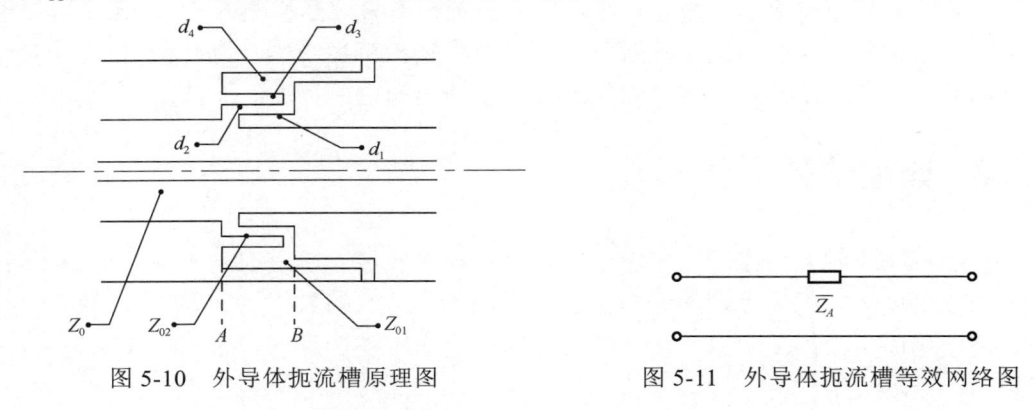

图 5-10 外导体扼流槽原理图

图 5-11 外导体扼流槽等效网络图

设计的要求是应尽量使驻波 VSWR 最小，一般情况下，$Z_{01}/Z_{02}=3\sim 5$，$Z_{02}=1\sim 3\Omega$，具体值可根据结构需要而定。

2. 内导体扼流槽的设计

内导体扼流槽原理图和等效电路图分别如图 5-12 和图 5-13 所示。内导体扼流槽是具有容性的同轴线，因此可以看成是同轴线与短路圆波导的联合体。同轴线内部主模是 TEM 模，而没有内导体的圆波导存在截止波长。一般 AB 段的长度取四分之一波长，BC 段的长度应该使得 AB/Y_0 值足够小。

$$\frac{AB}{Y_0} = \frac{4b}{\lambda}\ln\frac{a}{b}\left(\frac{\pi b}{4d}+\ln\frac{a-b}{d}\right) \tag{5-18}$$

$$Z_A =-jZ_{02}/\tan\beta_1 \qquad Z_B = -jX \tag{5-19}$$

式中，a 表示内导体外径；b 表示外导体外径。

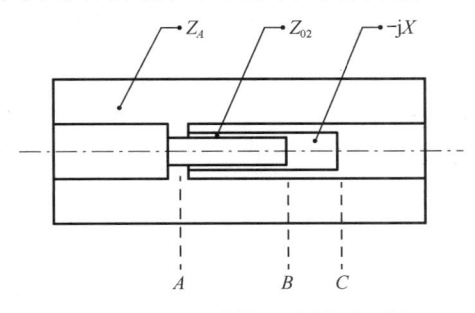

图 5-12　内导体扼流槽原理图 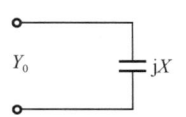　　　图 5-13　内导体扼流槽等效电路图

3. 同轴线长度的选择

同轴线长度的选择，总体要求是使两个波导同轴变换器的反射相互抵消，从而使关节在工作频带内的驻波最小。因此，同轴线长度必须选择适当，过长、过短都将对电气性能造成不利的影响。如果过长，则在结构上体积变大，导致工作频带变窄；如果过短，则会使过渡区域内产生的高次模得不到足够的衰减。在同轴线中，当高次 TE11 模的截止波长小于工作波长 λ 时，TE11 模将被衰减，其衰减常数为

$$\beta = \frac{54.5}{\lambda_{cTE11}} \sqrt{1-\left(\frac{\lambda_{cTE11}}{\lambda}\right)^2} \text{(dB/cm)} \tag{5-20}$$

式中，$\lambda_{cTE11} = \frac{\pi}{2.03}(D+d)$ 为 TE11 模的截止波长；λ 为工作波长。如果 TE11 模衰减得不够，则合成的电磁场沿圆周方向是不均匀的，会引起同轴线功率容量下降，当关节旋转时，匹配性能将发生变化。为了获得良好的转动性能，通常同轴线段对 TE11 模的总衰减量应在 40dB 以上。如果同轴线长度为 l，则对 TE11 模的衰减可由式（5-21）计算：

$$\alpha = \beta l = \frac{54.5l}{\lambda_{cTE11}} \sqrt{1-\left(\frac{\lambda_{cTE11}}{\lambda}\right)^2} \text{(dB)} \tag{5-21}$$

5.4　多通道射频交连

5.4.1　工作原理

多通道射频交连通过内导体把输入端同轴线中的 TEM 模转换成径向腔中的 TM 模，再通过径向腔垂直过渡将 TM 模转换为同轴线中的 TEM 模。

5.4.2　典型结构

多通道射频交连的典型结构形式如图 5-14、图 5-15 所示，其主要由同轴线、内导体

和腔体三部分组成，具有体积小、结构紧凑的特点，特别是它的结构形式可以很容易地通过多个旋转关节的同心堆积来实现旋转关节多通道，通常通道数量可以达到7～12路，在馈线系统中有着广泛的应用。

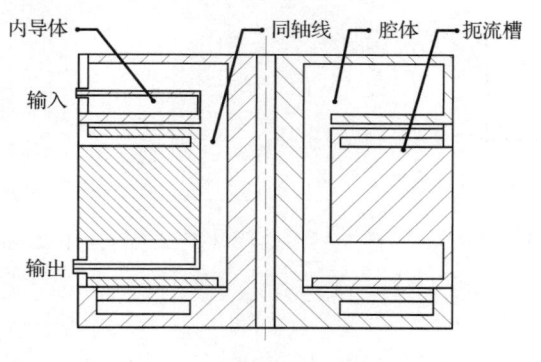

图 5-14 盘式旋转关节侧视图

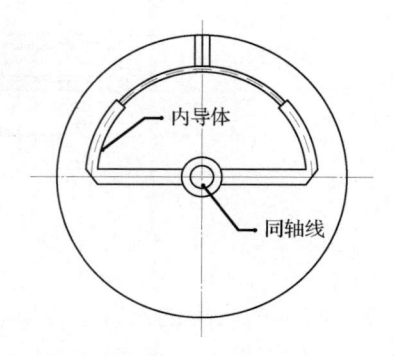

图 5-15 盘式旋转关节俯视图

5.4.3 设计方法

多通道射频交连设计的关键是同轴线及腔体的设计、扼流槽的设计及内导体的设计等。

1．同轴线及腔体的设计

同轴线结构图如图 5-16 所示，R_2、R_3 为同轴线内外导体半径；R_1 为内导体的镂空半径，在多路旋转关节组合时作为串套电缆的通道。

设计时为了实现多路组合，R_1 的尺寸要尽量大，同时为了不引起高次模的传输，R_2、R_3 的尺寸不能太大，除以上因素外，设计时还要兼顾结构的强度问题，因此 R_1、R_2、R_3 的尺寸需要综合考虑多种因素。一般它们满足以下公式：

$$\pi(R_2 + R_3) = k\lambda_{\min} \quad (5-22)$$

$$60\ln\left(\frac{R_3}{R_2}\right) = Z_0 \quad (5-23)$$

图 5-16 同轴线结构图

$$R_2 = R_1 + (2\sim 4) \quad (5-24)$$

式中，$\lambda_{\min}$ 为最小工作波长；k 为余量系数；Z_0 为同轴线的特征阻抗，通常 $k=1.1$，$Z_0=50\Omega$。

同轴线长度的选择与单通道射频交连相同，总的原则是使两个波导同轴变换器的反射相互抵消，从而使关节在工作频带内的驻波最小。在同轴线中，当高次 TE11 模的截止波长小于工作波长 λ 时，TE11 模将被衰减，其衰减常数按式（5-25）计算。

$$\beta = \frac{54.5}{\lambda_{cTE11}}\sqrt{1 - \left(\frac{\lambda_{cTE11}}{\lambda}\right)^2} \text{ (dB/cm)} \quad (5-25)$$

式中，$\lambda_{cTE11} = \frac{2\pi}{2.03}(R_2 + R_3)$ 为 TE11 模的截止波长；λ 为工作波长。如果 TE11 模衰减得

不够，则合成的电磁场沿圆周方向是不均匀的，会引起同轴线功率容量下降，当关节旋转时，匹配性能将发生变化。设同轴线长度为 l，对 TE11 模的衰减可由式（5-26）计算：

$$\alpha = \beta l = \frac{54.5l}{\lambda_{cTE11}} \sqrt{1-\left(\frac{\lambda_{cTE11}}{\lambda}\right)^2} \text{ (dB)} \quad (5\text{-}26)$$

为了获得良好的转动性能，通常同轴线对 TE11 模的总衰减量应在 40dB 以上，按照此原则选取长度 l。

腔体的高度要和内导体的厚度一起考虑，要使输入端口带状线的输入阻抗 Z_{in}=50Ω。腔体的直径 D 由工作频率决定，频率越低，腔体直径越大；频率越高，腔体直径越小。通常腔体直径稍小于同轴线的截止波长 λ_{min}。

2．扼流槽的设计

扼流槽原理图如图 5-17 所示。扼流槽由长度均为 $\lambda/4$ 的高阻抗线（Z_1）和低阻抗线（Z_2）组成，其中：

$$Z_B = jZ_2 \tan \beta l \quad (5\text{-}27)$$

$$Z_A = Z_1(Z_B + jZ_1 \tan \beta l)/(Z_1 + jZ_B \tan \beta l) \quad (5\text{-}28)$$

扼流槽等效网络图如图 5-18 所示，其散射矩阵和驻波分别为

$$[S] = \begin{bmatrix} \overline{Z_A}/(2+\overline{Z_A}) & 2/(2+\overline{Z_A}) \\ 2/(2+\overline{Z_A}) & \overline{Z_A}/(2+\overline{Z_A}) \end{bmatrix} \quad (5\text{-}29)$$

$$\text{VSWR} = (1+|S_{11}|)/(1-|S_{11}|) = 1+|\overline{Z_A}| \quad (5\text{-}30)$$

设计的要求是应尽量使驻波 VSWR 最小，一般情况下，Z_1/Z_2=3～5，Z_2=1～3Ω。

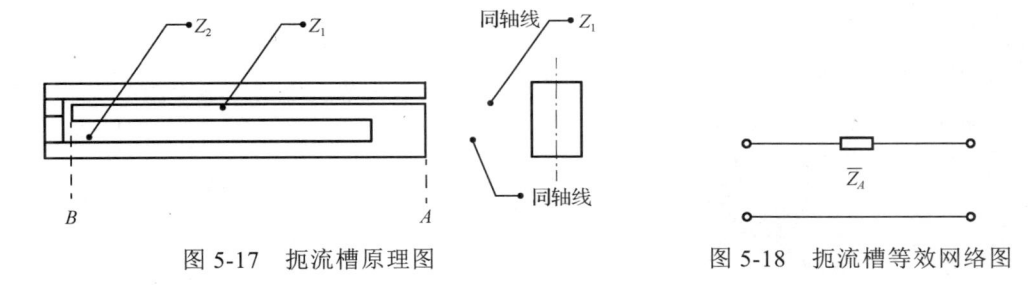

图 5-17 扼流槽原理图　　图 5-18 扼流槽等效网络图

3．内导体的设计

图 5-19 所示的内导体按照带状线一分二等分功分器来设计，采用两点对称激励，并按照切比雪夫阻抗匹配理论进行内导体的线宽设计，阻抗变换段的长度为四分之一波长。

$$\frac{Z_{11}}{Z_{in}} = 1.20, \quad \frac{Z_{22}}{Z_{in}} = 1.67 \quad (5\text{-}31)$$

内导体终端在同轴外导体边缘处短路，如图 5-20 所示，构成一个耦合环，一分二等分功分器的两个终端通过这种耦合环，对称激励起同轴 TEM 模。两点对称激励既可避免高次模的产生，又可展宽带宽。

图 5-19　内导体外形图

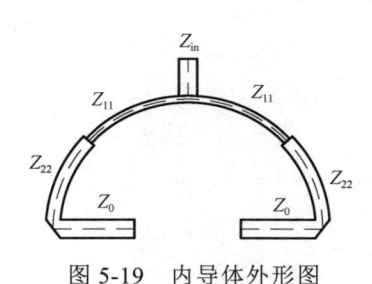

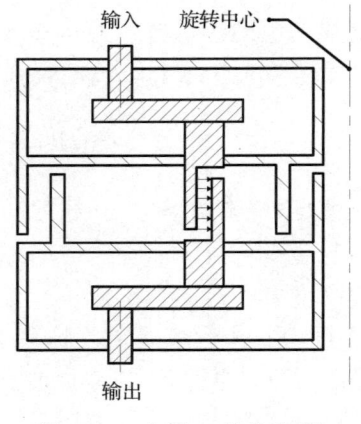

图 5-20　电场 E 的分布图

5.5　接口设计

射频交连结构设计合理性直接影响产品使用期限、可靠性及经济性。射频交连结构设计包含射频交连在机电装备中的安装布局设计及射频交连自身结构排布。

5.5.1　安装布局

1. 安装接口

射频交连与装备对接原则上采用法兰（交连上对接法兰也称为"大盘"）。图 5-21 所示为几种典型射频交连及其安装法兰示意图。

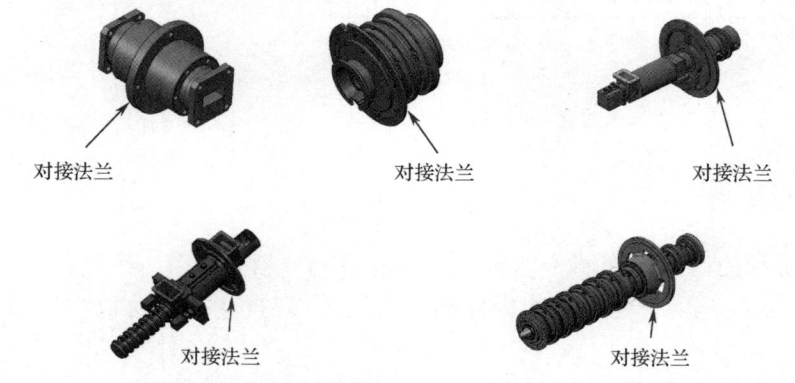

图 5-21　几种典型射频交连及其安装法兰示意图

交连法兰安装推荐采用基孔制优先间隙配合 H8/f7，对于传动精度要求极高或工作频率为 KU 波段以上的交连，交连法兰安装推荐采用基孔制优先间隙配合 H7/g6。

支撑交连法兰安装的典型零件设计图纸如图 5-22 所示，设计过程中对交连安装法兰配合面要求应明确。

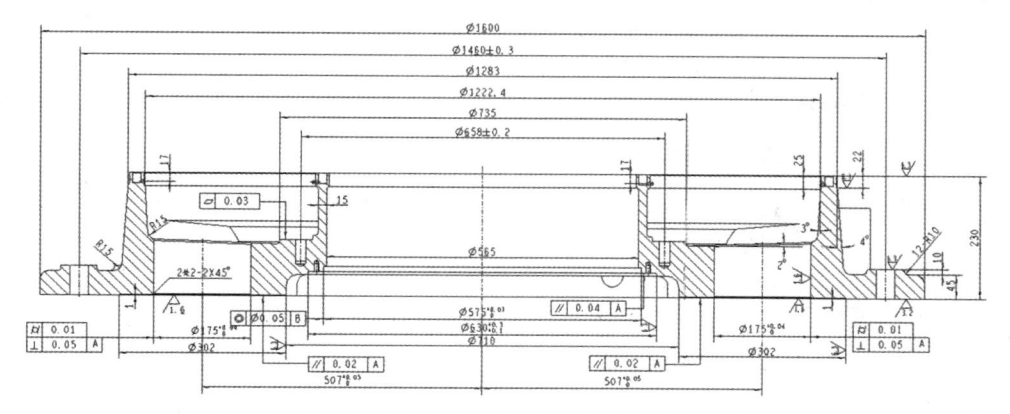

图 5-22　支撑交连法兰安装的典型零件设计图纸（单位：mm）

与交连法兰有安装关系的零件如果在装备装配中存在多级装配，其对外接口相应地需要有形位公差要求。

2．系统布局要求

射频交连属于结构精密器件，其内、外导体精度要求高，且多为薄壁异形结构。射频交连在系统布局的合理性直接影响使用寿命及可靠性。因此，在方案设计阶段，射频交连系统布局必须与总体单位联合论证，及时协调，有必要经过方案评审后开展具体设计工作。根据产品功能、环境要求、使用特点对系统布局提出要求。

（1）安装接口原则上采用高精度法兰对接，尽量减少多级装配，精度检测要素反映在工程图纸上。

（2）射频交连在使用过程中具备安装（包括安装精度检测、调整）、维护操作空间。

（3）交连法兰为安装基准，实现交连的安装、定位或驱动。

（4）射频交连与一些特定功能器件，如汇流环、同步轮系、编码器、光纤滑环、流体交连在系统布局设计时，依据传动原则：转动力矩大的器件驱动转动力矩小的器件，转动精度要求高的器件驱动转动精度要求低的器件。

如图 5-23 所示，某射频交连与一些特定功能器件布局设计时遵循转动力矩由大至小排列原则：系统驱动流体交连转动，流体交连驱动汇流环转动，汇流环驱动射频交连转动。

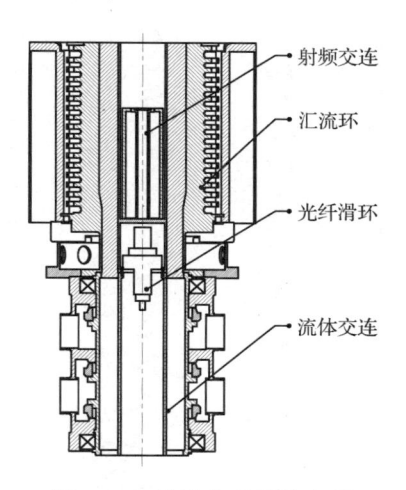

图 5-23　系统合理结构布局示意图

5.5.2　结构排布

1．单通道、双通道射频交连结构排布

一般情况下，单通道、双通道射频交连结构排布比较简单，结构排布多为传统布局。

例如，波导-同轴射频交连多为Ⅰ型、L型、Π型。单通道、双通道射频交连结构排布遵循的基本原则：结构简单、紧凑；轴承跨距合理；尽量借鉴成熟产品设计理念。

2. 多通道射频交连结构排布

三通道及三通道以上的多通道射频交连结构排布比较复杂，需要根据具体使用环境、射频交连自身特点具体设计，其结构排布多为附路内嵌式及附路外挂式。

1）附路内嵌式

主路从头输入至尾输出贯穿于整个射频交连，附路排列于主路头、尾之间。典型附路内嵌式射频交连排布示意图如图5-24所示。

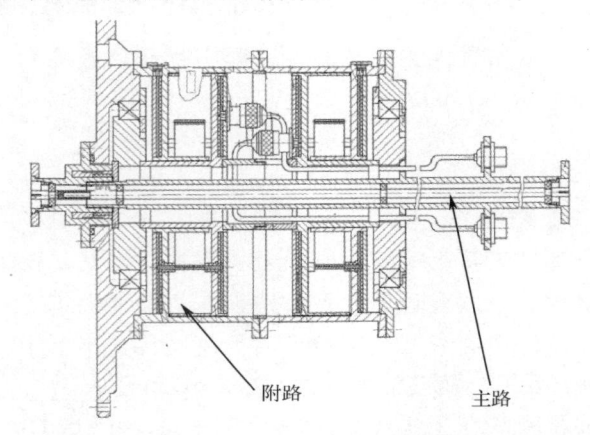

图5-24 典型附路内嵌式射频交连排布示意图

其结构设计原则：整个器件长度应重点关注，主路内、外导体加工长度推荐按轴径比最大10∶1控制在400mm左右，附路传动精度要求高，传动力矩大时优先按此方式排布。

2）附路外挂式

附路外挂式，即所有附路均布置在主路的一侧（多组附路也可以形成多通道射频交连）。典型附路外挂式射频交连排布示意图如图5-25所示。

图5-25 典型附路外挂式射频交连排布示意图

其结构设计原则：主路有气密要求；附路路数较多，且传动精度要求不高（特别是方位角度要求不高）。附路内嵌式及附路外挂式是典型的多通道射频交连的结构排布方式。当然，根据产品具体功能要求及特点，可将两种方式进行组合，这也是目前多通道射频交连品种多且结构复杂的原因。

5.5.3 驱动设计

雷达转台的交连驱动通常采用法兰、拨叉（键槽传动）结构，尽量避免通过硬同轴线、长波导或射频连接器（如 N 型连接器、SMA 连接器等）直接驱动交连转动。

在图 5-26 所示的某装备系统中，交连与安装筒通过交连上对接法兰实现交连的安装、定位，交连转动通过顶部法兰实现。

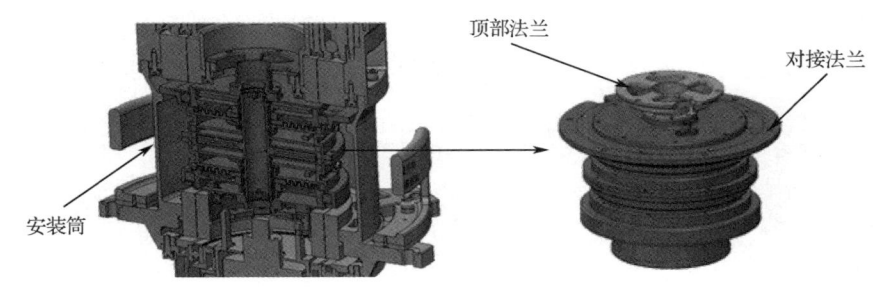

图 5-26 典型交连安装与驱动示意图

所有类型交连沿着转动分界面，可以分为定子及转子两部分，定子与转子可以通过驱动位置调整而转换。交连安装与驱动有图 5-27 所示的四种布置方式。

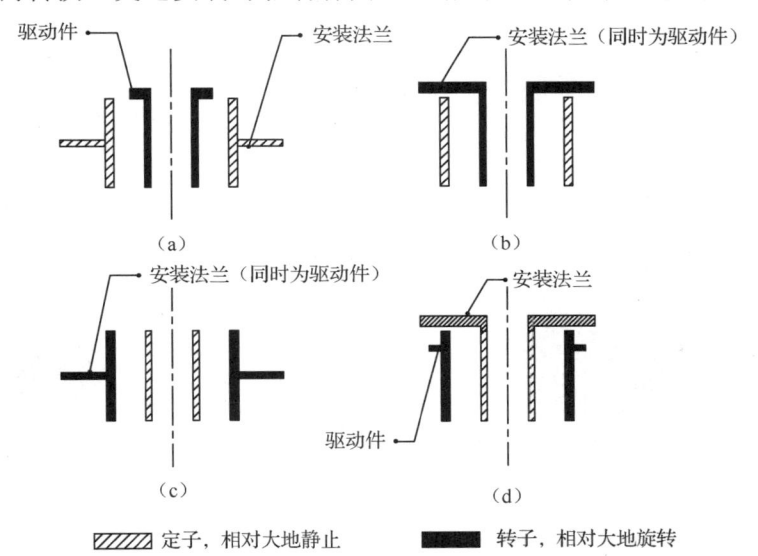

图 5-27 交连安装与驱动布置图

（1）方式 a：交连内芯为转子，交连外壳为定子。

（2）方式 b：交连内芯为转子，安装法兰同时为驱动件；交连外壳为定子，外壳依靠轴承外圈固定。此方式的交连安装后，定子部分一般需采取外部结构件加以约束，防止交连内部摩擦力带动外壳转动，同时根据交连具体尺寸、重量参数考虑采用外部结构件对交连予以承托。

（3）方式 c：交连外壳为转子，安装法兰同时为驱动件；交连内芯为定子，内芯依靠轴承内圈固定。同方式 b，定子部分一般需采取外部结构件加以约束和承托。

（4）方式 d：交连内芯为定子，交连外壳为转子。

交连的驱动方式直接影响交连的性能，结构设计时需仔细考虑，其一般遵循的原则如下。

（1）安装法兰尽量布置于器件重心位置附近，以免器件转动时重心偏移带来不稳定因素。当安装法兰布置于器件两端位置时，必须再考虑外部约束与支撑。

（2）转子一般转动惯量大，刚性较好。当采用刚性极好的外壳作为转子时，如果内芯转动惯量大，则必须施加约束予以制动，以防转子在启动或停止时，内芯上下不同步偏转而损坏器件。

（3）转动力矩大的功能部件驱动转动力矩小的功能部件；转动精度要求高的功能部件驱动转动精度要求低的功能部件。

5.5.4 传动设计

单通道及双通道射频交连多为单级传动，即系统直接对射频交连实施传动，可直接由对接法兰实现。当射频交连与其他特定功能器件集成或组合时，重点考虑相互间的传动关系和传动方式。

多通道射频交连主要由多个交连单元及内部传动件按一定要求组装而成。射频交连与一些特定功能器件，如汇流环、同步轮系、编码器、光纤滑环、流体交连组合时，必须全面考虑其内部相互嵌套、集成关系，从尺寸排布、可靠性、传动等诸多方面综合考虑。多通道射频交连内部各交连单元及特定功能器件间传动多采用球头拨杆与拨叉、法兰拨叉、弹性联轴节，三种典型传动布置方式如图 5-28 所示。

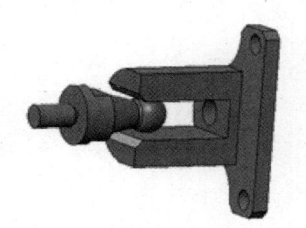

球头拨杆与拨叉　　　　　法兰拨叉　　　　　弹性联轴节

图 5-28　三种典型传动布置方式

球头拨杆与拨叉多用于多通道射频交连附路之间的传动，如图 5-29 所示，轴向装配长度尺寸容差大。由于球头拨杆与拨叉的长度方向配合几乎无任何限制，轴向可以极大地满足每组附路及整个器件装配、调试造成的长度误差要求，即长度尺寸公差容差极大，可以达到±5mm。

每组附路内部有两个高精度轴承，可以保证每组附路器件信号无起伏地平稳传输，且球头拨杆与拨叉接触面允许形成一定的夹角，即在轴向允许每组交连间有一定的角度误差而不会影响器件内部的转动（自动调同心），轴承转动更灵活，大大降低了轴承磨损，提高了产品使用性。

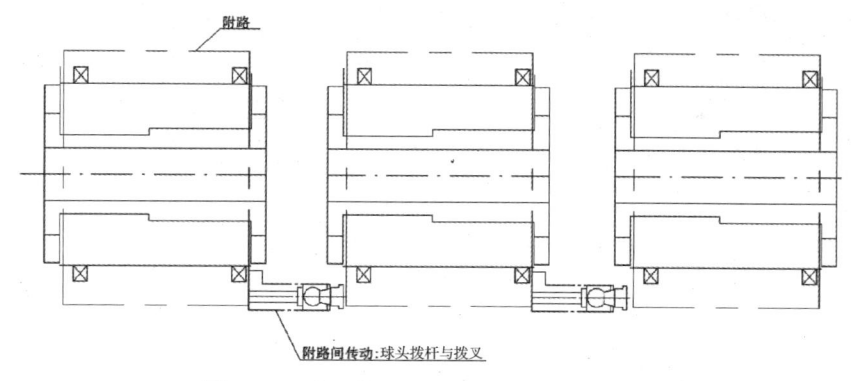

图 5-29 球头拨杆与拨叉传动布置示意图

球头拨杆与拨叉传动布置位置灵活不占附路中心孔空间，即不占内部电缆走线空间，可以布置更多的附路。

法兰拨叉传动实际上为键-槽传动，法兰拨叉传动可用于多通道射频交连附路之间的传动，也可作为整个交连的驱动件。其特点是刚性好，传递力矩大；同轴精度高，同步性好；轴向装配长度尺寸容差大；布置位置不占附路中心孔空间。对于同轴方位角度输出有严格要求的附路、编码器实施传动，不建议采用该方式。当有多级传动采用法兰拨叉时，应保证各级转动轴与交连理论转动轴同心（满足一定的同轴度公差要求），装配精度要求高。一般情况下，整个交连的驱动力矩会大于另外两种方式的驱动力矩。

弹性联轴节传动一般布置于转动轴上。运转中每组交连可以依靠自身不断的形变来保证各运转部件的同心，即在轴向允许每组交连间有一定的角度误差而不会影响器件内部的转动（自动调同心），轴承转动灵活，大大降低了轴承磨损；其特点是有效地吸能，抗冲击性能强。弹性联轴节适用于附路交连内转子多为薄壁件，且转动惯量大的场合，但不宜多级采用。对于交连内部集成的同步轮系驱动，不宜采用，同步差异性大。特别注意弹性联轴节的材料选用与加工，以防零件疲劳断裂。

5.6　环境适应性设计

射频交连在使用、运输、储存过程中，会遇到各种自然或者人工环境条件，这些环境因素单独或者综合影响后，可能会导致装备性能恶化，因此环境适应性是射频交连重要的性能指标之一。

射频交连一般安装在装备内部，不会直接暴露于外界大气中，但往往难以做到全密封，无法实现全寿命周期内的温度及湿度控制。射频交连通常会遇到的恶劣环境主要有高低温、湿热、振动冲击、霉菌等，应根据具体的使用工况进行针对性结构设计、关键部件轴承设计或电磁兼容性设计，以改善射频交连的使用工况。

1. 结构设计

为满足机电装备的环境条件要求,旋转关节在结构设计时主要采取了以下措施:

(1)优化零部件的结构来提高旋转关节的强度。

(2)优化旋转关节的转动连接设计,确保旋转关节的转动力矩足够小。

(3)激励功分器与同轴线一体化设计、加工,省掉了焊接环节,避免因焊接带来的易腐蚀,进一步提高了器件的强度。

(4)系统中需要定期充干燥空气,确保旋转关节内部的干燥。

(5)整个系统采用密封防潮设计,各器件之间均设有橡胶密封圈,确保整个系统具备防雨、防潮、防霉、防盐雾能力。

(6)在旋转关节的整体布局方面,将密封性最差的汇流环放置在天线座底下,避免暴露在室外。

(7)采用严格的三防措施。

2. 关键部件轴承设计

根据载荷选择合适型号的轴承,一般选择高可靠性、高精度含油轴承。

(1)建议轴承成对使用,轴承间距适中,确保旋转的稳定性,减小旋转关节的转动力矩,提高转动的灵活性。

(2)优化旋转关节的结构形式,改善旋转关节的成形方式,进行合理的结构设计,减少机械结构变形,提高零部件的加工精度和装配精度,以及提高交连的强度和刚度。

(3)预防结构件的磨损及腐蚀,严格控制相对转动件之间的间隙,确保结构件之间不相互摩擦;采取防腐措施,改善关节内部环境,确保内部干燥,减缓结构件的腐蚀。

(4)对转台提出合理需求,如建议转台同轴度小于 0.1mm,减少交连外围接口对轴承和交连寿命的影响。

3. 电磁兼容性设计

电子设备的电磁兼容性设计包括限制干扰源的电磁发射、控制电磁干扰的传播,以及增强敏感设备的抗干扰能力。

交连内部多为铜、铝材电缆及非金属材料,几乎无敏感元器件,外部电磁信号对交连的干扰可不考虑。但大功率交连发射链路对外部的电磁发射,以及交连内部各通道之间的电磁干扰需从设计上综合考虑。

电磁兼容性设计主要有以下几个途径。

(1)交连在系统中尽量远离接收系统等敏感设备,同时尽可能处于密闭金属安装筒内。

(2)将发射主链路与接收辅链路、大功率链路与小功率链路在空间排布上隔离。

(3)交连外壳尽可能不存在通孔,所有连接器、接缝处加导电橡胶条。

(4)减少微带传输,改为同轴连接,减小辐射及各路传输线的相互耦合。

(5)交连内部各通道间尽量远离,提高隔离度及减少谐振产生因素。

（6）交连内部射频电缆尽量使用半刚性电缆，连接器焊接致密，光纤及电源线外部套有防波套。

5.7 典型故障分析

射频交连在产品中一般是单点使用的，它的可靠性直接影响产品寿命，典型的故障有结构卡死、转动稳定性差、密封性能下降。

5.7.1 结构卡死

交连出现卡死现象，基于交连的工作原理，会造成旋转连接器连接电缆绞断，导致装备无法工作。其故障原因有轴承故障、拨叉断裂、动静环装配间隙异常等。

1．轴承故障

轴承故障一般是轴承在转动时不够平稳、有异响或异常振动，轴承各部件有明显变形或磨损。

2．拨叉断裂

对于拨叉断裂，一般检查表面是否有外力损伤，整体是否有明显裂纹或变形等。

3．动静环装配间隙异常

动静环装配间隙一般是动环与静环不允许接触，在保证电性能的前提下，动环与静环之间应保持一定的间隙，调试过程中运转正常，不能出现无法转动现象及转动阻力过大现象。

5.7.2 转动稳定性差

交连出现异响且稳定性差，从而影响电性能，其故障原因有设计原因、交连零件超差及装配不到位、安装导致装配干涉。

1．设计原因

在设计图纸时不允许零件之间特别是对接法兰与挡板之间有干涉，间隙必须满足传动要求。对交连安装在天线座上的定位圆的同轴度和平面跳动度有要求，另外对于天线座上用于安装交连的平面，其同轴度及平面跳动度等也有要求。

2．交连零件超差及装配不到位

对主要零件（如内导体、挡板等）需要严格控制，这些零件有不同程度的超差。交连装配要利用装配工装保证法兰端面至拨叉安装面位置的高度差，同时拨叉端头与挡板确保接触；驱动法兰安装面及定位面之间不能有明显的划痕，主路与驱动法兰配合面不能干涉。交连主路运转时，其实际中心与理论安装中心不能有偏转现象。

3．安装导致装配干涉

交连安装到装备（转台）上后要保证旋转轴线和转台的旋转轴线同心度，精调交连位置，在满足要求后，必须紧固相应的螺杆、螺母。

5.7.3 密封性能下降

如果交连出现密封问题，会影响环境适应性及耐功率，易出现打火等故障，其故障原因有零件设计及密封圈选用不合理、零件装配不符合要求等。

1．零件设计及密封圈选用不合理

设计图纸的静密封面及动密封面的尺寸和公差必须满足或优于机械设计手册中推荐的设计要求。交连所有密封处的密封圈材料要考虑老化弹性不足等问题。

2．零件装配不符合要求

装配完成后必须进行旋转状态下的充气压检查，若静密封处有气泡持续冒出，则需要考虑法兰端面密封槽是否装配到位；若动密封处有气泡冒出，则需要考虑动密封表面与密封圈接触的地方是否装配到位，没有起到密封作用。

参考文献

[1] 郑晓东．高功率同轴旋转关节的设计[J]．火控雷达技术，1989（2）：22-26．
[2] 王群杰，李磊．双通道组合旋转关节的设计[J]．火控雷达技术，2006（35）：45-48．
[3] 王群杰，汪伟，李磊，等．可堆积饼式旋转关节的设计[J]．雷达与对抗，2006（4）：42-44．
[4] 胡济芳．转动交连扼流槽的驻波与相移计算[J]．现代雷达，1992（2）：82-86．
[5] 赵国庆．雷达对抗原理[M]．西安：西安电子科技大学出版社，2005．
[6] 杨睿萍．一种新型雷达旋转关节的结构设计研究[J]．雷达与对抗，2002（2）：60-64，68．
[7] 周志鹏．贯穿式同轴/波导旋转关节的工程设计[J]．现代雷达，1997（4）：36-42．
[8] 杨睿萍．某新型雷达旋转关节的结构设计研究[J]．舰船电子对抗，2003（1）：40-43．

第 6 章
多种交连组合设计

【概要】

本章介绍了多种交连组合的分类,详细讲解了两种交连组合、三种交连组合和四种交连组合的典型组合结构和每种组合的结构布局、传动关系、具体设计要点等内容。

6.1 概述

随着科学技术的发展、工程应用需求的不断提升,装备功能的不断扩展,单一信号或介质的旋转传输装置已无法满足日益发展的现代机电装备需求。现代化的机电装备需要传输更高的供电功率、大量的信号数据,以及液态、气态或气液混合态的介质,需要将光电液及射频交连进行组合形成多功能复合交连,实现多种信号及介质的可靠旋转传输,比如机电装备中较为典型的雷达系统,经常需要将光电液及射频交连进行组合应用。

根据装备的使用需求,将光电液及射频交连等不同种类交连进行部分或全部组合,形成不同复合功能的组合交连,不同交连组合形式如图 6-1 所示。

根据需要,光电液及射频交连可以实现多种组合,从而形成多种布局形式,组合的基本原则如下。

1. 失效影响最小原则

组合交连结构布局时,应充分考虑某个交连失效是否会引起其他交连故障,在设计中加以避免。例如,流体交连首先放在组合交连最下方,原因是若流体交连位于上端,当出现泄漏时,液体介质会向下流淌至其他交连内部,造成诸如汇流环短路、光纤滑环断路、射频交连打火等故障,带来泄漏以外更大范围的次生危害。在光、电、射频交连中,汇流环宜放在最下端,否则其工作过程中产生的碳粉有可能对光纤滑环、射频交连产生影响,而对光纤滑环和射频交连相对位置则没有太多要求。

```
                              ┌─ 光、电组合交连
                              ├─ 电、流体组合交连
                   ┌─ 两种交连组合 ─┼─ 电、射频组合交连
                   │              ├─ 光、射频组合交连
                   │              ├─ 光、流体组合交连
                   │              └─ 流体、射频组合交连
                   │              ┌─ 光、电、流体组合交连
     组合交连 ──────┼─ 三种交连组合 ─┼─ 光、电、射频组合交连
                   │              ├─ 光、流体、射频组合交连
                   │              └─ 电、流体、射频组合交连
                   │
                   └─ 全种类组合 ── 光、电、流体、射频组合交连
```

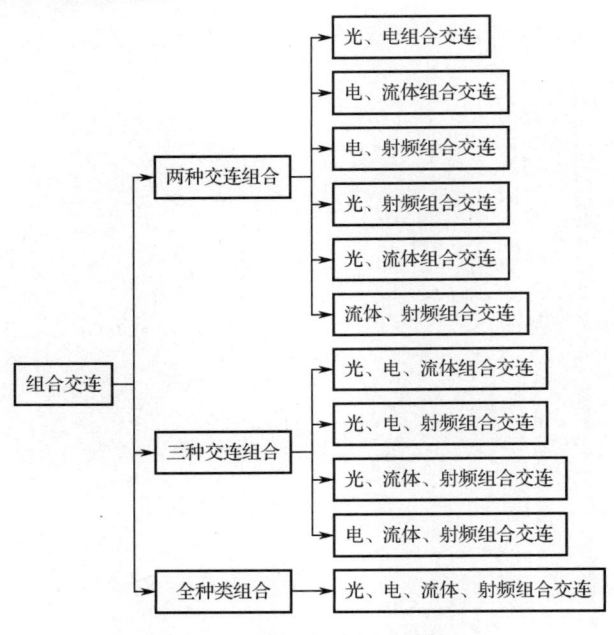

图 6-1 不同交连组合形式

2．传动稳定性原则

为保证传动的稳定性，驱动路径应根据各个交连自身的结构尺寸和刚度进行选择，由大尺寸、大刚度交连依次带动相对较弱的交连旋转。例如，光纤滑环不适宜作为主动传动交连。由于其自身结构轻薄、轴承承载能力较弱，若由光纤滑环带动汇流环或其他交连旋转，则其他交连转动时产生的摩擦力和转动惯量均远大于光纤滑环自身，不仅会造成光纤滑环结构件变形和性能的下降，还会使其使用寿命明显缩短。

3．连接无过约束原则

各交连组合时，交连间存在传动和连接关系，由于每个交连的传动精度要求各不相同且单个交连均按自身要求进行装配。因此，组合连接时必须设置浮动连接环节，否则全部采用固定连接将引起各个交连间的约束干涉，导致刚性弱的交连承受由同轴度误差引起的额外径向载荷而产生变形，造成性能下降，甚至损坏。

4．利于电缆、管路排布原则

多个交连组合时，不仅需考虑各个交连结构之间的连接和传动关系，电缆和管路上下行路径排布也非常重要。路径设计应遵循有利于电缆散热、减小电磁干扰、组合交连整体外形尺寸小型化、电缆和管路在运动过程中不会与结构件产生运动干涉、便于各个交连的安装与分离的原则。

5．易维修原则

多个交连组合形成一体，在提高集成性的同时必然影响其单独的维修性。尽管如此，

在设计时依然需充分考虑维修性，在布局上尽量做到可单独对其中某个交连进行拆解和维修，而无须拆解其他交连；对于经常需维护和维修的交连应方便维护和拆解，或者通过提高交连的可靠性和使用寿命，减少维护和拆解需求。

6.2 两种交连的组合设计

根据机电装备的实际需求，对光电液及射频交连可以两两搭配，形成多种组合形式，具体分类情况如图 6-1 所示。其中最典型、最常见的两种交连组合为光、电组合交连，电、流体组合交连，电、射频组合交连，如图 6-2 所示。其他组合均与这三种组合类似。

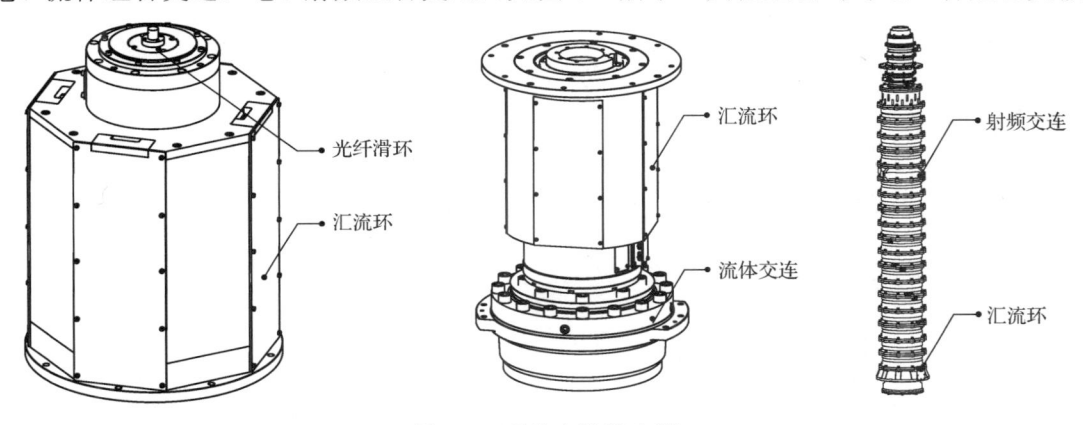

图 6-2 两种交连组合图

6.2.1 光纤滑环与汇流环组合

光、电交连均可传输数据信号，光纤滑环具有数据吞吐量大、可靠性高、受外部干扰影响小、安全性高、寿命长等优点，因此在数据旋转传输方面，光纤滑环已逐步取代汇流环。汇流环可以传输中频信号和功率，在这方面光纤滑环是无法取代的，因此光、电组合交连可以实现功能互补，是应用最广泛的组合交连。当传输功率、中频信号和数据信号且数据量巨大时，两者组合最为合适，能够同时满足功率和数据传输的要求，充分发挥各自的优势和效能。

光纤滑环的传输原理决定了其旋转中心无法实现中空结构且体积较小，无法提供电缆的布线通道，因此光纤滑环只能布局在组合中的旋转轴线上。进出光纤滑环的光纤位于光纤滑环两端，并相对旋转，与旋转中心重合。一般而言，光纤滑环体积小、质量小，且摩擦力矩极小，转动刚度较低，不能用来作为其他交连的安装支撑或主动传动件带动其他设备旋转。

汇流环为保证自身的旋转精度，一般外形尺寸较大，结构的刚度较高。汇流环在结构设计中较为灵活，根据使用需求可以设计为实心或中空结构，中空结构可以提供充足的走线和设备安装空间。进出线可从两端端面或侧面出线，便于结构安装排布。汇流环支撑结构一般采用铝和钢质材料，具有足够的刚强度，可作为组合交连的安装支撑，用于带动其他交连旋转。

因此，光、电组合交连布局一般为光纤滑环寄生在汇流环上，组合交连的安装接口均设置在汇流环上，由汇流环支撑并带动光纤滑环转动，如图6-3所示。

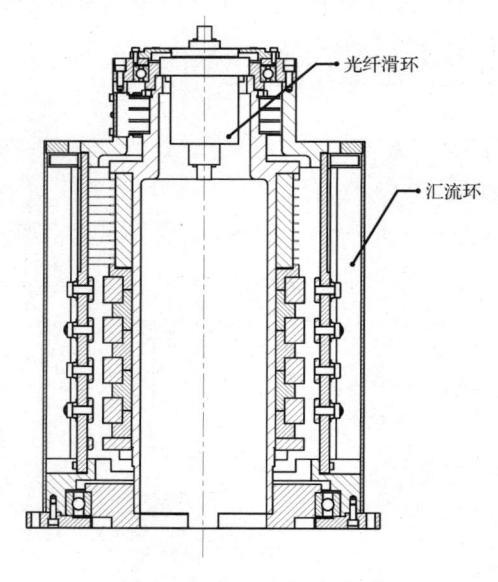

图6-3 光、电组合交连

光、电组合交连常采用轴向串联和径向套装两种组合形式，这两种组合形式各有优缺点，在工程实践中一般优选径向套装结构。

1. 轴向串联结构

轴向串联顾名思义就是将光纤滑环和汇流环沿旋转轴线串接在一起，柱式汇流环与光纤滑环的典型轴向串联结构如图6-4所示。

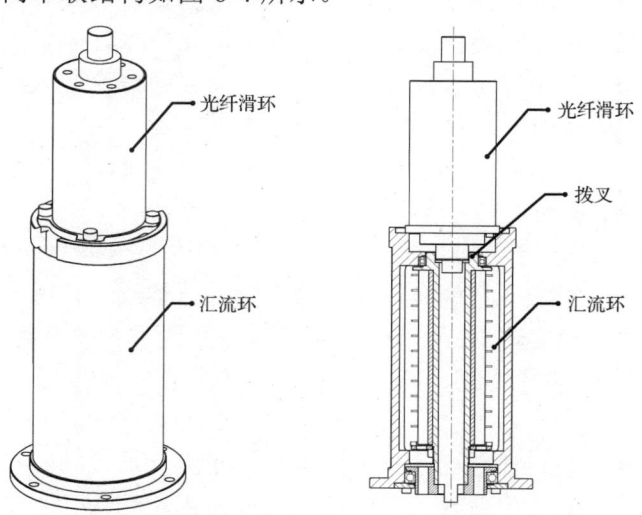

图6-4 柱式汇流环与光纤滑环的典型轴向串联结构

该组合形式适用于轴向尺寸较充裕的安装场合。由于径向尺寸受限，汇流环的直径不能过大，因此该组合形式常用于小功率汇流环与光纤滑环的组合，轴向串联结构的特点如下。

1）交连间相互影响较小

从安装结构可以看出，两个交连的联系不紧密，拆装时互不影响，当某个交连出现故障需要维修和更换时，另一个交连不受影响。由于两者安装接口关系简单、走线不相互影响，因此组合简单。

2）利于提升汇流环可靠性和寿命

两个交连轴向串联，汇流环设计时可以有效减小导电环直径。在同样的转速下，降低电刷与导电环之间的滑动线速度和行程，有利于减少磨损，降低磨屑的产生量和由此引起的打火、接触可靠性下降的问题，延长了维护和保养周期，提升了汇流环可靠性和寿命。

3）径向尺寸小、质量小、轴向尺寸大

汇流环和光纤滑环相互没有嵌套关系，汇流环在涉及与光纤滑环的接口时，只需考虑光纤走线要求，其他结构设计互不影响。可以按照各自最优方案进行设计，实现径向尺寸最小化。但两者采用轴向串联，组合之后的轴向尺寸较大。

2．径向套装结构

某些机电装备对交连高度尺寸有严格限制，为了解决多交连串联组合结构轴向尺寸大、无法满足安装空间要求的问题，径向套装结构应运而生，通过将光纤滑环下移至汇流环中心孔内，牺牲径向尺寸而实现轴向尺寸的降低，具体结构如图6-5所示。

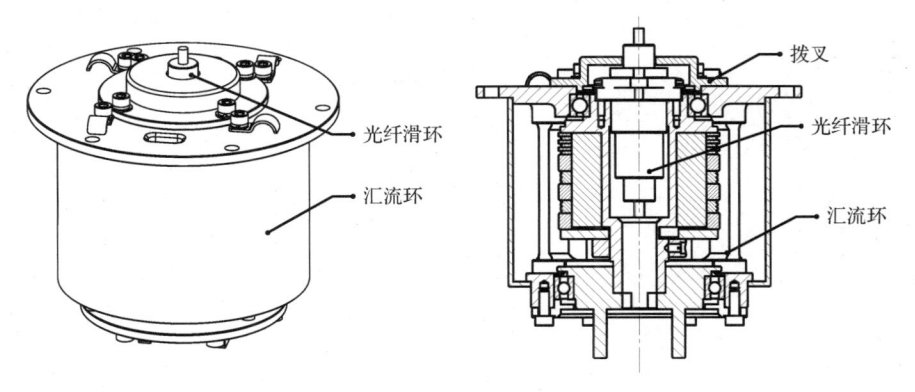

图6-5 光、电组合交连径向套装结构

由图6-5可知，该结构布局将光纤滑环下移至汇流环中心孔内，并通过汇流环内环上的法兰与光纤滑环外壳连接；通过固接在汇流环外壳上的拨叉与光纤滑环内环浮动连接，从而实现两者旋转运动连接。

从结构布局可以看出，径向套装结构相较于轴向串联结构具有集成度高、轴向尺寸小的优点。光纤滑环嵌套在汇流环中心,会引起汇流环的径向尺寸增大,但由于光纤滑环自身尺寸较小,光纤滑环安装在汇流环中间并不会过多增加汇流环的径向尺寸,对汇流环接触副的滑动线速度及行程的影响不大,对其寿命的影响也较小。在设计时需要根据边界条件对性能指标进行适当调整,并结合寿命和外形尺寸综合考虑布局方案。

6.2.2 汇流环与流体交连组合

流体交连的作用是连接动静管路,保证密封的流体介质可以在固定设备和运动设备之间稳定循环传输,复杂机电装备有供电和传输电信号的需求,汇流环是必不可少的组件,汇流环与流体交连组合可以同时实现信号、电能和流体介质的同步旋转传输,在机电装备中较为常见。

流体交连动密封的可靠性与运行过程中的旋转精度密切相关,其结构以刚度设计为主,因此结构件尺寸大、结构刚度和旋转刚度较高;汇流环使用时需保证电刷和导电环的可靠接触,因电刷具有一定的弹性补偿,旋转精度和刚度需求相对而言不如流体交连。因此,一般采用流体交连带动汇流环的传动方式。汇流环和流体交连在各自的装配过程中均进行了消隙处理,各自的旋转精度已成形。为避免组合后由安装同轴度误差引起的约束干涉,以及由此造成某个交连受到额外的径向力,导致变形、性能下降甚至损坏,两种交连组合时采用内环、外壳一个固定连接,另一个浮动连接的方式。例如,流体交连外壳与汇流环外壳固定连接,而流体交连内环与汇流环内环浮动连接,反之亦然。具体采取哪种方式可根据实际工况进行调整。浮动连接常采用拨叉或柱销联轴节等结构,浮动连接一般只限制交连间的一维旋转自由度,其余五个自由度是放开的。为保证旋转过程中的稳定性,避免过多自由度对旋转系统造成振荡和失稳,常把浮动连接设置在静止端,固定连接设置在运动端。

汇流环主要功能是传输电信号和电能,流体交连主要传输液体介质,两种交连传输的介质不同,一体化设计难度较大,且两者在体积、尺寸上相当,如果采用径向套装结构,会使外部的交连尺寸过大,影响其性能和工作寿命,故一般采取轴向套装组合方式。汇流环、流体交连均可根据设备空间要求实现中空设计或非中空设计。需要强调的是,为了保证电线和液体管路的通过,汇流环和流体交连必须有一个是中空结构。汇流环和流体交连的可能组合方式相较于光纤滑环与汇流环组合更为多样,主要有两大类六种方式。

(1)汇流环在上方、流体交连在下方。
① 汇流环中空、流体交连非中空。
② 汇流环非中空、流体交连中空。
③ 汇流环中空、流体交连中空。
(2)汇流环在下方、流体交连在上方。
① 汇流环中空、流体交连非中空。
② 汇流环非中空、流体交连中空。
③ 汇流环中空、流体交连中空。
下面主要针对以上组合形式(1)进行详细论述。

1. 汇流环在上方、流体交连在下方

1）汇流环中空、流体交连非中空

汇流环位于流体交连上方，其中汇流环中心为中空结构，流体交连中心为通液管路，具体布局如图 6-6 所示。

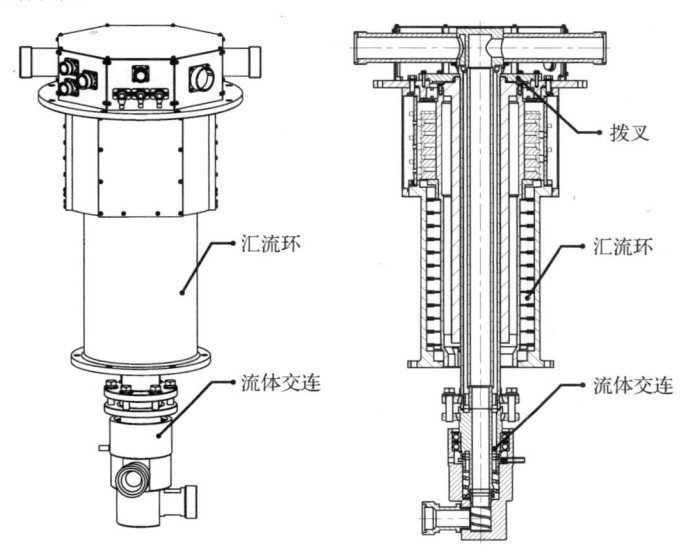

图 6-6　汇流环与流体交连套装结构 1

这种组合结构决定了流体交连向上连接的管路必须通过汇流环中心孔，为保证汇流环的使用寿命，汇流环直径尺寸需要尽可能小，因此该组合适用于流体交连管路直径较小的场合。汇流环上行的电缆布置在内环上，下行的电缆布置在外壳上，流体交连下行的管路安装在外壳上。管路和电缆的布置路径详见图 6-6。

该种组合形式的优点如下。

（1）管路和电缆的布置关系清晰，运动和静止的电缆和管路均可同步，无交叉和缠绕问题。

（2）流体交连位于设备下方，即使出现液体介质泄漏，漏液也不会流入汇流环内，不会对汇流环的性能和安全带来次生危害。

该种组合也有一定的不足：流体交连的流量和管路通径受到汇流环直径尺寸的限制，当流体介质流量较大时，需要增大汇流环直径尺寸，由此造成汇流环的维护周期、工作寿命缩短。

2）汇流环非中空、流体交连中空

这种组合布局与 1）相同，主要区别在于汇流环中心为实心结构，流体交连中心为中空结构，具体布局如图 6-7 所示。

这种组合结构决定了汇流环下行的电缆需通过流体交连中心孔，对于机械密封形式的流体交连，由于其寿命对直径尺寸不敏感，因此相对而言设计时不需要过多考虑汇流

环电缆对流体交连流量的限制；但由于柔性密封形式的流体交连寿命与直径尺寸直接相关，因此柔性密封流体交连流量与汇流环电缆尺寸、数量强相关，会限制汇流环的电信号和电能的传输能力。

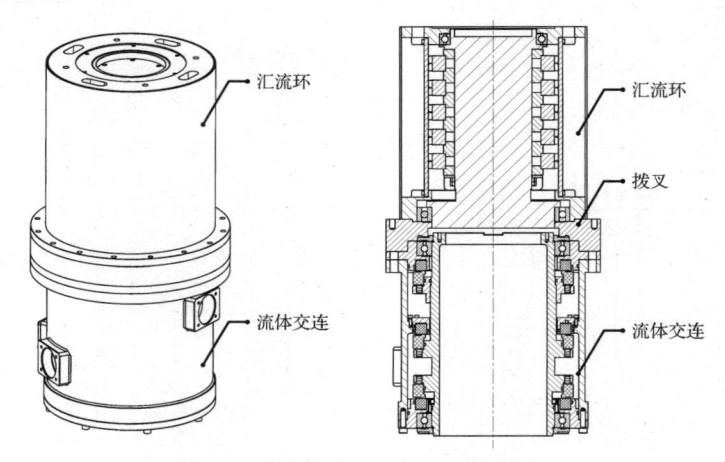

图 6-7 汇流环与流体交连套装结构 2

流体交连下行的管路连接接口设置在流体交连的内环上，汇流环下行的电缆通过流体交连中心孔，汇流环上行的电缆由其外壳引出，流体交连上行的管路连接接口设置在其外壳上。

该种组合的优点与汇流环中空、流体交连非中空组合结构优点相同。缺点是汇流环的电信号和电能的传输能力受到柔性密封流体交连尺寸不能过大的限制，如果采用机械密封流体交连进行组合，可忽略该缺点。

3）汇流环中空、流体交连中空

这种组合形式的具体结构布局如图 6-8 所示，电缆和管路的布置可根据实际需要有较多的选择。

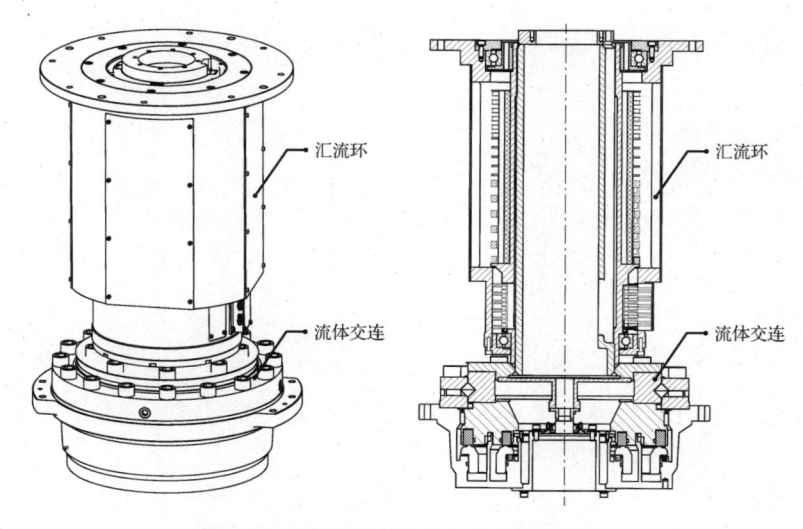

图 6-8 汇流环与流体交连套装结构 3

该种组合形式的主要优点如下。

（1）电缆和管路的布置灵活。

电缆和管路的布置更为灵活，流体交连内环上的连接管路可以上行穿过汇流环的中心孔与汇流环内环上的上行电缆一并布置；汇流环内环上的下行电缆也可以穿过流体交连的中心孔与流体交连内环上的下行连接管路一并布置，同时汇流环外壳引出的电缆和流体交连外壳上的连接管路可以一起上行布置。

（2）交连设计受到的限制因素较少。

汇流环和流体交连的电缆及管路布置易于互换，在工程设计中汇流环、流体交连及其组合可根据需求进行灵活设计。汇流环和流体交连在设计时彼此限制少，可实现较优设计。

（3）可靠性高。

流体交连安装在汇流环下方，即使出现泄漏也不会对汇流环造成次生危害。

（4）可扩展性好。

汇流环和流体交连均为中空结构，在这两种交连组合的基础上易于增加其他种类的交连，扩展为三种及以上交连组合。

该种组合形式的缺点如下。

（1）单个交连结构尺寸大。

为便于组合后的电缆和管路布置，汇流环、流体交连均采用中空结构，单个交连结构尺寸并非最优。

（2）汇流环、流体交连寿命有所下降。

汇流环、流体交连均为中空结构，因此导电环和密封环直径尺寸都会适当增加，线速度随之增大，这会对交连寿命产生一定的影响。

2．汇流环在下方、流体交连在上方

这种组合形式的主要缺点是当流体交连密封性能下降或出现故障时，其密封的液体介质可能发生泄漏，泄漏出的液体介质在重力作用下会向下流淌，流入安装在流体交连下方的汇流环内部，引起汇流环或周边电子设备短路、损坏。尽管在设计时可以采取一定的防护措施，但仍然存在风险。根据组合交连设计基本原则——尽可能减少某个交连失效后对其他交连的影响，这种组合形式很少使用。

这一类组合交连走线走管与汇流环在上方、流体交连在下方的类似，这里就不再赘述。

6.2.3　汇流环与射频交连组合

汇流环与射频交连组合在典型机电装备——雷达系统中应用广泛，组合后可以同时传输电信号、电能和微波信号，两种交连均为内环与外壳相对转动结构。

射频交连是传输微波信号的重要装置，通过一层一层堆积组合可实现多路微波信号传输，每一层就是一个通道。每一层均自成一体，单独进行传动消隙，为防止层与层之间过定位，一般采取外壳固定连接与内环浮动连接或外壳浮动连接与内环固定连接的形式；其功能实现过程中，只需承受自重产生的载荷，无须承担其他负载，在产品轻量化设计要求下，射频交连的结构刚度、旋转刚度均较低，具体结构如图 6-9 所示。

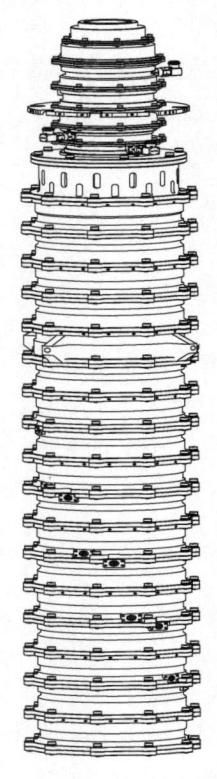

图 6-9　汇流环与射频交连套装结构

射频交连结构设计受限于微波频率和外形尺寸，实现中空式结构难度偏大，一般中心为非中空结构，因此在汇流环与射频交连组合中，汇流环的电缆无法通过射频交连中心，在组合设计时，汇流环中心为中空结构，射频交连中心为实心结构。这种组合一般有两种形式：汇流环在下方、射频交连在上方，以及汇流环在上方、射频交连在下方。无论哪种形式，组合交连整体安装时对外机械接口均设置在汇流环上，对于长度大于0.5m 的射频交连，需在自由端增加辅助支撑结构，以保证射频交连转动时的平稳性和支撑刚度。射频交连内环、外壳分别与汇流环内环和外壳连接，两种交连的旋转部分采用固定连接；静止部分采用拨叉、柱销联轴节等浮动连接。

1. 汇流环在下方、射频交连在上方

该组合形式的汇流环下行的电缆由汇流环的内环引出，上行的电缆由汇流环外壳引出。射频交连下行的同轴电缆或波导设置在内环上，下行穿过汇流环中心孔，射频交连上行的同轴电缆或波导设置在外壳上。汇流环中心孔尺寸需根据穿行电缆直径、同轴电缆、波导及连接法兰尺寸确定。在雷达系统中，这种组合形式较为常用，具体结构如图 6-10 所示。

第 6 章 多种交连组合设计

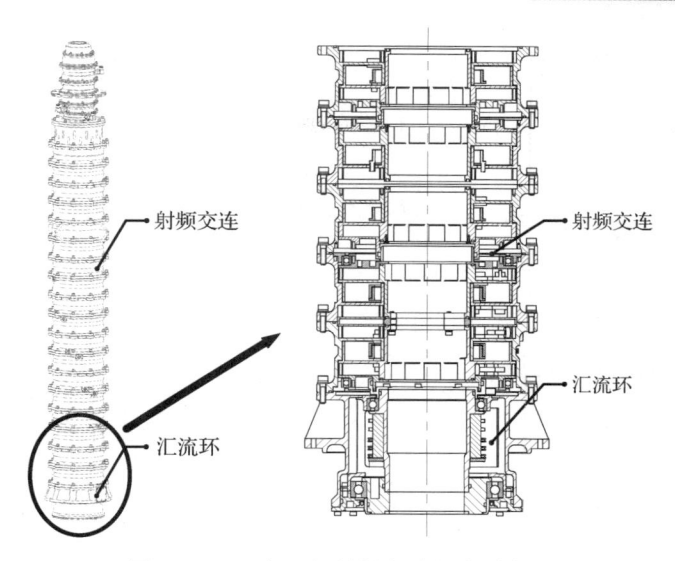

图 6-10 汇流环与射频交连组合结构 1

这种布局的优点是射频交连安装在汇流环上方，汇流环受压应力，受力后的汇流环结构件不易变形，不会因为结构件变形造成对汇流环碳刷接触可靠性和使用寿命产生影响。缺点是射频交连的安装固定接口在底部，当其长度较长时，上端在无辅助支撑时易出现失稳情况，导致旋转精度低，对微波信号传输效率产生较大影响，严重时甚至会出现结构卡滞现象。

2．汇流环在上方、射频交连在下方

该组合形式的射频交连通过其上端连接法兰与汇流环下端连接。汇流环上行电缆由汇流环内环引出，下行电缆由汇流环外壳引出。射频交连上行的同轴电缆或波导设置在内环上，穿过汇流环中心孔，射频交连下行的同轴电缆或波导设置在外壳上。汇流环中心孔尺寸需根据穿行电缆直径、同轴电缆、波导及连接法兰尺寸确定，具体结构如图 6-11 所示。

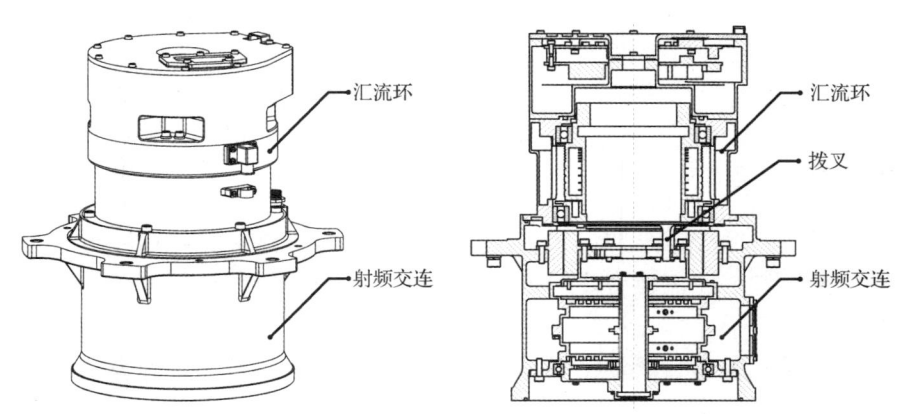

图 6-11 汇流环与射频交连组合结构 2

这种布局的优点是低刚度的射频交连悬挂在汇流环下方，旋转过程中稳定性和同轴度易保证；缺点是当射频交连质量较大时，汇流环受力状态恶劣，易变形引起汇流环碳刷接触可靠性降低、使用寿命减少。

6.2.4 光-射频、光-流体、流体-射频交连组合

除以上三种常用组合外，还有其他三种组合，简单介绍如下。

1. 光纤滑环与射频交连组合

光纤滑环与射频交连组合时，由于光纤滑环从原理上决定了其现阶段无法设计成中空结构，因此只能是射频交连为中空结构。一般而言，根据射频交连的工作原理，尽管可以设计为中空结构，但其中心孔尺寸无法设计得过大，只能用于光纤电缆走线，不可能将光纤滑环安装在射频交连中心孔内。因此，这两种交连的组合只能采用轴向串联结构且光纤滑环寄生于射频交连之上，类似于光纤滑环和汇流环轴向串联组合结构，结构如图 6-12 所示。

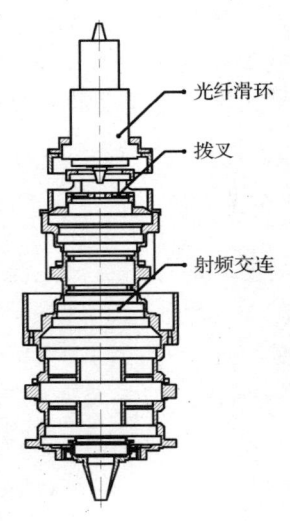

图 6-12　光纤滑环与射频交连组合结构

2. 光纤滑环与流体交连组合

在光纤滑环与流体交连组合形式中，光纤滑环相对于流体交连尺寸过小，且光纤滑环很难做成中空结构，而流体交连刚度好、易于设计成中空结构，因此在此类组合中一般采用光纤滑环寄生于流体交连之上的布局形式。其特点类似于光纤滑环与汇流环组合，可实现轴向串联和径向套装两种结构形式。需要特别说明的是，轴向串联布局时，尽量将光纤滑环放置在流体交连上方，避免流体交连出现泄漏造成光纤滑环损坏。若选用径向套装布局，需考虑光纤滑环的防水保护或流体交连的漏液引流问题，避免对光纤滑环造成次生危害。光纤滑环与流体交连组合结构如图 6-13 所示。

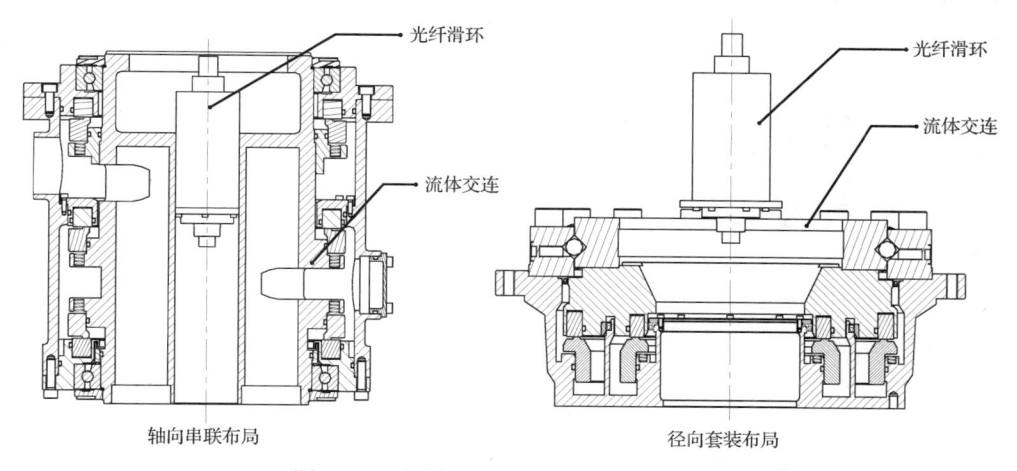

图 6-13　光纤滑环与流体交连组合结构

3. 流体交连与射频交连组合

相对而言，流体交连的结构刚度远大于射频交连的结构刚度，且流体交连可形成中空结构，相反射频交连无法实现大中心孔结构，这两种交连的组合结构和布局特点类似于汇流环与射频交连组合。但不同之处在于，选用轴向串联布局时，应尽量考虑射频交连放置在流体交连上方。若选用径向套装布局，需考虑射频交连的防水问题。射频交连与流体交连组合结构如图 6-14 所示。

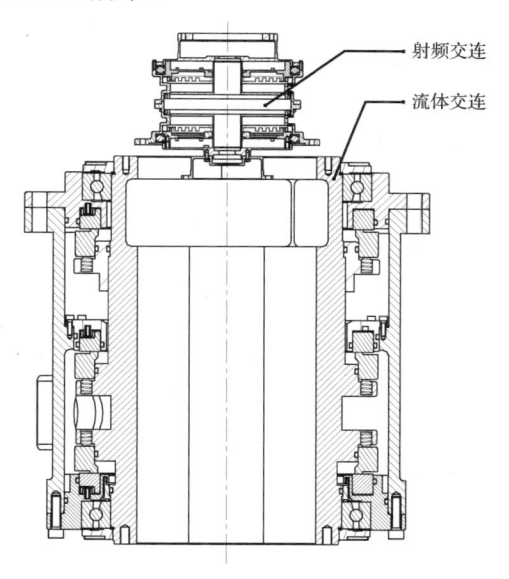

图 6-14　射频交连与流体交连组合结构

6.3　三种交连的组合设计

三种交连有多种组合形式，依然需遵守组合交连的基本设计原则，但由于是三种交连组合，其转动关系更为复杂，光纤、电缆、管路、同轴电缆和波导间的运动干涉需要着重考虑。其中光纤滑环、汇流环和流体交连组合最具代表性，其余的组合形式与此类似，下面将着重介绍这一组合形式。

6.3.1 光纤滑环、汇流环和流体交连组合

由于光纤滑环体积小、质量小、摩擦力和惯性力矩较小且无法设计为中空结构，因此这种组合可看成是在汇流环和流体交连组合的基础上增加光纤滑环形成的。由于光纤滑环要占据中心位置，该组合形式的前提是汇流环和流体交连均应为中空结构，否则无法实现光纤、电缆和管路布置。根据 6.2.2 节的组合分类，因汇流环和流体交连只能设计成中空结构，其布局分为两类：汇流环在上方、流体交连在下方；汇流环在下方、流体交连在上方。

组合交连固定方式为汇流环外壳与流体交连外壳固定连接、汇流环内环与流体交连内环采用拨叉或柱销联轴节等浮动连接方式，这样可以提高组合交连的整体刚度。光纤滑环连接均为外壳固定连接，内环浮动连接。

组合中光纤滑环必须占据中心位置，汇流环的电缆、流体交连的管路均无法通过中心孔穿行，因此电缆和管路的布置取决于光纤滑环在组合中所处的位置。

1．汇流环在上方、流体交连在下方

这种布局最大的优点是安全性高，流体交连的泄漏不会引起汇流环的损坏。

若光纤滑环放置在上端，则汇流环上行的电缆由其外壳引出，下行的电缆由其内环引出；流体交连下行的管路设置在其内环上，上行的管路设置在其外壳上，如图 6-15 所示。

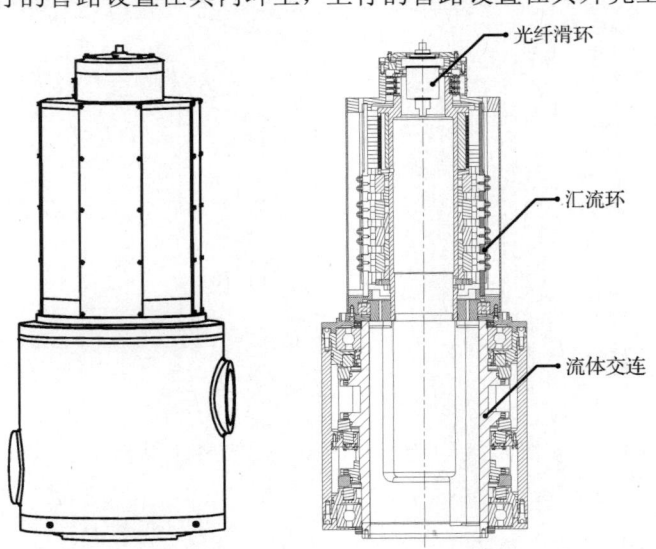

图 6-15 光纤滑环、汇流环和流体交连组合结构

若光纤滑环放置在下端，则汇流环上行的电缆由其内环引出，下行的电缆由其外壳

引出；流体交连上行的管路设置在其内环上，下行的管路设置在其外壳上。

2．汇流环在下方、流体交连在上方

这种布局同样会因流体交连的泄漏造成光纤滑环或汇流环的损坏，因此一般不宜采用，常应用在一些特殊场合。其光纤、电缆和管路的布置方法与汇流环在上方、流体交连在下方类似，不再赘述。

6.3.2 其余三种交连组合

1．光纤滑环、汇流环、射频交连组合

这种组合可看作在光纤滑环、射频交连组合的基础上，增加了汇流环，即将光纤滑环与射频交连组合为一个整体再与汇流环进行组合，其布局形式、结构特点和汇流环与射频交连组合相同。需要注意的是，这一组合的传动顺序为汇流环→射频交连→光纤滑环。光纤滑环、汇流环和射频交连组合结构如图 6-16 所示。

2．光纤滑环、流体交连、射频交连组合

这种组合可以将光纤滑环与射频交连组合为一个整体再与流体交连进行组合，其布局形式、结构特点和流体交连与射频交连组合相同。其主动到被动的传动顺序为流体交连→射频交连→光纤滑环。光纤滑环、流体交连和射频交连组合结构如图 6-17 所示。

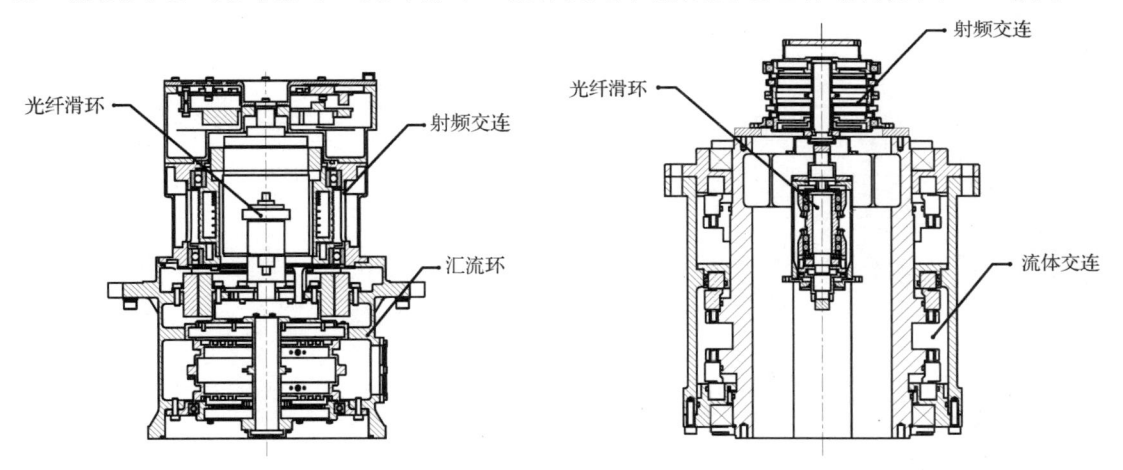

图 6-16 光纤滑环、汇流环和射频交连组合结构　　图 6-17 光纤滑环、流体交连和射频交连组合结构

3．汇流环、流体交连、射频交连组合

这一组合形式与光纤滑环、汇流环和流体交连组合类似，只是将光纤滑环替换为射频交连，这里就不再赘述了。汇流环、流体交连和射频交连组合结构如图 6-18 所示。

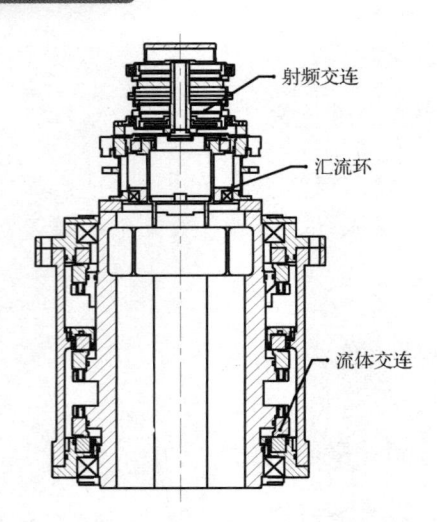

图 6-18　汇流环、流体交连和射频交连组合结构

6.4　四种交连的组合设计

四种交连组合是最为完整的组合结构，如图 6-19 所示，包含了光电液及射频交连，可实现光、电、射频信号与流体介质的同步旋转传输，其结构最为复杂。由于布局时各交连所处的相对位置不同，组合结构也存在多样性。

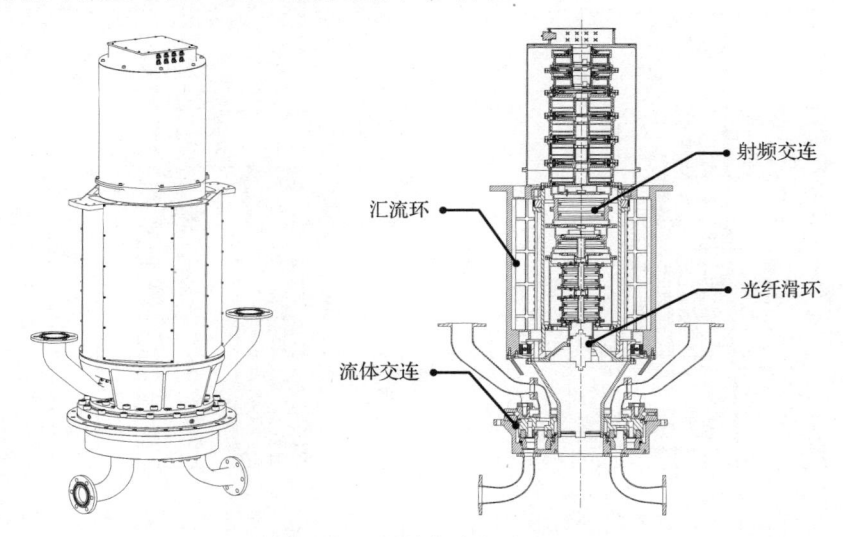

图 6-19　四种交连组合布局

如上所述，光纤滑环基本只有一种类型，而汇流环、流体交连、射频交连均存在中空和非中空两种结构。对于四种交连组合而言，由于光纤滑环的光纤必须穿过旋转中心，因此其他三种交连必须都是中空结构。

射频交连的中空结构形式只有一种，而汇流环、流体交连有柱式结构和盘式结构。所以四种交连的组合形式可以分为以下几种。

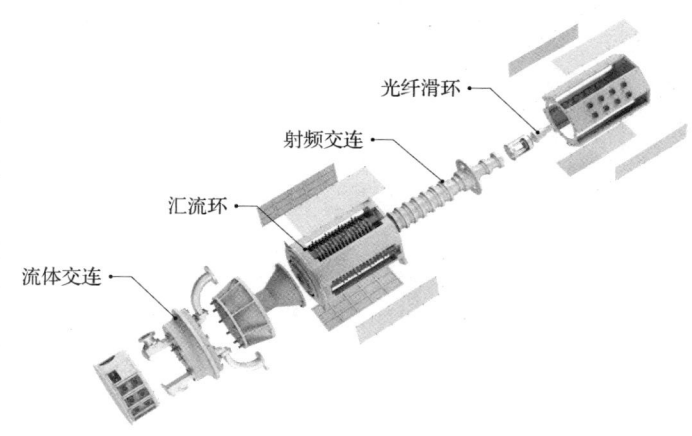

（1）柱式汇流环、盘式流体交连、中空射频交连、光纤滑环组合。
（2）盘式汇流环、柱式流体交连、中空射频交连、光纤滑环组合。
（3）柱式汇流环、柱式流体交连、中空射频交连、光纤滑环组合。
（4）盘式汇流环、盘式流体交连、中空射频交连、光纤滑环组合。

其中第二种组合可以看作将第一种组合中的流体交连与汇流环进行结构互换形成的组合，其布局和传动结构类似；第三种组合中汇流环和流体交连采用轴向串联布局，光纤滑环和射频交连部分径向套装其中，传动关系较为简单；第四种组合结构布局并不合理，应用较少。下面将重点以第一种组合形式为例介绍四种交连的组合设计，其他类型将只做简单介绍。

6.4.1 柱式汇流环、盘式流体交连、中空射频交连、光纤滑环组合

1．结构布局

在安装空间和传动关系的约束下，四种交连组合形式不能简单地采用轴向串联或径向套装的方案，必须是轴向、径向相结合的复合传动链路。动静关系通过过渡件、拨叉等构成了一个复杂的刚柔结合的旋转组合。设计过程中除明确传动关系外，还需考虑光纤、电缆、管路和同轴电缆（波导）在旋转过程中的干涉问题。因此，在结构布局中要明确动件和静件及其上面的电缆和管路与外部的连接关系，具体布局如图 6-20 所示。

图 6-20 柱式汇流环、盘式流体交连、中空射频交连、光纤滑环组合布局图

2．传动关系

传动关系的合理性对于组合交连最为关键，在两种、三种交连组合的介绍过程中已基本了解主动转动和被动转动的相对关系，在四种交连组合中依然如此，传动链路为流体交连→汇流环→射频交连→光纤滑环，组合交连中力矩传递最前端的是流体交连，最末端的是结构尺寸、刚度和摩擦力矩最小的光纤滑环。除此以外，其设计难度在于四种交连中光纤、电缆、管路和同轴电缆（波导）的穿行路径设计。

以某组合交连为例说明结构布局、传动关系、连接关系和管线的穿行路径方案，如图 6-21 所示。

（1）流体交连为盘式中空结构，相对转动结构上下分布；汇流环为柱式中空结构，

相对转动结构内外径向分布；射频交连为柱式结构，相对转动结构内外径向分布，中间只有一个微小孔用于光纤电缆穿行；光纤滑环为实心结构，相对转动结构上下分布。

（2）流体交连下端、汇流环内环、射频交连内环、光纤滑环下端相互连接，形成组合交连静止部分；并通过流体交连下端承载法兰与机电装备的安装支架固接，保持静止。

（3）流体交连上端、汇流环外壳、射频交连外壳、光纤滑环上端相互连接，形成组合交连转动部分；并通过汇流环顶部法兰与机电装备转动驱动臂连接，实现随机电装备同步旋转。

（4）流体交连下端等固定部分通过交连支架安装在机电装备的基座上，固定不动；装备转动部分通过驱动结构带动组合交连所有转动部件旋转，从而实现整个组合交连的旋转。

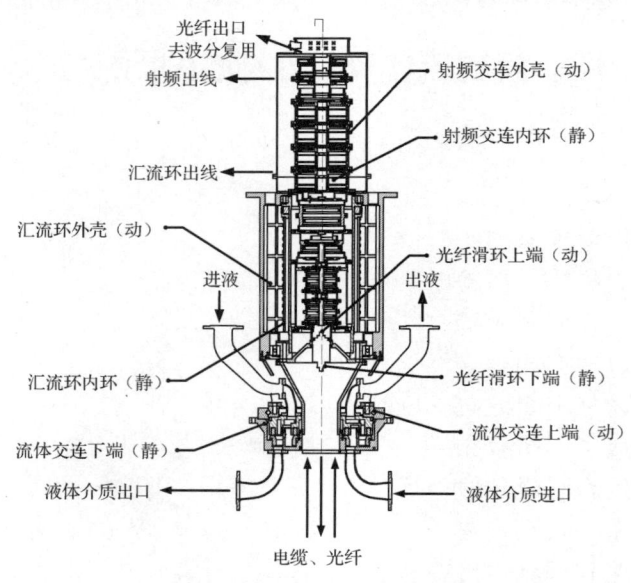

图 6-21　柱式汇流环、盘式流体交连、中空射频交连、光纤滑环组合走线走管图

6.4.2　盘式汇流环、柱式流体交连、中空射频交连、光纤滑环组合

这种组合结构布局与第一种相似，只是将流体交连与汇流环分别转换为柱式和盘式。这种组合主要存在以下问题。

（1）盘式汇流环运行过程中出现的碳粉磨屑较难清理，易造成短路。

（2）从结构布局的合理性角度出发，应将流体交连放置在最下端，盘式汇流环放置在中间部位，但这样布局会引起复杂的传动关系。

（3）从传动关系角度出发，盘式汇流环放置在最下端更为合理，但如果流体交连出现泄漏，将造成汇流环的损坏甚至整个设备出现故障。

1. 结构布局

根据以上的问题分析可以看出，从设备的安全性考虑，尽管流体交连放置在最下端的布局会造成传动关系复杂，但对设备的安全运行更为有利，因此这种布局更为合理。

第 6 章　多种交连组合设计

为实现最小的轴向尺寸，将采用流体交连与汇流环轴向串联、射频交连与汇流环轴向部分重叠、光纤滑环与流体交连径向套装的布局形式，具体布局如图 6-22 所示。

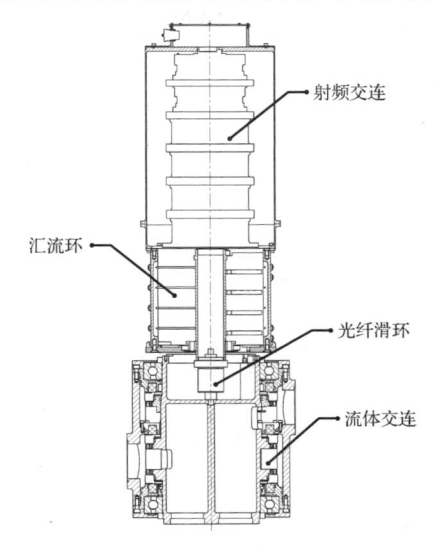

图 6-22　盘式汇流环、柱式流体交连、中空射频交连、光纤滑环组合布局图

2．传动关系

传动关系与 6.4.1 节相同，主动到被动的传动链路依然为流体交连→汇流环→射频交连→光纤滑环，液、电管路上下行传输路径如图 6-23 所示。

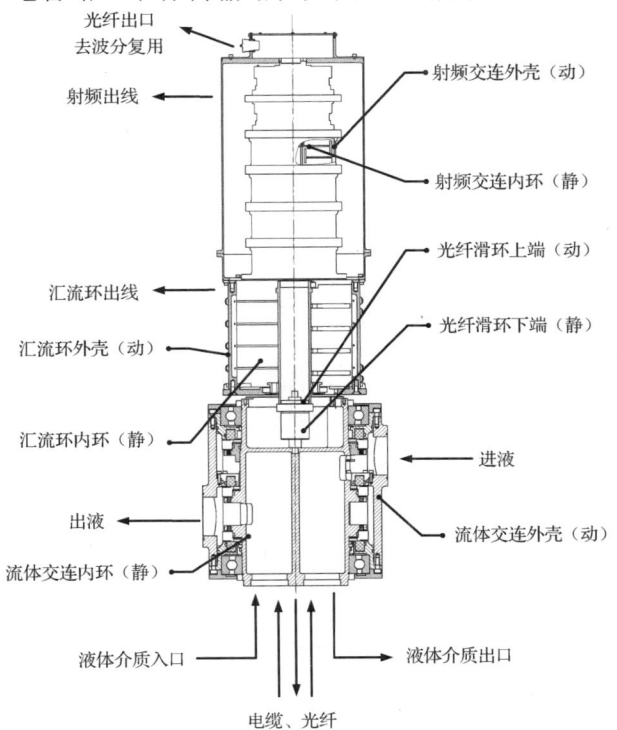

图 6-23　盘式汇流环、柱式流体交连、中空射频交连、光纤滑环组合走线走管图

6.4.3 柱式汇流环、柱式流体交连、中空射频交连、光纤滑环组合

1．结构布局

这种组合通常采用柱式流体交连在最下方，柱式汇流环设置在流体交连上方，射频交连和光纤滑环部分或全部径向套装在汇流环、流体交连内部，从而降低轴向尺寸。柱式汇流环、柱式流体交连、中空射频交连、光纤滑环组合布局图如图6-24所示。

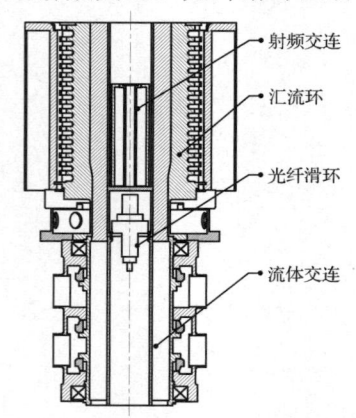

图6-24 柱式汇流环、柱式流体交连、中空射频交连、光纤滑环组合布局图

2．传动关系

这种组合的传动关系较为简单，流体交连外壳和内环分别与汇流环外壳和内环连接，主动到被动的传动链路为流体交连→汇流环→射频交连→光纤滑环，液、电管路上下行传输路径如图6-25所示。

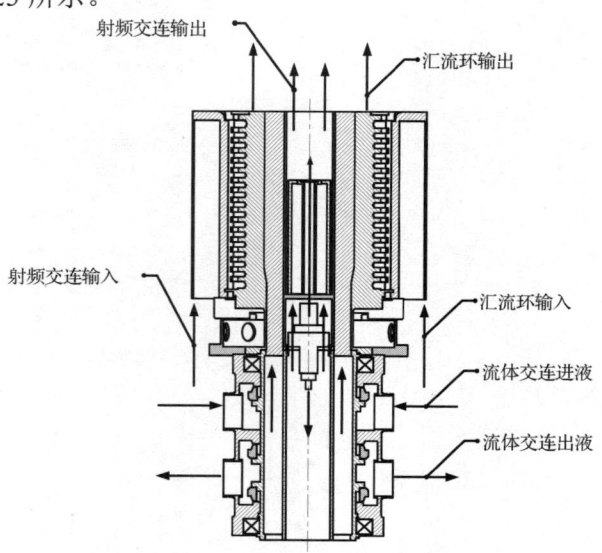

图6-25 柱式汇流环、柱式流体交连、中空射频交连、光纤滑环组合走线走管图

6.4.4 盘式汇流环、盘式流体交连、中空射频交连、光纤滑环组合

1. 结构布局

盘式汇流环和盘式流体交连均在轴向结构间存在相对转动,从传动关系出发,两者径向套装布局更为合理,但在功率大、流量要求大时,两种盘式交连的径向套装将导致径向尺寸过大,因此这种组合不适用大功率和大流量组合交连。更为普遍的布局结构为汇流环与流体交连轴向串联,具体布局如图 6-26 所示。

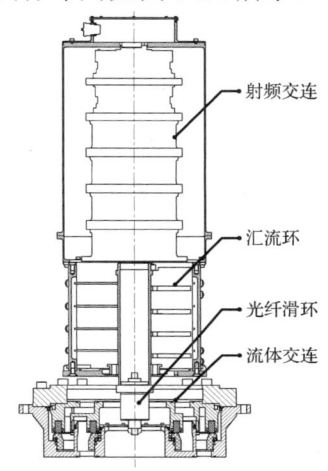

图 6-26 盘式汇流环、盘式流体交连、中空射频交连、光纤滑环组合布局图

2. 传动关系

当汇流环与流体交连采用轴向串联布局时,液、电管路上下行传输路径如图 6-27 所示。

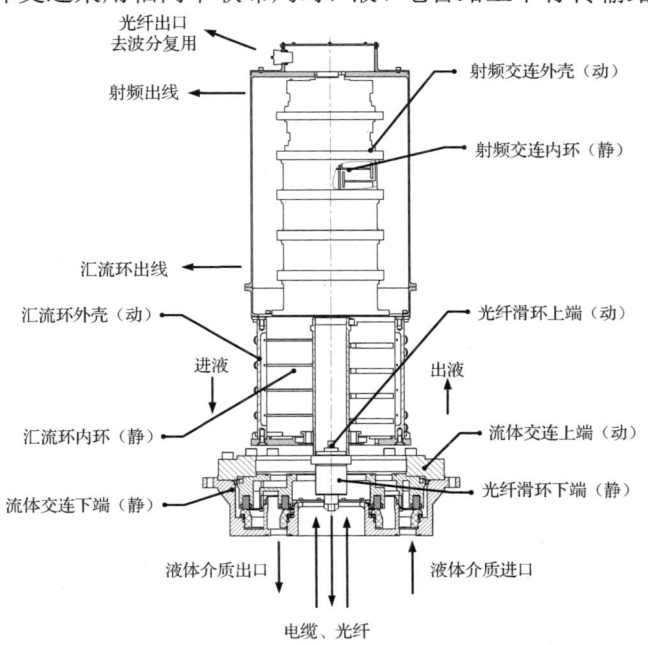

图 6-27 盘式汇流环、盘式流体交连、中空射频交连、光纤滑环组合走线走管图

191

参考文献

[1] 陈勇，杨海成，王卫明. 光电组合汇流环技术[J]. 应用光学，2022，23（6）：12-15.

[2] 席虹标，朱少林，岑少忠，等. 雷达信号光电汇流环系统[J]. 光传输，2013，7：17-19.

[3] 余雷，郭开东. 光电汇流环在雷达上的应用分析[J]. 安徽电子信息职业技术学院学报，2007，6（6）：109-110.

[4] 赵克俊，王向伟，常健，等. 光电液一体化雷达旋转组合研制[J]. 机电工程技术，2016，45（2）：49-51.

[5] 徐明，李超. 光电组合式滑环在雷达系统中的应用[J]. 电子机械工程，2011，27（1）：44-46.

[6] 张瑞珏，余雷，赵克俊. CWDM技术在光电组合汇流环中的应用[J]. 电子机械工程，2011，27（1）：36-38.

Chapter 7

第 7 章 典型交连设计案例

【概要】

本章以典型交连及其组合为例,从应用场景、指标要求、环境条件、组成与布局和详细设计方面介绍了光纤滑环、汇流环、流体交连和射频交连及其组合交连的设计方法,为同类机电装备组合交连的研制提供参考。

7.1 光纤滑环设计

7.1.1 应用场景

光纤滑环应用于旋转端与固定端之间需传输大数据量的电子装备系统,本节针对某试验设备的多通道光纤滑环需求,详细介绍多通道光纤滑环的相关设计方法。

7.1.2 指标要求

(1) 通道数:单模 8 通道,波长为 1310nm/1550nm。
(2) 光纤模式:单模。
(3) 插入损耗:≤5dB。
(4) 回波损耗:≥45dB。
(5) 旋转变化量:≤3dB。

7.1.3 环境条件

1. 温度

工作温度:−40∼50℃。

储存温度：-45～70℃。

2．振动

试验条件：随机振动，频率范围为 5～500Hz，加速度总均方根值为 2.5g；或峰峰值为 0.75mm，类型为扫频振动。

3．冲击

试验条件：三个方向的冲击；型谱为半正弦波 25g；持续时间为 11ms。

7.1.4　组成与布局

光纤滑环指标要求 8 通道，为多通道光纤滑环，参照 2.3 节介绍，采用道威棱镜光传输原理的结构形式，主要组成包括光纤准直器、道威棱镜、传动机构及相关支撑结构，为保证足够的通光孔径，同时便于各通道的结构排布，传动结构采用行星锥齿轮结构。光纤滑环结构如图 7-1 所示。

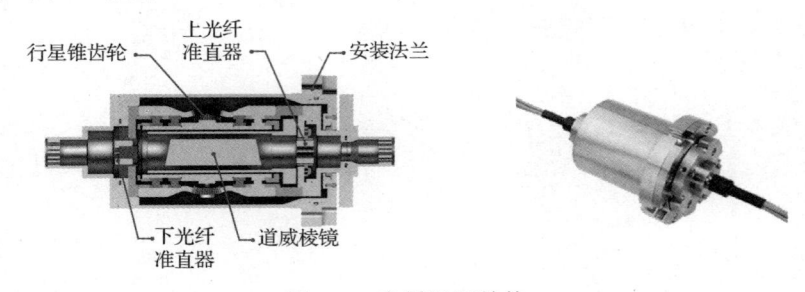

图 7-1　光纤滑环结构

7.1.5　详细设计

1．光纤准直器选取

光纤准直器选用外径为 3.2mm 的标准器件，该尺寸的光纤准直器应用范围广、可靠性高，相比微型光纤准直器（外径为 1.8mm），更便于装调及固定。传输波长为 1310nm/1550nm，工作距离为 100mm，满足使用要求。光纤准直器如图 7-2 所示。

图 7-2　光纤准直器

2．道威棱镜设计

光纤准直器外径为 3.2mm，按 2.3.3 节设计道威棱镜，首先确定道威棱镜所需的通光孔径 D_0 约为 12.5mm，然后根据公式确定道威棱镜尺寸，道威棱镜结构尺寸如图 7-3 所示。

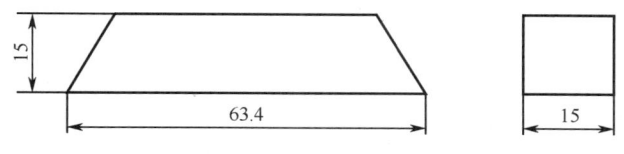

图 7-3　道威棱镜结构尺寸（单位：mm）

3．传动机构设计

1）轴承选取

根据 2.3.4 节中锥齿轮传动机构的典型结构，考虑安装和结构刚强度确定轴承的内径为 30mm，外径为 42mm，查询相关轴承设计手册，选取标准薄壁深沟轴承型号 61806。

2）锥齿轮设计

轴承外径为 42mm，即大锥齿轮的内孔为 42mm，综合考虑壁厚和结构的合理性，大锥齿轮的分度圆直径应在 42～50mm 选取，另因锥齿轮行星轮系大锥齿轮齿数应是小齿轮齿数的 3 的整数倍，大锥齿轮的分度圆直径选取 48mm。综合考虑传动精度及加工水平，模数设计为 0.5mm。综上，锥齿轮参数如下：模数 m=0.5mm，小锥齿轮齿数为 32，大锥齿轮齿数为 96。

3）偏角精度计算

指标要求插入损耗≤5dB，旋转变化量≤3dB，其中插入损耗是光纤滑环的关键指标，尺寸精度指标如表 7-1 所示。

表 7-1　尺寸精度指标

项　　目	尺寸及公差	备　　注
轴外径（动端）	$30^{+0.002}_{-0.002}$	
轴外径（定端）	$30^{+0.002}_{-0.002}$	
轴承内径	$30^{+0.006}_{0}$	单位：mm
轴承外径	$42^{0}_{-0.008}$	
齿轮内径	$42^{+0.003}_{-0.002}$	
轴承游隙	0.005	

按 2.3.4 节中的公式进行偏角精度计算，传动机构带来的偏角误差为 0.058°，道威棱镜自身角度误差 dθ=1′，根据 2.3.3 节相关公式，道威棱镜自身角度误差带来的角度偏差约为 0.045°，则总角度偏差为 0.103°，根据光纤准直器角度偏差耦合曲线（见图 7-4），0.103°的角度偏差带来的插入损耗不大于 3dB，满足插入损耗≤5dB 的指标要求。另外，在道威棱镜及光纤准直器装配时会监测插入损耗指标，使两个偏角尽量形成互补关系，所以实际插入损耗应小于 3dB，可同时满足旋转变化量≤3dB 的指标要求。

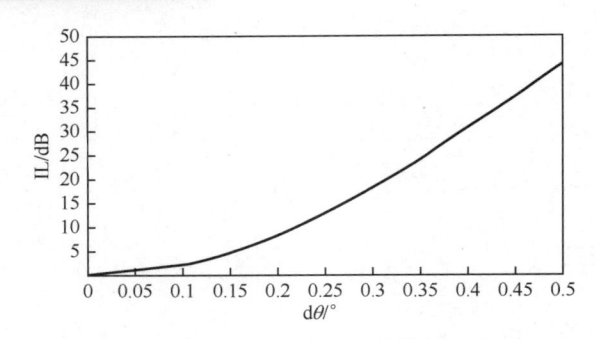

图 7-4　光纤准直器角度偏差耦合曲线

4．环境适应性设计

光纤滑环为光纤信号传输部件，内部的光学元件为非金属材料，环境适应性应着重考虑光学元件定位的稳定和安全，同时应保证光纤滑环内部的环境，避免出现结露、异物、霉菌等问题影响光路传输。

1）高低温设计

采用胶结固定的结构，选用结合力好、应力小的环氧胶，温度变化时胶蠕变量应尽可能小，从而保证光学元件的位置精度。

2）振动冲击设计

所有的紧固件均通过拧紧力矩和螺纹锁固剂进行加固处理，满足强振动冲击的使用条件；光学元件固定时不能直接与金属件刚性固定，采用胶结方式，避免振动冲击时碎裂。

3）盐雾、霉菌及湿热设计

金属零部件材料均选择耐腐蚀金属合金或进行耐腐蚀处理，同时进行气密设计，形成全密闭腔体，保证光纤滑环内部洁净、干燥，光纤滑环密封结构布局如图 7-5 所示。

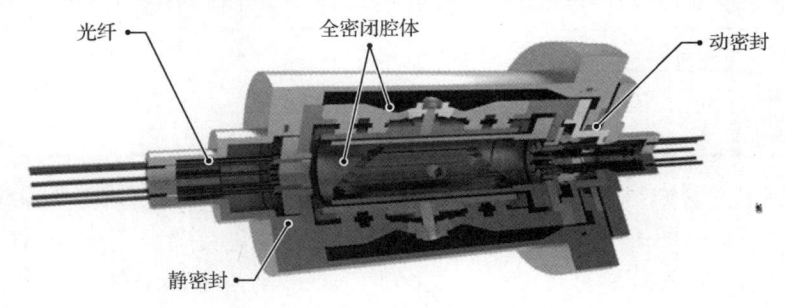

图 7-5　光纤滑环密封结构布局

当环境条件要求更苛刻时，如超低温要求，可通过构建内部光路洁净小环境，进一步提升光纤滑环的环境适应性，如图 7-6 所示，也可在光纤滑环外部贴加热片来控制环体温度。

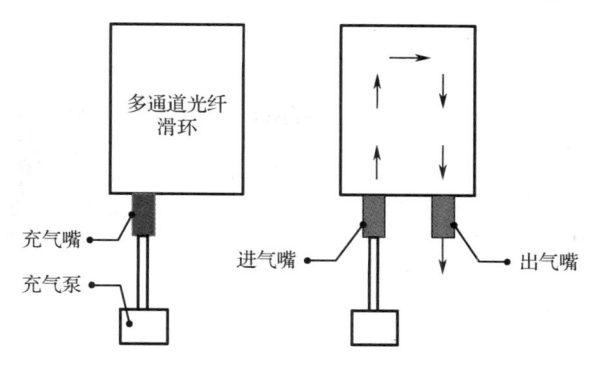

图 7-6　内部环境构造系统图

7.2　汇流环设计

7.2.1　应用场景

　　柱式汇流环是最典型、应用最广泛的一种汇流环，具有结构简单可靠、维护性好等优点，对各类电信号具有较好的适配性；差动式汇流环结构复杂，属于特殊结构的汇流环，仅适合传输功率要求较小的场合；盘式汇流环适合低转速、低寿命、允许短维护周期的场合。由此可见，柱式汇流环适用于各类应用场景。在空间尺寸允许的条件下，一般应按柱式汇流环进行设计。

　　本节针对某试验设备的传输多路大功率电能及低频信号的需求，详细介绍柱式汇流环的相关设计方法。

7.2.2　指标要求

　　（1）功率环：16 环（8 对），功率≥530kW，额定工作电压为 300V（DC）。
　　（2）信号环：16 环（8 对）。
　　（3）中心孔内径：≥240mm。

7.2.3　环境条件

　　该设计案例的环境条件要求见 7.1.3 节。

7.2.4　组成与布局

　　根据需求分析，该汇流环主要由功率环和信号环两部分组成。功率环相比信号环传输总功率大、额定工作电压高，为便于维护和实现轻量化，设计时将功率环及信号环集成设计成上下分布结构的一个整体，同时为避免功率环碳刷磨屑附着在信号环表面影响信号传输，采用信号环在上、功率环在下的结构布局，如图7-7所示。

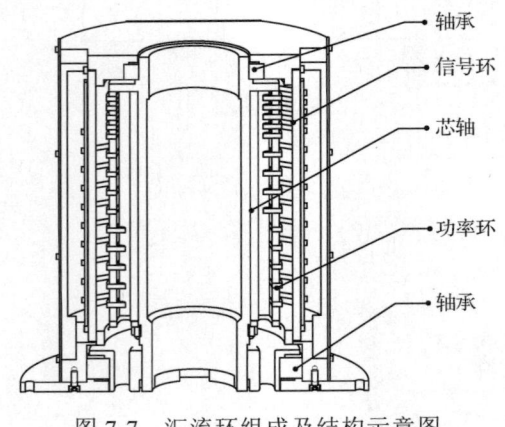

图 7-7 汇流环组成及结构示意图

7.2.5 详细设计

1. 支撑结构设计

根据结构布局方案对主要支撑结构（包括芯轴、外壳、轴承）选型进行详细分析设计。

结合汇流环内径尺寸要求，确定汇流环芯轴内外径；根据导电环环数及每环引出的电缆数量，排布导电环及电刷结构布局，从而可确定外壳尺寸。该汇流环外壳法兰处最大外径达到590mm，如果采用棒料加工，则加工量极大，成本较高，因此设计时采用铝合金铸造加工成形。

轴承采用常规的深沟球轴承，根据芯轴和外壳的结构尺寸选用标准轴承，型号为61852及61864。

2. 电刷设计

1）结构设计

电刷结构形式设计和材料选择时应综合考虑使用工况和传输电流大小。

该汇流环的信号环传输弱电信号，电流较小，为减少磨屑，采用金丝叉臂式电刷。功率环单环传输电流达到220A，采用以银石墨作为电接触材料的电刷，触点叉臂式电刷与柱塞式电刷相比，结构更为简单，仅需将块状的银石墨触点焊接在刷臂上，各个环路的电刷刷臂在轴上与绝缘电刷板固定，这种结构占用的直径尺寸较小。因此，功率环采用触点叉臂式电刷。

根据结构尺寸排布，圆周均布4组8触点的叉臂式电刷，按单环传输电流220A，共8个银石墨触点电刷计算，单个电刷需承载27.5A电流，设计时选择接触面规格为

10mm×10mm 的银石墨触点,该规格电刷理论可承载 30A 电流,满足承载要求。

为提高维修性,信号环及功率环固定在同一个绝缘电刷板上,各环路对应的电刷在轴上向上排布,电刷板两端用螺钉固定安装在外壳上,如图 7-8 所示。

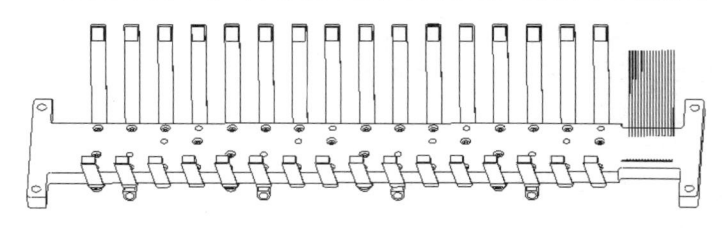

图 7-8 电刷组结构

电刷板采用 3248 环氧玻璃布层压板,该板材具有耐高温(150℃)、高机械强度及优良的电气绝缘性能,其 CTI 达到 600V。板材机械加工后表面做胶木化处理,防止长期使用过程中的板材开裂分层,能够有效提高防潮性能,确保各环路之间的绝缘安全。

2)接触可靠性设计

该汇流环需要在振动工况下长期工作,信号环采用的金丝叉臂式电刷与导电环理论上为点接触,在振动工况下电刷容易由于抖动出现与导电环接触不稳定的现象,为提高其接触可靠性,设计中采用了双刷并联的冗余设计方案,即每个导电环对应 2 组金丝叉臂式电刷,使电刷与导电环的接触点成倍增加,能够有效避免振动带来的不利影响。

功率环采用的触点叉臂式电刷与导电环为面接触,且采用了 4 组触点叉臂式电刷并联分流的设计方案,因此该设计可以保证功率环能够充分接触的可靠性,无须再考虑冗余。

在上述措施的基础上,为保证振动工况下接触的可靠性,根据设计经验将电刷压力增加 10%~30%。

3)接触压力计算

金丝叉臂式电刷采用直径为 0.6mm 的 AuNi9 材料,该材料的电刷在稳定工况下接触压力一般设计为 6gf,振动工况下接触压力设计应增加 10%~30%,因此该产品在设计时接触压力设定为 7gf。

金丝叉臂式电刷截面为圆形,其截面惯性矩 I 按以下公式计算:

$$I = \pi \frac{d^4}{64} \tag{7-1}$$

式中,d 为截面直径。

通过计算可得其截面惯性矩为 $6.362 \times 10^{-4} \text{mm}^4$。

AuNi9 电刷弹性模量 E 为 96GPa,因此,按式(7-2)计算金丝叉臂式电刷预设转角为 0.367rad,即 21°。

$$\theta = \frac{FL^2}{2EI} \tag{7-2}$$

式中,F 为电刷接触压力;L 为电刷刷臂长度;E 为电刷弹性模量;I 为电刷截面惯性矩。

功率环采用的银石墨触点叉臂式电刷规格为 10mm×10mm,为便于其与刷臂焊接可靠，刷臂宽度为 12mm，刷臂厚度根据设计经验选取，此处厚度选择 0.6mm。根据结构布局，该电刷刷臂长度为 85mm。

根据经验银石墨触点叉臂式电刷在稳定工况下接触压力一般为 170gf/cm²，振动工况下一般应增加 10%～30%，该产品在设计时接触压力设定为 190gf/cm²。

触点叉臂式电刷刷臂截面为矩形，其截面惯性矩 I 按式（7-3）计算：

$$I = \frac{bh^3}{12} \qquad (7-3)$$

式中，b 为截面宽度；h 为截面厚度。

计算可得其截面惯性矩为 0.216mm⁴。

铍青铜电刷弹性模量 E 为 95GPa，因此，按式（7-2）可计算得：

银石墨触点叉臂式电刷预设转角为 0.334rad，即 19°。

3．导电环设计

导电环按照柱式汇流环的导电环的典型设计，采用 H62 黄铜材料，表面镀镍金处理。

1）信号环的导电环设计

信号环采用金丝叉臂式电刷，2 组电刷在圆周上对称排布，因此导电环采用单个"V"形槽的结构即可，如图 7-9 所示。

金丝叉臂式电刷直径为 0.6mm，为保证工作时电刷不与绝缘环摩擦，导电环宽度一般应为电刷直径的 2 倍，故导电环宽度设计为 1.2mm。电刷位于"V"形槽中间，单根电刷与"V"形槽侧壁形成 2 个接触点。与 2 组金丝叉臂式电刷匹配后，理论上导电环与电刷将有 8 个接触点，能够提高其振动工况下的接触稳定性。

信号环的导电环工作面为"V"形槽侧壁，其侧壁光洁度为 $Ra0.8\mu m$，为降低成本仅对"V"形槽侧壁及外圆面提出镀镍金要求。

2）功率环的导电环设计

功率环采用触点式叉臂电刷，因此导电环采用平面式结构，如图 7-10 所示。

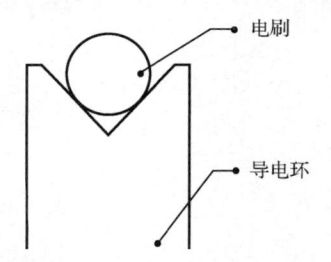

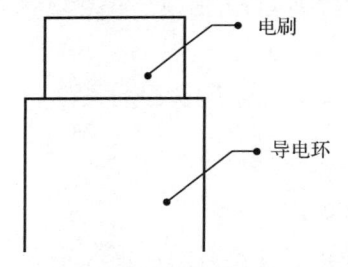

图 7-9　信号环的导电环的截面结构示意图　　图 7-10　功率环的导电环的截面结构示意图

该汇流环的银石墨触点宽度为 10mm，为减小轴向装配公差对电刷与导电环配对的影响，一般导电环宽度应比电刷宽度略大。因此，导电环宽度设计为 12mm，单侧各预留 1mm，以保证电刷组装配后触点工作面始终能与导电环完全配对接触。

功率环的导电环工作面为外圆面，其外圆面的光洁度为 $Ra0.8\mu m$，与信号环的导电环类似，仅对外圆面镀镍金，以降低成本。

4. 绝缘环设计

该汇流环由于大量采用了银石墨触点电刷,为避免过多绝缘磨屑在绝缘环表面堆积,设计上采用了较为简洁的平面式结构。又因功率环环数多,单环传输电流大,导电环引出的导线线径大,数量多,为不影响导线引出,绝缘环设计时未采用端面高出导电环的常规设计方案,而是采用了低于导电环端面的设计,在便于导电环导线引出的同时更利于减少电刷磨屑的堆积,绝缘环与导电环的结构排布如图7-11所示。

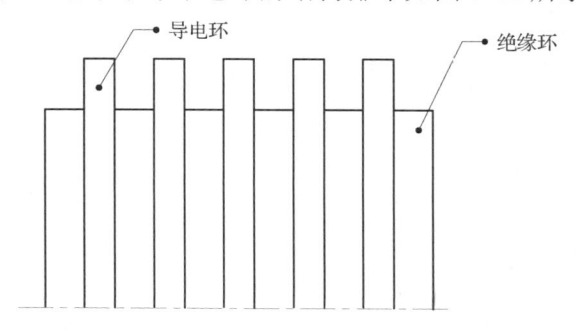

图7-11 绝缘环与导电环的结构排布

绝缘环材料采用CTI高达600V以上的聚四氟乙烯,外圆面的光洁度为$Ra1.6\mu m$,以减少磨屑等污物的附着,提高绝缘性能。

7.3 流体交连设计

流体交连是实现流体旋转传输或直线伸缩传输的重要装置。旋转传输流体交连从动密封布局形式可分为盘式流体交连和柱式流体交连;从动密封机理可分为机械密封流体交连和柔性密封流体交连。由于盘式机械密封流体交连和柱式机械密封流体交连在设计上存在差异,直线伸缩传输流体交连设计内容包含了柔性密封流体交连的所有内容且运动形式相较于旋转传输流体交连较为特殊,因此下面将针对盘式机械密封流体交连、柱式机械密封流体交连和直线流体交连分别举例说明其设计过程。

7.3.1 盘式流体交连

1. 应用场景

流体交连主要用于传输流体介质,但不同种类的流体交连,其应用场景各不相同。一般而言,盘式流体交连用于轴向尺寸较为紧张的场合,而柱式流体交连用于径向尺寸较为受限,但轴向尺寸相对宽松的场景。机械密封形式用于对寿命要求较高的工况,柔性密封形式用于安装空间较小且运行寿命要求不高、易于维修更换的工作条件。各种流体交连可根据实际工况进行组合。例如,轴向尺寸受限、使用寿命要求高,可选用盘式机械密封流体交连。

2. 指标要求

（1）设计要求流量：≥40m³/h。
（2）静态耐压：≥1.6MPa，动态耐压：1MPa。
（3）工作寿命：≥30000h。
（4）摩擦力矩：≤200N·m。
（5）介质类型：乙二醇水溶液。
（6）交连内部的供液与回液的两路压力损失之和：≤0.15MPa。
（7）材料选择：长期耐冷却液的腐蚀。

3. 环境条件

该设计案例环境条件要求见 7.1.3 节。

4. 组成与布局

以盘式机械密封流体交连为例说明流体交连的基本组成和布局。在同样流量的情况下，该流体交连具备轴向高度低、质量小的特点。盘式机械密封流体交连通过一个转盘轴承将外壳和基座连为一个整体，如图 7-12 所示。

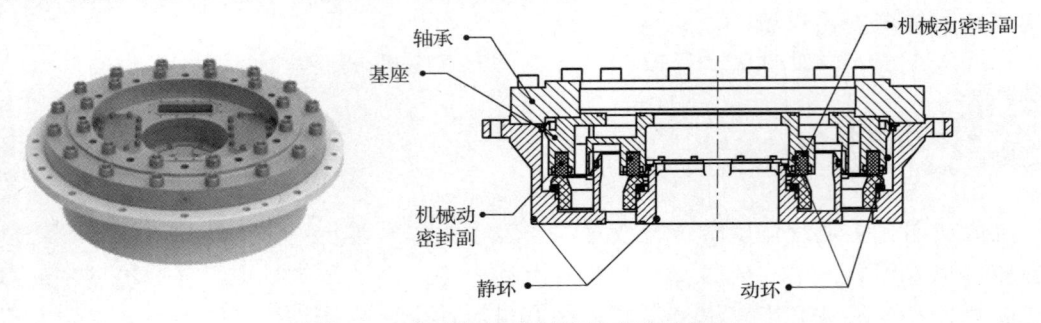

图 7-12　盘式机械密封流体交连结构图

静环和外壳连接，动环和基座连接，两个静环和两个动环形成两对机械动密封副，考虑到密封介质为同种液体，且两个通道间允许轻微内泄，因此通道间进行了简化设计，采用柔性动密封——泛塞密封圈作为两个腔体之间的动密封，三对密封副处于同一水平高度，呈同心圆排布，轴向尺寸大幅缩小，并能保证旋转状态下，冷却液能够稳定传输。流体交连内侧腔体为进水腔，压力约为 0.8MPa，外侧腔体为回水腔，一般承受系统背压约为 0.1MPa。外壳上对应的进出水口与静止的冷却管路连接；基座上对应的进出水口与做旋转运动的天线上的冷却管路连接，从而构成完整的冷却液循环通道。

5. 详细设计

1）主体结构设计

盘式流体交连的主体结构件为外壳和基座，是构成流体交连的基本骨架，它们具备支撑功能，并兼顾流道功能。基座内部设有流道，外壳采用环形结构，与基座结合在一起构成环形流体通道；同时外壳和基座上设有水管连接接口。因流体交连内使用的介质为乙二醇水溶液，具有一定的腐蚀性，为了满足寿命和环境条件要求，流体交连的主体结构件可选用耐乙二醇水溶液的 304 不锈钢材料。外壳和基座外形图如图 7-13 所示。

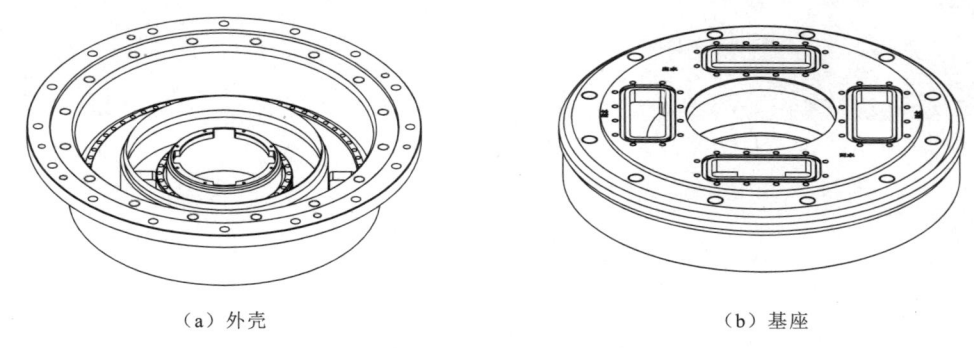

（a）外壳　　　　　　　　　　（b）基座

图 7-13　外壳和基座外形图

2）旋转支撑结构设计

流体交连旋转支撑结构的主要功能是连接动静结构件，实现两者的相对转动，并承受整个组合交连的轴向载荷、径向载荷和倾覆力矩。其中，轴向载荷主要源于自重，而径向载荷和倾覆力矩均较小。

从结构布局、转动性能和承载能力等方面综合考虑，流体交连选用交叉圆锥滚子轴承作为旋转支撑，它除具有较高的回转精度外，还可承受较大的轴向载荷。采用常规的油脂润滑形式，轴承材料为 9Cr18Mo，游隙为 $-0.02\sim-0.01$mm，滚道中心圆直径为 410mm，内外圈端面跳动≤0.015mm，内外圈径向跳动≤0.015mm，轴承结构示意图如图 7-14 所示。

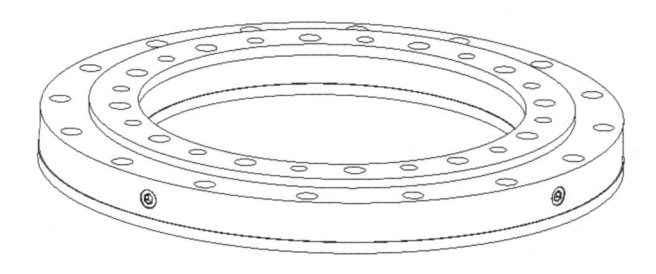

图 7-14　轴承结构示意图

3）机械动密封副设计

（1）配对材料选择。

流体交连的主密封结构采用两对陶瓷环机械动密封副，根据系统压力和介质形式，机械动密封副采用碳化硼和碳化硅配对，具有磨损小、使用寿命长、可实现全寿命周期内免维护等特点。碳化硼和碳化硅采用热压烧结的成形方式，能够在较低的烧结温度下和较短的烧结时间内，得到晶粒细小、相对密度高和力学性能良好的陶瓷产品。热压烧结炉如图 7-15 所示。

203

图 7-15　热压烧结炉

（2）结构布局。

盘式流体交连有两对同心陶瓷环，每一对陶瓷环按外形可分为宽环和窄环，设计时将窄环设置为具有浮动补偿功能的浮动环，密封环外形图如图 7-16 所示。

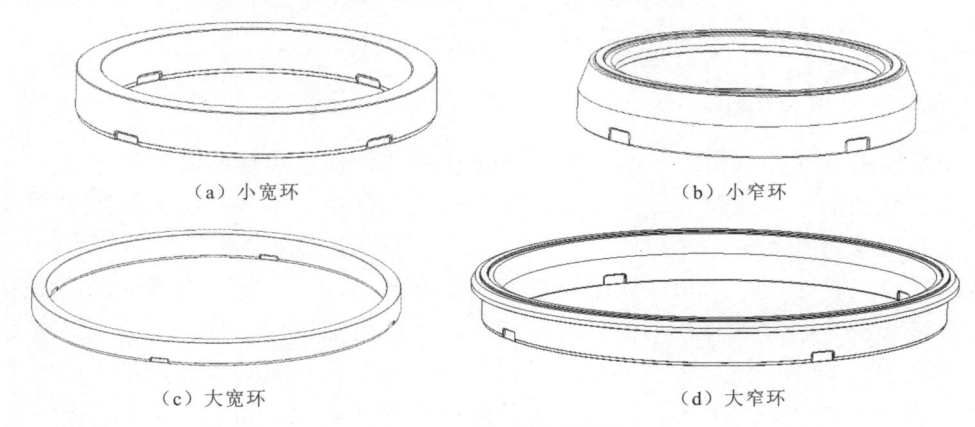

(a) 小宽环

(b) 小窄环

(c) 大宽环

(d) 大窄环

图 7-16　密封环外形图

（3）机械密封设计参数。

陶瓷环的端面比压是关系到密封性能及寿命的重要参数，端面比压越大，密封效果越好，但其磨损会越大，影响使用寿命。机械密封的端面尺寸变化对机械密封载荷系数产生影响，同时将直接影响其密封效果。设计选用平衡式机械密封，避免系统压力在 0.1～1.5MPa 的波动下对陶瓷环产生较大的影响，能够进一步减小磨损、延长使用寿命。平衡式机械密封的端面比压取值一般为 0.3～0.6MPa，设计时需对陶瓷环进行端面比压的核算。

机械密封的端面比压 P_b 为

$$P_b = (K - \lambda) \cdot P_L + P_s \tag{7-4}$$

式中，P_L 为液体介质压力；λ 为反压系数，与液体黏度及密封结构形式有关，$\lambda = \dfrac{2D_2 + D_1}{3(D_2 + D_1)}$；$P_s$ 为弹簧比压，单位为 MPa；K 为载荷系数，是加载面积 A 与机械密封端面面积 S 的比值，载荷系数根据内装式还是外装式，计算公式略有差异，其中

$$\text{内装式：} K = \frac{D_2^2 - d_0^2}{D_2^2 - D_1^2} \tag{7-5}$$

外装式：$K = \dfrac{d_0^2 - D_2^2}{D_2^2 - D_1^2}$　　　　　　　　　　（7-6）

式中，d_0 为平衡直径，单位为 mm；D_1 为密封环接触端面内径，单位为 mm；D_2 为密封环接触端面外径，单位为 mm。

$$P_s = \dfrac{F}{S} = \dfrac{N \times \varDelta_s}{S} \qquad (7\text{-}7)$$

式中，N 为弹簧数量；$\varDelta_s$ 为单根弹簧的工作压力，单位为 N；S 为陶瓷环接触面积，单位为 mm^2。

弹簧比压需根据介质黏度的不同进行选择，一般介质选择 0.15～0.25MPa，通过调整弹簧数量和单根弹簧的工作压力控制弹簧比压。

（4）Pv 值校核。

根据实际使用工况下最高端面比压 P_b 和流体交连中使用的机械密封环运行时的最高线速度对 Pv 值进行校核，根据 Pv 值是否小于许用$[Pv]$值，判断密封环材料配对是否合适。

4）机械补偿结构设计

由于该流体交连结构采用的机械密封环尺寸较大，因此选用均布的柱式弹簧为陶瓷环提供机械补偿。

（1）确定单根弹簧的工作压力。

根据设计的弹簧比压，按照公式 $\varDelta_s = \dfrac{P_s \times S}{N}$，估算单根弹簧工作时的弹力。

（2）确定弹簧丝线径。

初选弹簧缠绕比 C，通常 $C=5\sim8$，计算曲度系数 K，$K = \dfrac{4C-1}{4C-4} + \dfrac{0.615}{C}$。

确定弹簧丝线径 d，按强度条件，$d \geqslant \sqrt{\dfrac{8KF_{\max}C}{\pi[\tau_s]}} = 1.6\sqrt{\dfrac{KF_{\max}C}{[\tau_s]}}$。其中，$F_{\max}$ 为最大工作载荷；$[\tau_s]$ 为弹簧许用剪切应力。计算弹簧丝线径 d，得到满意的结果后，圆整为标准弹簧丝线径 d，然后由 $D = Cd$ 计算出 D。

（3）确定弹簧的有效工作圈数和节距。

根据变形条件，由公式 $n = \dfrac{GD}{8C^4k}$ 确定弹簧的有效工作圈数。其中，G 为弹簧材料的剪切弹性模量，单位为 MPa；C 为弹簧缠绕比，$C=D/d$；D 为弹簧中径，单位为 mm；n 为弹簧的有效工作圈数；k 为弹簧刚度，单位为 N/mm。

选取合适的弹簧节距 $t=(0.28\sim0.5)\times D$，计算出两端磨平的弹簧自由高度 $H_0 = nt + (n_z - 0.5)d$。其中，n 为有效工作圈数；n_z 为支承圈数。

试验载荷 F_s 为弹簧允许承受的最大载荷，试验载荷 $F_s = \dfrac{\pi d^3[\tau_s]}{8D}$。其中，$[\tau_s]$ 为弹簧许用剪切应力，单位为 MPa。

此时试验变形量 $f_s = \dfrac{F_s}{k}$，弹簧特性应满足 $0.2 \leqslant \dfrac{f_1}{f_s}$，$\dfrac{f_2}{f_s} \leqslant 0.8$。其中，$f_1$ 为安装载荷下的变形量；f_2 为工作载荷下的变形量。

5）摩擦力矩设计

根据指标要求，流体交连的摩擦力矩≤200N·m，因此需要对流体交连的摩擦力矩进行校核。摩擦力矩主要源于大小陶瓷环密封副及转盘轴承，具体计算如下。

（1）小陶瓷环摩擦力矩。

$$M_1 = F \times R = \mu \times N \times R = \mu \times (F_{弹簧} + F_{介质}) \times R \tag{7-8}$$

（2）大陶瓷环摩擦力矩。

$$M_2 = F \times R = \mu \times N \times R = \mu \times (F_{弹簧} + F_{介质}) \times R \tag{7-9}$$

式中，F 为摩擦力；R 为摩擦力作用点到旋转中心的距离；μ 为陶瓷环密封表面的摩擦系数；N 为密封表面的正压力；$F_{弹簧}$ 为补偿弹簧作用在密封表面的正压力；$F_{介质}$ 为密封介质作用在密封表面的正压力。

按照转盘轴承设计要求，其加载后的摩擦力矩≤100N·m，根据式（7-8）、式（7-9）求出机械动密封副的摩擦力矩为 80N·m，将三者相加，得出摩擦力矩≤180N·m，满足摩擦力矩≤200N·m 的指标要求。

6）流阻分析

根据指标要求，流量≥40m³/h，整体流阻≤0.15MPa。使用 FloEFD 软件对该流体交连进行流阻分析，设置进水口体积流量为 40m³/h，出水口压力为 0.1MPa，进水腔进水口平均压力为 0.134MPa，即压差为 0.034MPa，回水腔进水口平均压力为 0.157MPa，即压差 0.057MPa。两个腔总压差为两者压差之和 0.091MPa，满足整体流阻≤0.15MPa 的要求。进水腔压力图和回水腔压力图分别如图 7-17 和图 7-18 所示。

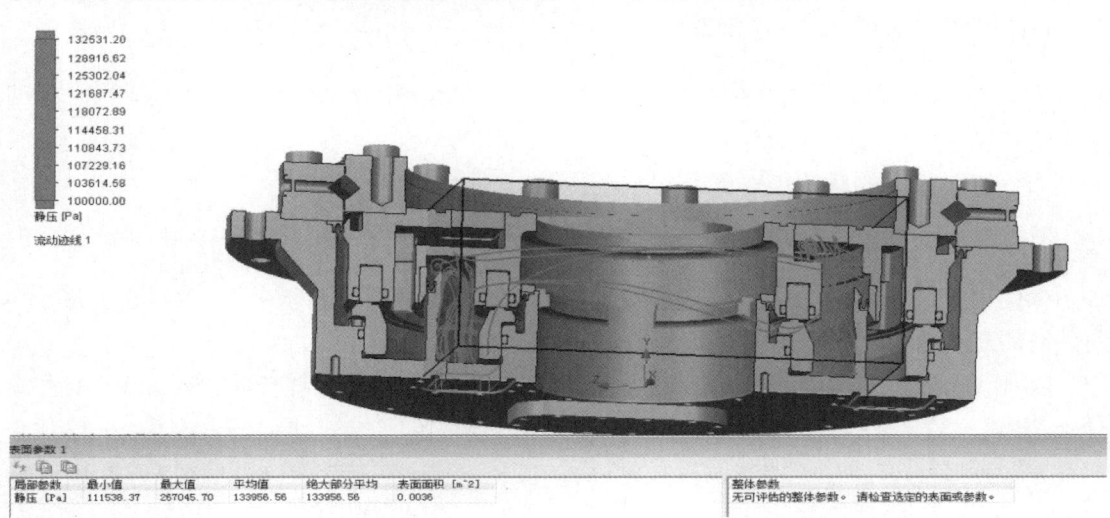

图 7-17　进水腔压力图

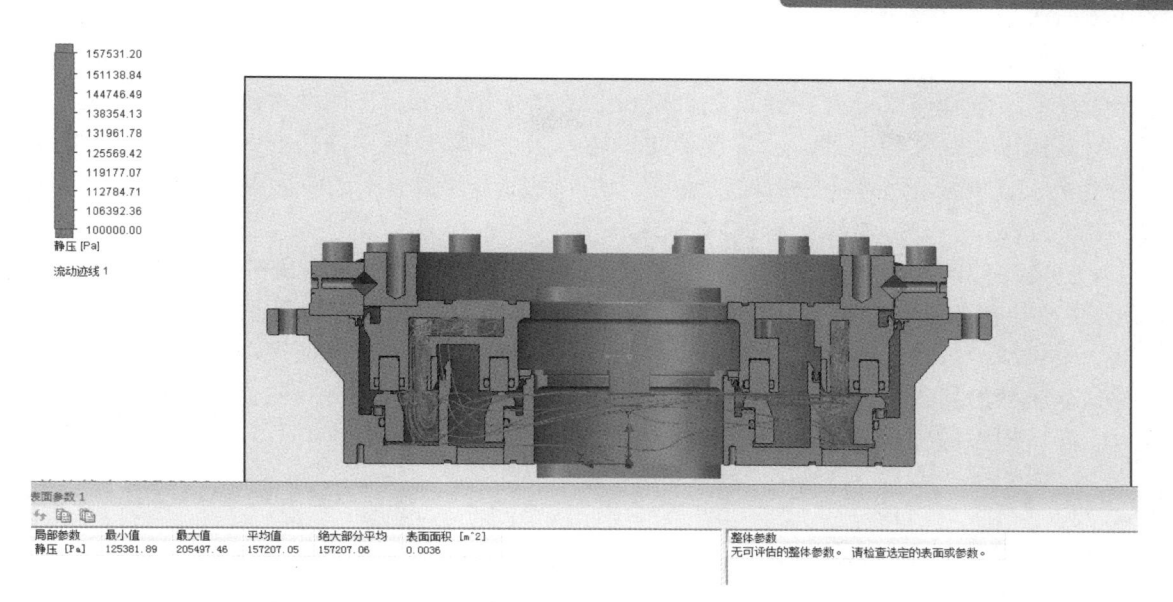

图 7-18　回水腔压力图

7）环境适应性设计

根据设计指标的内容，流体交连需满足一定的工作温度、存储温度和耐振动冲击要求，因此需要针对性进行环境适应性设计。

（1）温度适应性设计。

为解决高低温温差大、有温度冲击的问题，陶瓷环与金属基座之间采用拨动销连接。动环镶嵌殷钢块，并使用陶瓷胶将殷钢胶接在动环上，殷钢的热膨胀系数与动环的热膨胀系数相同，无热胀冷缩的问题，拨动销孔在殷钢块上加工而成；拨动销与动环上的销孔采取间隙配合，两者之间增加聚醚酰亚胺衬套，减小拨动时由配合间隙引起的冲击。拨动销与金属基座采用过渡配合。动环与金属基座内外径配合公差采取间隙配合，两者之间通过动环与金属基座之间设置的辅助密封圈密封，具体结构如图 7-19 所示。

静环采用整体结构，如图 7-20 所示。静环上镶嵌殷钢块，在殷钢块上设计静环拨动销，以限制静环转动自由度。静环与外壳之间为间隙配合，两者之间通过辅助密封圈进行密封。

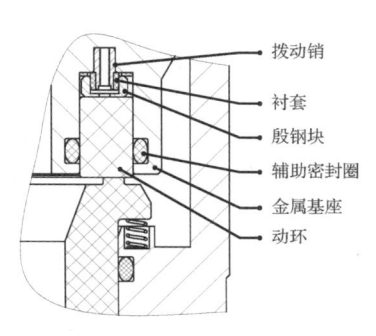

图 7-19　动环与金属基座连接图　　　图 7-20　静环结构图

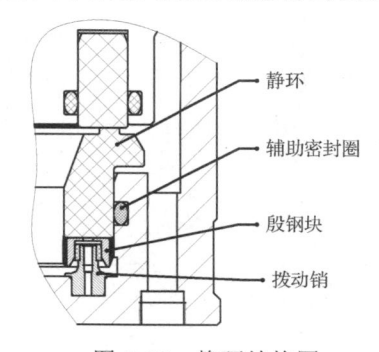

（2）振动冲击适应性设计。

目前较为常用的机械密封环材料有碳化硅、氮化硼、碳化硼、硬质合金等，其中硬质合金材料密度过大，本案例的机械密封环尺寸较大，且质量限制较为苛刻，因此机械密封环无法选择硬质合金。通过综合比较，选择碳化硅与碳化硼两种陶瓷材料配对，这类材料的硬度高，但韧性差，抗振动冲击能力弱，为降低振动冲击影响，结构上采取减振措施，动环与金属基座采用浮动连接，动环底部与金属基座之间采用橡胶垫或O形橡胶圈进行减振，动环减振结构如图7-21所示。

安装动环的金属基座与流体交连支撑轴承固定连接，动环与金属基座之间采用O形密封+拨动销的浮动连接方式，两者可以实现微小浮动，放置在静环底部的补偿弹簧可以进一步减少振动冲击对机械密封环密封面配合的影响，同时保证振动冲击时静环不会受到金属件的撞击而碎裂。通过适当提高补偿弹簧的刚度，可以有效提高抗振动冲击能力，静环减振结构如图7-22所示。

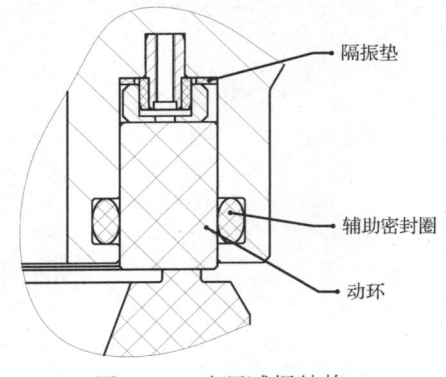

图 7-21 动环减振结构

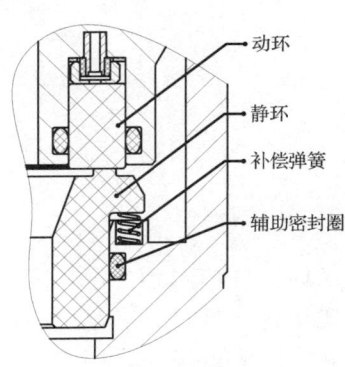

图 7-22 静环减振结构

（3）材料适应性设计。

① 为保证流体交连在湿热、盐雾、霉菌等环境下正常工作，流体交连金属零部件的材料均应选择耐腐蚀轻金属合金，或者金属表面可进行有效的耐腐蚀处理。

② 弹簧采用不锈钢材料。

③ 机械密封环采用陶瓷材料，能够适应湿热、盐雾和霉菌等环境条件。

④ 橡胶密封圈采用氟硅橡胶材料，能够满足高低温和长时间使用要求。

⑤ 泛塞圈采用聚四氟乙烯材料，能够满足使用要求。

7.3.2 柱式流体交连

柱式流体交连在功能和环境条件方面与盘式流体交连类似。

柱式流体交连与盘式流体交连的内部结构设计差异较大，在此详述其结构布局和设计要点。如图7-23所示，三对机械动密封副形成两个独立的密封腔体。三对机械动密封副均为内装式密封，外形和结构尺寸均相同。

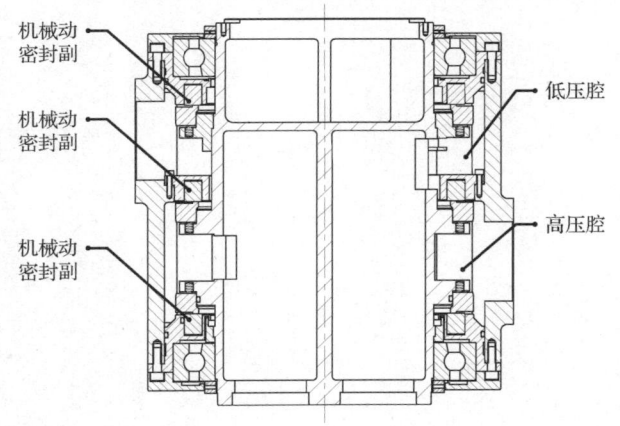

图 7-23 柱式流体交连内部结构图

1. 指标要求

（1）流量要求：$\geqslant 70\text{m}^3/\text{h}$。

（2）其余指标与盘式流体交连相同。

2. 组成与布局

柱式流体交连主要由外壳、内环和密封组件三部分组成。采用柱式机械密封结构，可以统一密封环规格，减少密封环种类；机械动密封设计参数相同，有利于流体交连可靠性的提升，柱式流体交连组成图如图7-24所示。

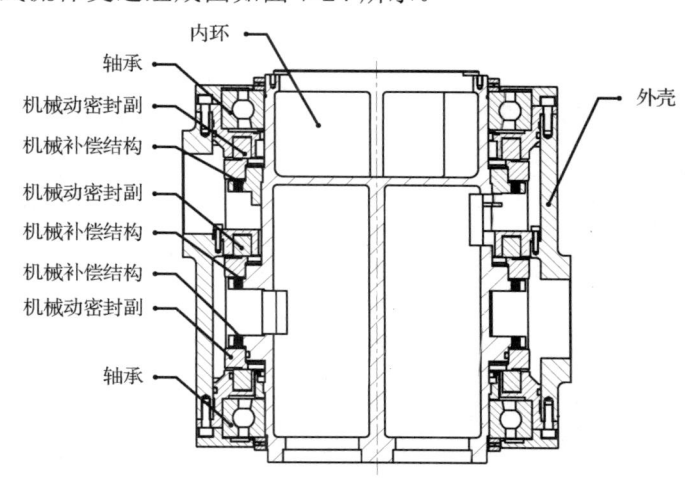

图 7-24　柱式流体交连组成图

静环与内环连接，动环与外壳连接，静环和动环形成三对机械动密封副。考虑密封介质为同种液体，且两个密封腔体间允许轻微内泄，因此上下两个腔体间采用一道机械动密封副。需要特别说明，若不同腔体内充入的介质不同或不允许两个腔体内介质互相渗透，则在两个腔体之间需设置两道机械动密封副作为隔离并增加泄漏导流通道。

柱式流体交连的三对机械动密封副呈轴向分布。该结构形式必须是下腔为高压腔，上腔为低压腔，否则会出现中间的浮动环底部被完全压至金属内环端面上而无法浮动的问题。

3. 详细设计

1）主体结构设计

柱式流体交连主体结构件为外壳和内环，外壳和内环之间形成的环形空间为介质旋转传输的通道；内环内部设有流体通道。由于冷却液具有一定的腐蚀性，因此外壳和内环一般选用不锈钢材料。外壳和内环结构如图7-25所示。

外壳、内环除具有支撑作用外，还兼顾管路连接接口、流体通道等功能，因此设计时需充分考虑流体通路的功能性，保证整个流体通路截面均能满足要求，降低流阻。

外壳、内环可以采用铸造成形或焊接成形,具体采用何种工艺需根据产品使用要求、零件的功能形状和生产成本确定。

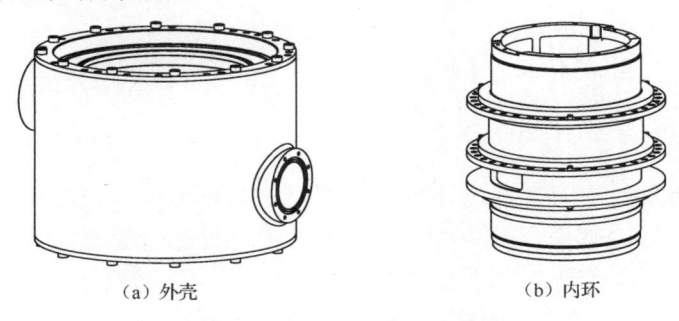

(a) 外壳　　　　(b) 内环

图 7-25　外壳和内环结构

2) 旋转支撑结构设计

柱式流体交连主要承受介质流动过程中产生的径向载荷、自身重量和进入腔体内的介质重量。总体而言,柱式流体交连的承载较小,但由于机械密封的配合精度较高,对旋转平稳性、旋转精度要求较高。因此,旋转支撑结构一般选用成对的轻型角接触球轴承,并进行消隙处理,保证轴承的游隙为-0.02～-0.01mm。

3) 机械动密封副设计

本节中介绍的柱式流体交连为内装式机械密封,因此在计算机械密封重要参数——载荷系数和端面比压时,需采用内装式的相关公式,不得使用外装式公式,否则平衡型将变为非平衡型,在实际使用过程中密封面易打开,产生泄漏。内装式载荷系数的计算公式如下:

$$K = \frac{D_2^2 - d_0^2}{D_2^2 - D_1^2}$$

鉴于流体交连属于压力变化率大、转速低的使用工况,因此采用平衡型机械密封,端面比压的计算方法同盘式流体交连。密封环的材料配对与盘式流体交连相同,仍为碳化硼和碳化硅,密封环防转也采用密封环上镶嵌殷钢的措施。

同样,在此需要校核 Pv 值,确定配对材料选择的合理性,许用 Pv 值可参考《机械设计手册》第 3 卷的相关数据。

4) 机械补偿结构设计

柱式机械密封流体交连采用小型柱式弹簧作为密封环的补偿结构,弹簧比压的计算方法与盘式流体交连相同,这里就不再赘述。

5) 摩擦力矩设计

根据设计指标要求,流体交连的摩擦力矩≤200N·m,因此需要对流体交连的摩擦力矩进行校核。摩擦力矩主要源于大小陶瓷环密封副及转盘轴承,具体计算如下:

$$M = F \times R = \mu \times N \times R$$

由于共有三对密封副,因此总摩擦力矩为

$$M_{总} = 3 \times M + M_{轴承}$$

式中，$M_{总}$为总摩擦力矩；M为密封副产生的摩擦力矩；$M_{轴承}$为轴承产生的摩擦力矩。

6）流阻分析

根据指标要求，流量为70m³/h，整体流阻≤0.15MPa。使用FloEFD软件对该流体交连进行流阻分析，设置进水口体积流量为70m³/h，出水口压力为0.1MPa，分析结果如图7-26所示。

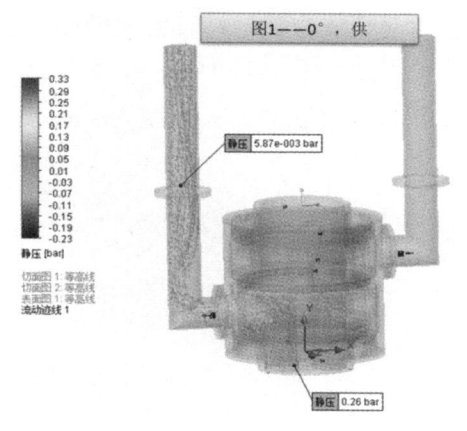

(a) 内环与外壳处于0°位置，进水腔压损

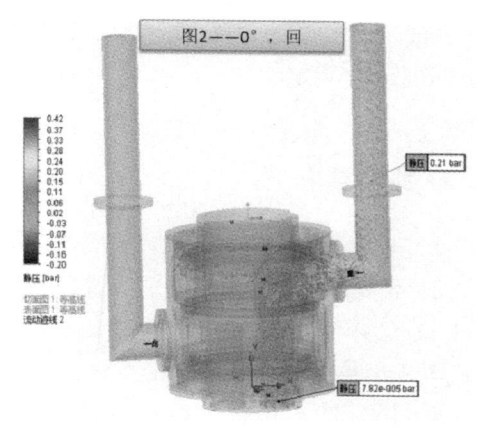

(b) 内环与外壳处于0°位置，回水腔压损

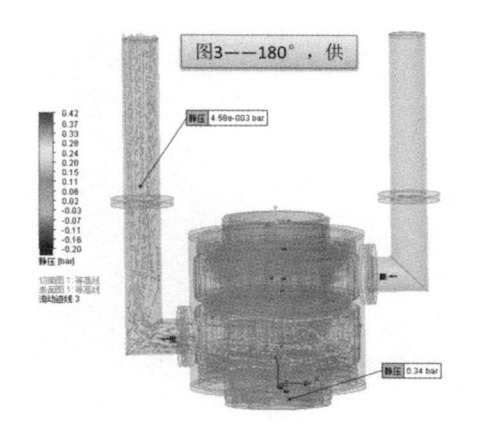

(c) 内环与外壳处于180°位置，进水腔压损

(d) 内环与外壳处于180°位置，回水腔压损

图7-26 流阻分析图

当内环与外壳处于0°位置时，内环上的孔与外壳上的孔正对，流阻最小，仿真结果流阻为0.047MPa；当内环与外壳处于180°位置时，内环上的孔与外壳上的孔距离最远，流体必须经过半圈的环形流道才能由内环上的孔流入外壳上的孔内，因此流阻最大，仿真结果流阻为0.072MPa。由此可见，无论内环、外壳相对位置如何，流阻均满足指标要求。

7）环境适应性设计

该流体交连主要应用于车载雷达，因此必须满足温度、振动冲击及防腐要求，相关结构设计与盘式流体交连类似，这里就不再赘述。

7.3.3 直线流体交连

直线流体交连较为特殊，与盘式、柱式流体交连差异较大，这里将详细论述。

1. 应用场景

直线流体交连与旋转流体交连应用场合不同，主要用于直线运动设备间的流体介质传输。其功能是连接直线运动设备间的冷却管路，保证相对运动设备间冷却液的连续传输。

2. 指标要求

（1）设计要求通径：ϕ180mm。

（2）静态耐压：≥1.6MPa，动态耐压：1MPa。

（3）工作寿命：≥30000h。

（4）初始长度：2135mm。

（5）最长伸长长度：4101mm。

（6）直线行程：1966mm（2级伸缩）。

（7）介质类型：乙二醇水溶液。

（8）交连内部的供液与回液的两路压力损失之和：≤0.15MPa。

（9）材料选择：能长期耐冷却液的腐蚀。

3. 环境条件要求

环境条件基本与其他流体交连相同。

4. 组成与布局

直线流体交连主要由外壳、内筒、往复动密封圈和导向套组成，如图 7-27 所示。

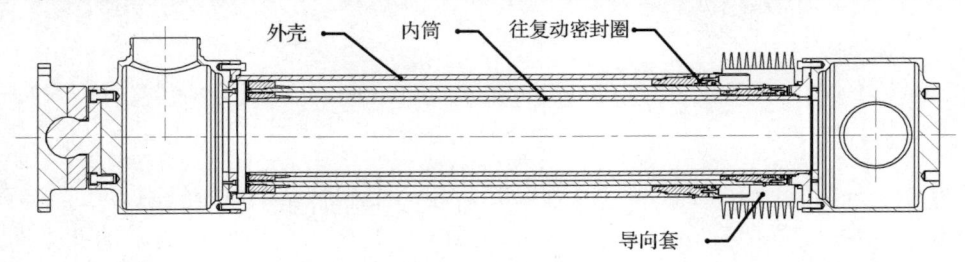

图 7-27 直线流体交连结构图

直线流体交连通过内筒在外壳内部往复运动实现伸缩，内筒与外壳之间通过往复动密封圈进行密封。内筒和外壳之间直线运动行程达 855mm，为了在有限的安装空间内保证运动精度，采用导向套进行运动定位。

5. 详细设计

1）主体结构设计

直线流体交连主体结构件为外壳和内筒，内筒在外壳内部滑动；若有多级内筒，则内侧的内筒将在外侧的内筒内滑动。外壳和内筒、内筒和内筒之间通过往复动密封圈形成一个封闭的流体通道。

外壳和内筒整体呈长圆筒结构，两端需设置安装往复动密封圈、导向套的沟槽结构，因此一般可采用成形管料进行加工。因冷却液具有一定的腐蚀性，外壳和内筒一般选用不锈钢材料；若采用其他材料，则需进行表面防腐处理。

与往复动密封圈存在相对运动的金属件的表面粗糙度一般选用 $Ra0.8\mu m$，过低的表面粗糙度会造成往复动密封圈划伤损坏；过高的表面粗糙度会使得往复动密封圈与金属件之间产生黏着，导致运行摩擦力增大，往复动密封圈出现撕裂损坏。

外壳和内筒结构图如图 7-28 所示。

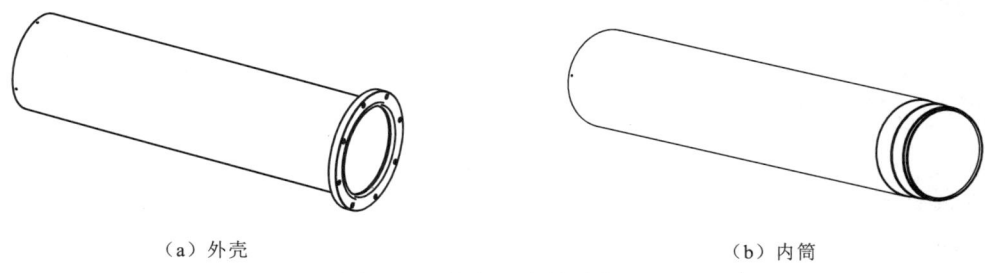

（a）外壳　　　　　　　　　　　　　（b）内筒

图 7-28　外壳和内筒结构图

2）运动支撑结构设计

直线流体交连的运动支撑采用现有的货架产品——导向套，如车氏密封的 TD 系列，其外形是一个开口、具有高耐磨特性的非金属圆环，开口的目的是方便安装和更换。导向套外形图如图 7-29 所示。

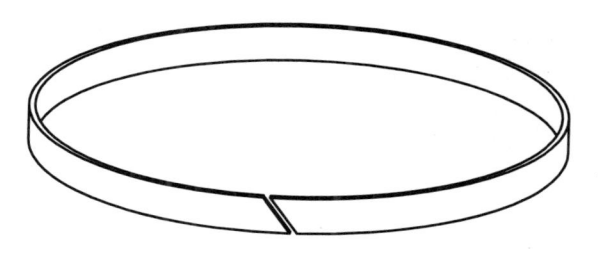

图 7-29　导向套外形图

导向套的安装结构、尺寸公差、与之配合的金属件要求，在导向套的产品样本上均有详细说明，在设计时需严格遵守。

3）往复动密封圈

往复动密封圈一般选用货架产品，需根据实际工况进行选用，主要考虑的技术指标包括工作压力、密封介质、使用环境温度、寿命等。

4）摩擦力设计

柔性动密封属于非线性系统且摩擦力的离散性大，因此摩擦力在设计中较难评估，基本靠实际测量获得。

5）流阻分析

直线流体交连形成的流道为标准圆截面，其流阻很小，无须进行计算分析。

6）环境适应性设计

该流体交连主要应用于车载雷达，设计时需充分考虑温度、振动冲击及防腐要求，具体结构设计与盘式流体交连类似，这里就不再赘述。

7.4 射频交连设计

7.4.1 应用场景

射频交连用于旋转端与固定端之间传输射频信号的电子装备系统，本节针对某机扫雷达的射频交连需求，详细介绍双通道射频交连的相关设计方法。

7.4.2 指标要求

（1）频率：5.5～5.7GHz。

（2）最大驻波比：≤1.5。

（3）峰值功率：≥1.5MW。

（4）插入损耗：≤0.3dB。

（5）接口形式：采用 BJ48 波导接口（A 型扼流法兰和平法兰）。

（6）冷却形式：自然散热及传导。

7.4.3 环境条件

该设计案例环境条件要求见 7.1.3 节。

7.4.4 组成与布局

根据功能及指标要求，设计双路 C 波段通道射频交连，主要由功率分配合成器、90°阶梯扭波导、两路旋转关节等组成，如图 7-30 所示。

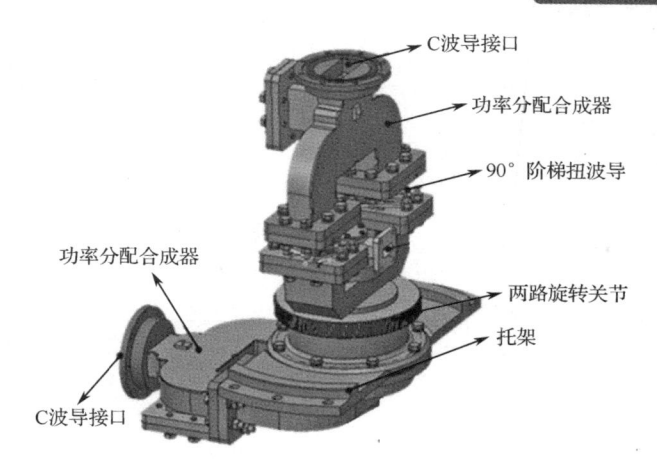

图 7-30　双路 C 波段通道射频交连外形图

C 波段通道采用 BJ48 功率分配合成器对称激励粗同轴线，功率分配合成器负载材料为碳化硅或结晶硅；两路通道的连接处均有扼流槽。C 波段通道为 A 型扼流法兰和平法兰。

7.4.5　详细设计

1．电性能仿真设计

C 波段通道输出接口采用 BJ48 功率分配合成器对称激励外径为 40mm、内径为 20mm 的粗同轴线。

C 波段要求的峰值功率≥1.5MW，插入损耗≤0.3dB，对峰值功率状态利用微波电磁场仿真软件 HFSS 进行建模仿真，仿真结果如图 7-31～图 7-33 所示。

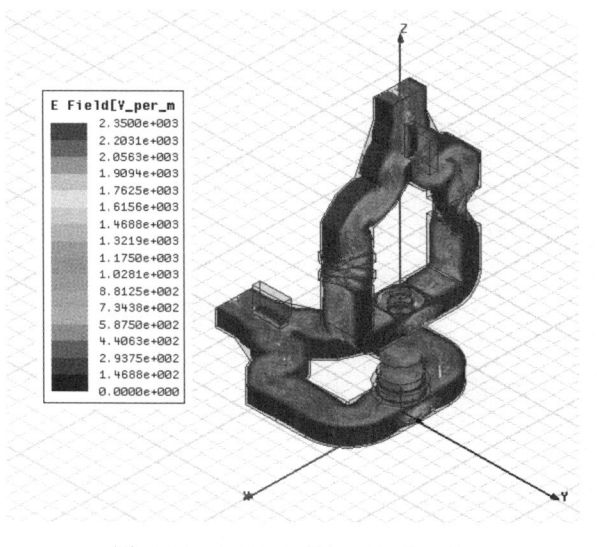

图 7-31　1.5MW 激励的仿真电场

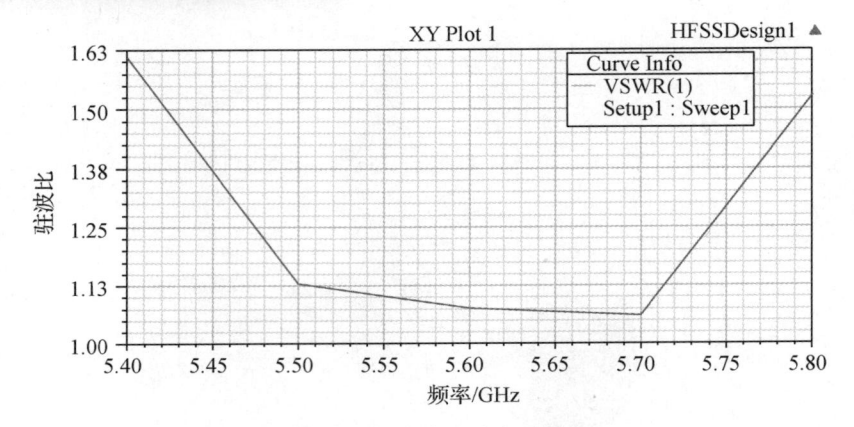

图 7-32 驻波比仿真结果

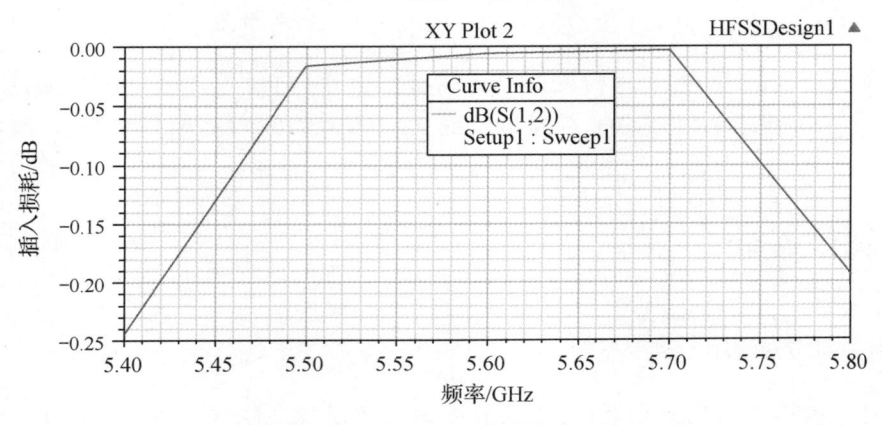

图 7-33 插入损耗仿真结果

从图 7-32、图 7-33 可以看出，在 5.5~5.7GHz 范围内，驻波比均小于 1.2，满足最大驻波比≤1.5 的设计要求；损耗均小于 0.05dB，满足插入损耗小于 0.3dB 的设计要求。

2. 散热仿真设计

射频交连工作过程中，波导回路充有正压干燥空气，按照雷达实际工作状况，双通道射频交连的主要发热部分集中在两路旋转关节处，故热仿真主要针对两路旋转关节进行。

根据设计工况，双通道射频交连同轴部分材料均选择黄铜，其中热源 1 内置在中心空腔内，其底部与整体结构焊接，顶部与轴承接触，通过导热和辐射散热；热源 2 位于热源 1 外侧，热源 2 包裹着热源 1，热源 2 通过上下两部分与整体结构焊接，通过导热和辐射散热；热源 3 为外导体，上部与波导管焊接，通过导热和辐射散热。热源分布图如图 7-34 所示。

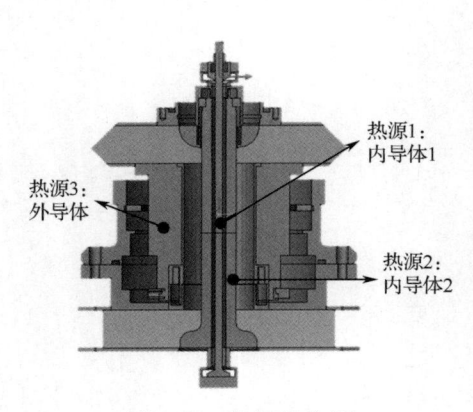

图 7-34 热源分布图

各热源热耗如表 7-2 所示。

表 7-2　各热源热耗

内导体 1/W	内导体 2/W	外导体/W
5.41	8.47	2.91

在环境温度为 55℃时，按照前述条件利用 Flotherm 软件进行仿真，温度分布场图如图 7-35 所示。

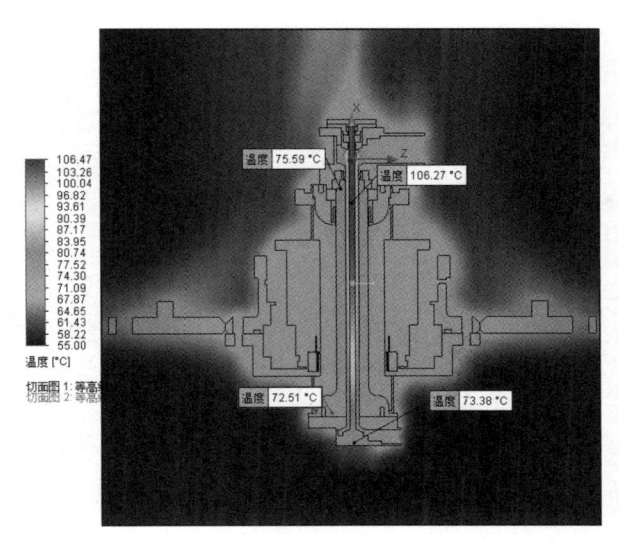

图 7-35　温度分布场图

从仿真结果可以看到，最高温度约为 106.3℃，位于内导体 1 的中上部。内导体材料为黄铜，与其接触的轴承采用不锈钢材料，此温度满足设计要求。

7.5　组合交连

7.5.1　应用场景

某机电装备采用典型的一维转台形式，方位 360°范围内无限制旋转，需要通过光纤传输光信号、汇流环传输控制信号和电能、流体交连传输冷却液、射频交连传输微波信号。

7.5.2　指标要求

（1）质量≤300kg。
（2）结构尺寸≤ϕ600mm×2000mm。
（3）安装结构：内环固定，外壳旋转。
（4）光纤滑环：单模 8 通道。

（5）汇流环：功率环为 16 环，信号环为 16 环。

（6）流体交连：冷却液流量≥40m³/h。

（7）射频交连：14 路。

7.5.3 组成与布局

1. 系统组成

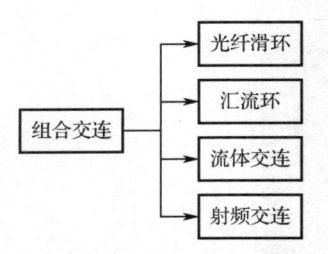

根据功能要求，组合交连需要实现光信号、电功率、冷却液、微波信号的传输。因此，组合交连主要由光纤滑环、汇流环、流体交连和射频交连组成，如图 7-36 所示。

图 7-36 某雷达交连主要组成

2. 交连选型

根据指标要求可以看出，汇流环和射频交连的通道数较多，若采用传统的串联式排布方式无法满足轴向尺寸的要求，通过轴向、径向二维嵌套的结构形式可以满足轴向尺寸要求，采用盘式机械密封流体交连结构可以进一步减小轴向尺寸。基于上述分析，各类交连选型如下：8 通道光纤滑环、柱式中空汇流环、机械密封形式的盘式流体交连、小直径中空射频交连。

3. 结构布局

因空间、高度和质量限制，组合交连采用典型的轴向、径向二维嵌套式布局，如图 7-37 所示，其中流体交连选用盘式机械密封结构以降低质量和高度，同时能够保证频繁转动下的寿命要求，将其布置在整体结构的最下端，可以保证异常漏液情况下不会损坏其他设备。汇流环采用传统柱式中空结构，布置在流体交连上方，内部嵌套光纤滑环及射频交连，整体结构紧凑。射频交连布置在汇流环中心，内部各频段交连采用叠加式结构设计，能够最大限度地降低整体的高度。光纤滑环传输量大，根据需求选用多通道结构，布置在射频交连上方，便于维修和更换。

上、下行电缆及光缆均以插座形式引出，该组合交连整体性好、无电缆外露。流体交连下端、汇流环内环、射频交连内环、光纤滑环下端相互连接，为固定结构，通过流体交连下端承载法兰与组合交连安装支架连接，固定在转台基座上。流体交连上端、汇流环外壳、射频交连外壳、光纤滑环上端相互连接形成转动结构，通过汇流环顶部法兰与转台旋转端连接，从而实现组合交连旋转部分随转台转动。

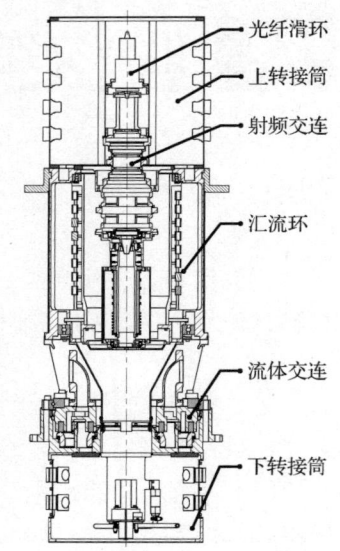

图 7-37 组合交连结构布局

7.5.4 详细设计

光纤滑环、汇流环、流体交连和射频交连各自按本章介绍的方法分别进行设计，本节主要介绍连接关系及走线路径设计。

1. 连接关系设计

将各个交连按结构布局进行组合，其中流体交连结构刚度最高，作为整个组合交连的基础与外部固定连接。

汇流环外壳通过过渡件与流体交连内环固定连接，可实现与流体交连的同步转动；汇流环内环与流体交连外壳通过一个拨叉浮动连接，限制了汇流环内环的旋转自由度，如图 7-38 所示。

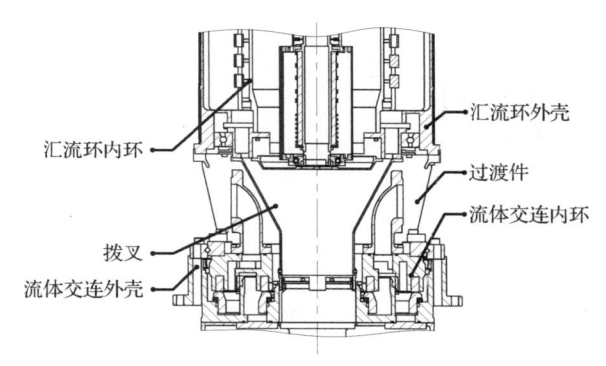

图 7-38 汇流环与流体交连连接关系

射频交连外壳上端设置安装接口与汇流环外壳固定连接，保证两者同步旋转；射频交连内环下端通过安装在汇流环内环上的拨叉实现浮动连接，保持静止，如图 7-39 所示。

光纤滑环外壳通过过渡支架与射频交连外壳固定连接，实现旋转；光纤滑环内环通过安装在射频交连内环上的拨叉实现浮动连接，保持静止，如图 7-40 所示。

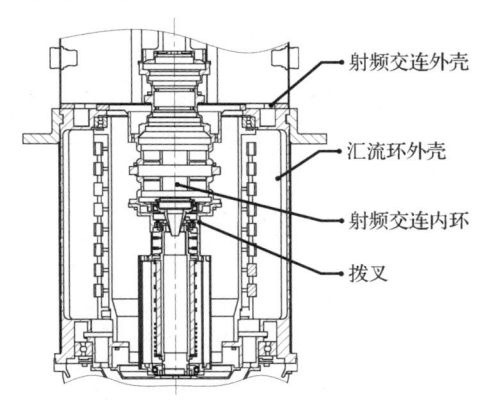

图 7-39 射频交连与汇流环连接关系

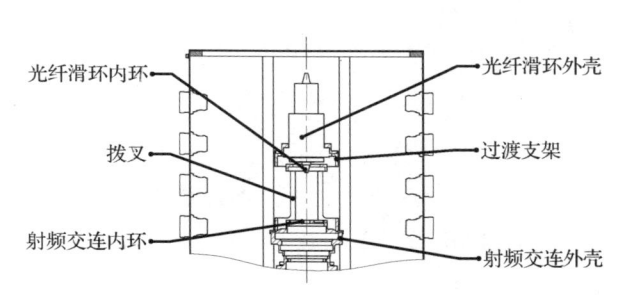

图 7-40 光纤滑环与射频交连连接关系

2. 走线路径设计

组合交连中的各个交连均有走线或走管需求，采用轴向、径向二维嵌套布局，虽然可以减小轴向尺寸，但带来走线、走管路径更为复杂的情况。因此，在结构设计中必须考虑走线、走管路径。由于电缆和管路均有一定的折弯半径，因此为减小轴向尺寸，尽量采用近似直线的走线路径。组合交连内部的走线路径示意图如图 7-41 所示。

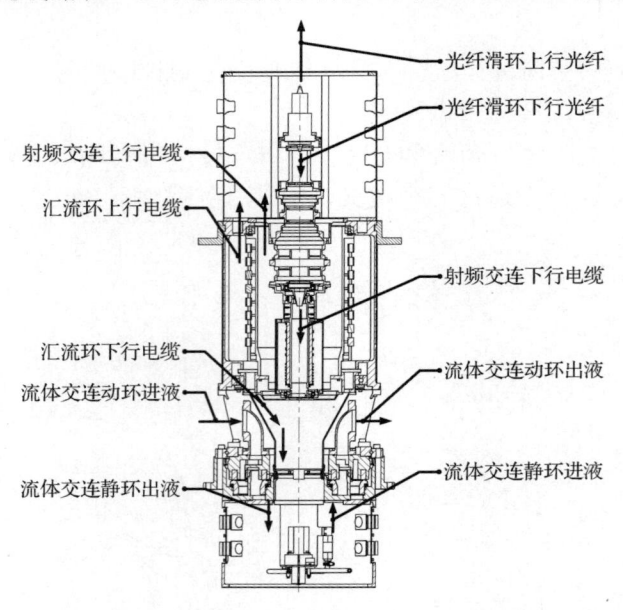

图 7-41 组合交连内部的走线路径示意图

汇流环下行电缆从圆锥形过渡件中间穿行，不仅实现近似直线走线且避免尖锐边角摩擦电缆；汇流环上行电缆直接向上出线，无折弯半径。流体交连的管路均在组合交连外侧，不会与其他交连产生运动干涉。光纤滑环和射频交连的上、下行电缆均为直线路径，无折弯半径，不会造成电缆反复折弯损伤的现象，在节省轴向空间的同时提高了使用寿命和传输可靠性。

参考文献

[1] 魏龙, 顾伯勤, 张鹏高. 接触式机械密封端面磨损预测[J]. 南京工业大学学报, 2012, 34（4）: 16-21.

[2] 张明明. 机械密封腔内流场及摩擦副温度场性能研究[D]. 青岛: 中国石油大学（华东）, 2008.

[3] 樊锐, 刘萌, 姜淑凤, 等. 机械密封故障与改善分析[J]. 现代制造技术与装备, 2017, 6（247）: 116-117.

[4] 王伟, 刘士国, 涂桥安, 等. 机械密封摩擦端面温度测试方法研究[J]. 液压气动与密

封，2015，7：31，32-34.
- [5] 陈志，高钰，董蓉，等. 机械密封橡胶 O 形圈密封性能的有限元分析[J]. 四川大学学报（工程科学版），2011，43（5）：234-239.
- [6] 丁雪兴，吴昊，严如奇，等. 基于 ANSYS 的机械密封热力耦合变形计算及分析[J]. 兰州理工大学学报，2014，40（5）：41-45.
- [7] 殷图源，魏大盛，索双富. 橡塑往复密封性能参数数值求解流程与物理模型探讨[J]. 润滑与密封，2020，45（9）：117-126.
- [8] 王江. 橡胶密封圈在回弹过程中的密封性能分析[J]. 强度与环境，2006，33（3）：37-42.
- [9] 胡殿印，王荣桥，任全彬，等. 橡胶 O 形圈密封结构的有限元分析[J]. 北京航空航天大学学报，2005，31（2）：255-260.
- [10] 陈庆，陈利强，康博. 往复运动橡胶 O 形密封圈密封机制及其特性的研究[J]. 润滑与密封，2011，36（6）：76-78.
- [11] 李振环，李妍，法锡涵，等. 氢化丁腈橡胶性能及其在机械密封中的应用[J]. 流体机械，2003，31（9）：26-28.